普通高等教育“十四五”系列教材
江苏省首批省级一流本科课程教材
河海大学重点教材

生态学概论

主 编 夏继红

·北京·

内 容 提 要

本教材为江苏省首批省级一流本科课程教材、河海大学重点教材。本教材按照新工科、新农科建设要求组织内容，全书共8章，涵盖绪论、种群与群落生态学、生态系统生态学、典型生态系统生态学、生态修复、生态规划、生态系统健康与管理、生态文明与乡村振兴等内容。本教材注重引导学生了解我国生态文明、乡村振兴、长江经济带发展、黄河流域生态保护和高质量发展等热点问题，增强学生的人与自然和谐共生意识，培养学生的社会责任感、创新探索精神。

本教材可作为高等院校水利工程、农业工程、环境工程等相关专业生态学课程的教材或参考书，也可作为相关领域教师及科研、设计、管理、工程技术人员的参考书。

图书在版编目（CIP）数据

生态学概论 / 夏继红主编. -- 北京 : 中国水利水电出版社, 2022.12

普通高等教育“十四五”系列教材 江苏省首批省级一流本科课程教材 河海大学重点教材

ISBN 978-7-5226-1378-9

Ⅰ. ①生… Ⅱ. ①夏… Ⅲ. ①生态学－高等学校－教材 Ⅳ. ①Q14

中国版本图书馆CIP数据核字(2022)第256876号

书 名	普通高等教育“十四五”系列教材 江苏省首批省级一流本科课程教材 河海大学重点教材 **生态学概论** SHENGTAIXUE GAILUN
作 者	主编 夏继红
出版发行	中国水利水电出版社 （北京市海淀区玉渊潭南路1号D座 100038） 网址：www.waterpub.com.cn E-mail：sales@mwr.gov.cn 电话：（010）68545888（营销中心）
经 售	北京科水图书销售有限公司 电话：（010）68545874、63202643 全国各地新华书店和相关出版物销售网点
排 版	中国水利水电出版社微机排版中心
印 刷	清淞永业（天津）印刷有限公司
规 格	184mm×260mm 16开本 16印张 389千字
版 次	2022年12月第1版 2022年12月第1次印刷
印 数	0001—2000册
定 价	**48.00**元

编　委　会

前言

“生态”一词已成为当今社会极为关注的热点词语，对现代人来说，谈论“生态”似乎成为一种时尚。生态学已从生物学的一门分支学科发展成为横跨自然科学和社会科学的一个独立的一级学科。生态学方法也几乎成为每一门学科均在采用的方法，科学技术发展的生态化趋势已成为新技术革命的一个重要特征。

近20年来，本人一直在河海大学讲授“生态学概论”课程，先后为农业水利工程、水利水电工程、设施农业科学与工程、土地整治工程等本科专业讲授该课程。该课程从最初的选修课进阶调整为必选课、双语课。该课程于2020年获江苏高校“助力乡村振兴，千门优课下乡”大型公益教育行动省级在线开放课程，2021年获江苏省首批省级一流本科课程。在教学与科研过程中，本人深感现有生态学教材与所教专业的培养目标及我国现代社会发展战略（尤其是生态文明、乡村振兴战略）要求匹配性有待加强。为此，在河海大学教材编写指导委员会的支持下，编写组在多年的教学讲义以及科研工作中积累的案例资料基础上编写了本教材。

本教材按照新工科、新农科人才培养要求，从生态与生态学基本概念出发，扼要阐明生态学的基本原理，针对农业、水利等行业特点，系统阐述生态修复、生态规划、生态系统健康与管理的方法和发展前沿，介绍我国生态文明、乡村振兴、长江经济带发展、黄河流域生态保护和高质量发展等的新时代要求。教材内容专业针对性、内容适用性、价值引领性、时代适应性强。

本教材各章按照教学要点、正文、思考题和相关文献的顺序组织编写。教学要点介绍本章的小节、知识要点以及学生对知识点的应掌握程度，更好地引导学生学习章节内容，明确学习任务和目标要求；思考题部分按照知识先后顺序设置相应的思考问题，便于学生查漏补缺、巩固知识，培养学生思考问题、分析问题的能力；相关文献部分列出该章涉及知识和延展性知识的经典文献或最新文献，便于激发学生学习兴趣，拓宽学生知识面和视野。教材体系体现了难易渐进性、知识导引性、结构系统性的特点。

本教材以承担河海大学农业水利工程、水利水电工程、土地整治工程专业“生态学概论”课程的教学团队为主编写，同时邀请西南大学彭作刚教授、云南大学王海军教授、北京师范大学张波涛副教授、中国水利水电科学研究院林俊强教授级高级工程师参与编写。第一章由夏继红、彭作刚、王海军、王为木、张洁编写，第二章由夏继红、张波涛、刘慧编写，第三章由夏继红、刘慧、蔡旺炜编写，第四章由夏继红、林俊强、蔡旺炜编写，第五章由夏继红、林俊强、董姝楠编写，第六章、第七章由夏继红、盛丽婷、蔡旺炜编写，第八章由夏继红、蔡旺炜编写，全书由夏继红统稿。教材中大量图表由窦传彬、曾灼、刘秀君、刘则雯、王奇花、程静、陈浙岳、诸笑函、班学君等博士、硕士研究生协助处理。沈雁女士在基础资料整理中提供了大量帮助。

河海大学严忠民教授、张展羽教授、陈菁教授、朱成立教授、徐俊增教授等一直关心关注本教材编写，并在百忙中仔细审阅了书稿，提出了极为宝贵的修改意见。本教材出版得到了中国水利水电出版社的大力支持和帮助，魏素洁等为本教材的编辑付出了大量心血。在此对所有参与本教材审阅、编写、绘图、编辑、修改、资料整理的人员表示诚挚的谢意！

本教材得到科技基础资源调查专项（2022FY100404）、国家重点研发计划项目（2018YFD0900805）、江苏省首批省级一流本科课程、河海大学重点教材等项目资助，在此表示衷心感谢！

由于编者的水平和能力有限，本教材难免存在疏漏之处，恳请各位同行专家和读者予以指正。

夏继红

2022年6月

目录

第一章 绪 论

【教学要点】

小 节	知 识 要 点	掌 握 程 度
生态与生态学	生态与生态学的定义	掌握生态与生态学的定义
生态学与人类社会的关系	生态学与人类社会发展的相互关系	熟悉生态学对人类社会发展的促进作用； 熟悉人类社会发展对生态学发展的促进作用； 了解生态学与人类社会发展融合的生态文明
生态学的发展阶段与学科分支	生态学的发展阶段，生态学的学科分支	熟悉生态学的发展阶段及各阶段的特点； 了解生态学的主要学科分支
现代生态学的发展	现代生态学的研究对象、研究任务、研究方法和研究热点	掌握现代生态学的研究对象与主要任务； 了解现代生态学的研究方法以及研究热点

第一节 生 态 与 生 态 学

一、生态的定义

“生态”一词已成为当今社会极为重要的热点词语，甚至成为最时髦的概念之一。对现代人来说，谈论“生态”似乎成为一种时尚。日常生活中，人们通常用生态来描述蓝天碧水、绿水青山、优美自然、清洁环境、温和气候等。然而，“生态”究竟是什么含义呢？《现代汉语词典》将“生态”定义为：生态指生物在一定的自然环境下生存和发展的状态，也指生物生理特性和生活习性。这一概念侧重于强调生物多样性维护、生态平衡和生态环境保护。随着经济社会的发展，生态已经渗透各个领域，生态一词涉及的范畴也越来越广，几乎成了一种显学或哲学。不同领域、不同文化背景的人对“生态”的理解会有所不同。总体而言，生态主要有以下几种理解。

（1）作为学术术语。学术上的“生态”（eco-）一词指生物的“住所”或“栖息地”，经长期发展，目前已形成了“生态学”（ecology）学科。由于生态学在国民经济及人类生存与繁衍中的重要性越来越显著，生态学已从生物学中分离出来成为一级学科。目前，我国已将生态学与数学、物理学、化学、天文学、地理学、生物学等一起并列为一级学科。

（2）作为名词。作为名词的“生态”是指一切生物处于良好的生存状态，重点考量生物与环境之间错综复杂的关系。例如，人们常用“良好的生态”表达生态环境很好的意思。随着社会发展，这一含义已延伸至多个领域，如，健康生态、政治生态、社会生态、学术生态等，这些词语中的“生态”分别表示健康、政治、社会、学术等处于一种良好的状态，非常和谐并可持续。

（3）作为形容词。“生态”一词除了其固有的名词性质外，人们常常用生态来定义许多美好的事物，如健康的、美丽的、和谐的、生机勃勃的事物常常冠以“生态”加以修饰，这里的生态显然是作为形容词使用的。如生态食品、生态农场、生态环境、生态文明、生态伦理、生态道德、生态省、生态市、生态县、生态城镇、生态村、生态河等词语中的“生态”均具有形容词性质。

二、生态学的定义

生态学的英文名为“ecology”，该词源于希腊文的“oikos”和“logos”两词根，“oikos”即英文词根“eco”，表示“住所”；“logos”即英文词根“logy”，表示“科学”或“研究”。因此，从原意上讲，生态学是研究生物“住所”的科学。生态学一词最早出现于美国哲学家、生态思想家索瑞（H. D. Thoreau）1958 年的书信中。作为一个学科名词，最早由德国博物学家赫克尔（E. H. Haeckel）于 1866 年在其著作《普通生物形态学》（*Geenerelle Morphologie der Organismen*）中提出，于 1869 年在其动物学著作中才定义了生态学：生态学是研究动物对有机环境和无机环境的全部关系的科学。

随着生态学研究由生物的自然历史逐渐转向种群生态学，持生理学、行为学、种群生态学观点的学者，对生态学的定义各持己见。如，苏联生态学家克什卡洛夫（KaЩkapob）认为，生态学研究应包括生物的形态、生理和行为的适应性，有机体与环境之间的关系，以及种（或综合体）的生活史等。苏联动物生态学家纳乌莫夫（C. П. Haymob，1958）认为种群的数量变动是动物生态学的中心问题，他将生态学定义为：动物生态学是动物学的一个分支，它研究动物的生活方式（季节生物循环）与生存条件的联系以及研究动物生存条件、繁殖、存活数量及分布的意义。澳大利亚生态学家安德列沃斯（Andrewartha，1954）将生态学定义为：研究有机体的分布和多度的科学。20 世纪 50 年代之后，生态学已打破动植物的界限，进入生态系统时期，并超出生物学的领域，其研究范围越来越广泛，形成了生态学的新定义。美国生态学家奥德姆（E. P. Odum，1953）在他的《生态学基础》（*Fundamentals of Ecology*）著作中将生态学定义为：生态学是研究生态系统的结构和功能的科学。在其后来出版的《生态学：科学与社会的桥梁》（*Ecology：A Bridge Between Science and Society*）（1997）著作中提出：生态学是研究生物、自然环境和人类社会的综合学科。该定义强调了人类在生态过程中的作用。

日本东京帝国大学三好学（1895）将“ecology”译为“生态学”，后经武汉大学张挺教授介绍到我国。李顺卿先生（1935）曾建议把“ecology”译为“环象学”。但我国学者广泛接受的名称为“生态学”。我国著名生态学家马世骏（1980）提出：生态学是研究生命系统与环境系统之间相互作用规律及其机理的科学。他同时提出了社会-经济-自然复合生态系统的概念。

已有的生态学定义归纳起来大致可分为三类：第一类研究重点是自然历史和适应性的个体生态学；第二类强调的是动物的种群生态学和植物的群落生态学；第三类则是以生态系统为研究对象的生态系统生态学。这三类定义代表了生态学发展的不同阶段，强调基础生态学的不同分支领域。由此可见，生态学发展至今，其内涵和外延均发生了很大变化，已成为一门较为完整独立的、有自己独有研究对象、研究任务和研究方法的学科，其定义已不限于当初经典的含义。本书中的生态学以传统生态学含义为本源，采用以下定义：

"生态学是研究生物生存条件、生物及其群体与环境相互作用的过程及其相互关系的科学，其目的是指导人与生物圈（即自然、资源与环境）的协调发展"。

第二节　生态学与人类社会的关系

一、生态学为人类社会发展提供了方法论

生态学已从自然科学转向自然与社会融合的科学，这是时代的需要，也是人类知识整体化的客观标志，主要表现在它的基本规律和原则对调节社会经济发展、促进人类社会进步越来越具有普遍意义。生态学已成为人类社会进步的重要杠杆。20 世纪 80 年代开始，环境问题、生态问题得到国际社会的广泛关注。1992 年在意大利里约召开了环境与发展大会，大会明确了可持续发展为全球发展战略，从此重视生态与环境问题已成为全球发展战略和国家发展战略的重要内容，也成为衡量一个国家文明程度及其国际地位的重要标志。国际社会对国家生态安全予以高度重视。国家生态安全是指一个国家生存和发展所处的生态环境不受或少受破坏和威胁的状态，是一种生存安全，是国家安全的根本和基础，是实现可持续发展的重要物质基础。我国于 1999 年 1 月制定了《全国生态环境建设规划》，把保护和建设好我国的生态环境作为现代化建设事业全面推向 21 世纪的重大战略部署，作为影响中华民族生存与发展的一项长远大计。我国国家生态安全体系包括四个基本要素：一是国土安全；二是水安全；三是环境安全；四是生物物种安全。

生态系统与经济系统之间具有内在的不可分割的联系。生态系统和经济系统中的物质流、能量流和信息流的发展与变化过程都有共同的基础，并且都直接或间接地受人类社会的影响。生态系统的破坏必然导致经济效益的降低。因此，如何在最大限度地保持生态系统稳定性前提下，实现经济系统的最佳生态效益，成为经济发展以及经济学需要深入思考的问题。这也就促进了生态学和经济学的有机结合，并形成了一门新的学科——生态经济学，推动了经济学的发展，形成了新的发展方向。生态学为经济发展提出了一定要求，也为经济学发展提供了思路。

首先，经济发展必须首先遵循自然界的规律，把自然界看成是一个生态系统，一个有机联系的整体，把生态效益放在首位，遵循生态平衡的规律，从生态平衡的角度去提高经济效益指标，衡量经济效益的潜力。实践表明，一些经济活动取得了一定的经济效益，但是部分活动却以破坏生态平衡作为条件。如，大量捕杀珍奇动物，使得毛皮业得到了发展，但却使很多动物濒于灭绝，造成严重生态危机。

其次，经济发展不但要有经济生态系统的整体观念，而且还要有经济生态效益的长远规划。正确处理好局部利益和整体利益、当前利益和长远利益的关系。生态系统破坏所造成的影响短期内不一定会显现，通常需要较长时间才能显现。因此，一切经济活动不仅是要考虑满足当代人的生活和消费，更需考虑子孙后代的事业发展。

最后，人们在保持生态平衡思想的指导下，要充分发挥人的主观能动性。生态平衡是相对的、暂时的、有条件的，旧的、低水平的生态平衡需要提升和改善，人类可以通过合理的活动使生态平衡向高水平方向发展。可以建立起新的高产、优质、低耗和环境优美的

生态系统。这就需要人们不仅要掌握经济生态学的知识，而且还必须要敢于探索、善于总结经验和教训，制定出合理的开发和建造规划。

二、人类社会发展促进了生态学拓展

20世纪60年代以来，由于世界范围的人口、资源与环境问题的压力和冲击，加速了生态学学科的发展，加上实验和测试技术的进步，尤其电子计算机的普遍使用，生态学变成了近代生物学的一个重要分支，活跃在当代生物科学的前沿阵地。同时，随着生态学的不断向前发展，以及与其他学科的互相浸透使得生态学概念富有更深的含义。自然对生态学本身也提出了更高的要求，促进了生态学向多个领域拓展，丰富其理论体系。

人类与其环境所组成的社会生态系统或社会生态关系，既表现为自然的生态，也表现为社会的生态，或者说它既有自然属性，也有社会属性（其中也包括了经济属性）。可见，与人类社会息息相关的生态系统，显然是一个具有三重性质（自然性、社会性和经济性）的客观存在物。生态系统的自然性是不言而喻的，它是生态系统得以存在并起作用的前提和基础。生态系统的社会性是指，生态与人类社会的各个领域，如人类的思维方式、思想意识、哲学观念、文学艺术、伦理道德、文化、法律、政治、社会等各个方面的相互渗透和影响，从而产生出诸如生态思维、生态意识、生态哲学、生态美学、生态伦理（环境道德）、生态文化、生态法学、生态政治学、生态社会学等全新的社会性状与表现，以及社会生态学这样一组新兴的学科范畴和概念。生态系统的经济性是指，生态与人类经济领域的相互渗透和影响，所形成的生态经济学新学科及其生态生产力、生态生产关系、生态经济基础、生态经济效率、生态经济价值、生态经济流通、生态经济需求、生态经济资源配置等全新的经济学范畴和概念。所以无论是局部范围的区域生态（如城市生态、乡村生态、城乡复合体等），还是整体范围的全球生态（生物圈或生态圈），都具有生态的自然性、社会性和经济性。正因为如此，我国著名生态学家马世骏教授将区域生态和全球生态统称为“社会-经济-自然复合生态系统”，简称为“自然生态-社会经济系统”。

三、生态学与人类社会的高度融合形成生态文明

绿色消费是随着生态学对人类生活方式的渗透而出现的一种新的生活时尚和生活模式，也是可持续发展对人类生活模式的改变。它是一种不浪费资源的、对环境不造成破坏和污染的、反对挥霍浪费和提倡节俭的消费方式和娱乐方式，是对盲目追求富裕的过度物质消费主义的冲击。绿色消费标志着人类的新的消费文化。它的内涵主要有两个方面：一是以提高生活质量为中心的适度消费，即追求物质上节俭、精神上丰富的节约型生活方式。生活质量的提高不以奢侈为目标，而追求包括生态需要在内的要求多样化，商品和服务种类、质量和数量多样化，更有利于体现消费者的个性和爱好，同时更多地崇尚知识消费和智慧消费。二是崇尚对绿色产品的生产和消费，既有利于人体健康，又有利于生态环境建设的消费方式，推动人类生活质量向更高层次推进，有利于人类社会的全面发展。生态系统有一定的自我修复力，对自然的利用不能超过其修复力，应节约资源和保护生态环境。尊重自然、顺应自然、保护自然。自然界中的各种生物之间存在着相互依存、相互制

约的关系，人类不能轻易打乱这种平衡，应维护生态平衡，守护健康的食物链，保护生物多样性，否则会付出沉重的代价。经济发展方式要尊重生态学规律，即绿色发展、循环发展、低碳发展。通过对绿色消费的满足，推动绿色市场、绿色科技与绿色生产的紧密结合，进一步推动传统经济模式向生态型经济发展，促进人类文明的进步。生态应上升到文明的高度，发展至生态文明。

第三节　生态学的发展阶段与学科分支

一、生态学的发展阶段

生态学的形成和发展大致经历了四个阶段：思想萌芽、学科建立、实验生态学、现代生态学。

（一）思想萌芽阶段

在人类文明早期，人们为了生存，不得不对其赖以饱腹的动植物的生活习性以及周围世界的各种自然现象进行观察。因此，从远古时代起，人们实际上就已从事生态学工作。一些中外古籍中已有不少有关生态学知识的记载。我国早在公元前 1200 年的《尔雅》一书中就专门编排了草、木两章内容，分别记载了 50 多种草本植物和 176 种木本植物，并记述了它们的形态和生长环境。战国时期的《管子・地员》专门论及水土和植物，记述了江淮平原上沼泽植物沿水分梯度的带状分布特征以及管理利用方式。公元前 100 年前后，我国农历确立的二十四节气也反映了作物、昆虫等生物现象与气候之间的关系。这一时期还出现了专门记述鸟类行为习性的《禽经》一书。我国北魏贾思勰所著《齐民要术》中有关于树木阴、阳面的记载："凡栽一切树木，欲记其阴阳，不令转易，阴阳易位，则难生。"南北朝陶弘景所著《名医别录》中记载了细腰蜂在螟蛉幼虫体内的卵寄生现象。明代李时珍所著《本草纲目》中描述了药用动植物生态习性与生态环境的关系。清代陈淏子所著《花镜》中有"生草木之天地既殊，则草木之性情焉得不异?"的记载，提出了植物特性因环境而变化的论点。在欧洲，古希腊思想家亚里士多德（Aristotle，前 384—前 322）按栖息地把动物分为陆栖、水栖等大类，还按食性分为肉食、草食、杂食及特殊食性 4 类。亚里士多德的学生、古希腊植物学家提奥夫拉斯图斯（Theophrastus，前 370—前 285）在其著作《植物志》中根据植物与环境的关系来区分不同树木类型，并注意到动物色泽变化是对环境的适应。公元前后出现了介绍农牧渔猎知识的专著，如公元 1 世纪古罗马老普林尼的《博物志》记述了朴素的生态学观点。人类在实践中不断累积起来的这些生态知识为生态学的诞生奠定了基础。

（二）学科建立阶段

进入 17 世纪后，随着人类社会经济的发展，生态学作为一门科学开始成长。例如，1670 年，著名化学家波义耳（R. Boyle）发表了低气压对动物效应的试验成果，标志着动物生理生态学的开端。1735 年，法国昆虫学家雷米尔（Reaumur）的《昆虫自然史》收集了很多昆虫生态学资料，探讨了有关积温与昆虫发育生理的关系，被认为是昆虫生态学的先驱。1749 年，法国博物学家布丰（G. L. deBuffon）在《自然史》著作中最早引入生物地理学的概念和原理，强调生物变异是基于环境的影响，对近代动物生态学的发展具有重要影响。1753年，瑞典博物学家林奈（C. von Linné）将生物划分为植物界和动物界，并首先把物候学、生态学和地理学观点结合起来。1792年，德国植物学家韦尔登诺（C. L. Willdenow）在《草学基础》一书中详细讨论了气候、水分与高山深谷对植物分布的影响，他的学生洪堡（A. von Humboldt）于1807年出版了《植物地理学知识》，提出了植物群落、群落外貌等概念，并结合气候因子和地理因子描述了物种的分布规律，他也成为植物地理学和植物群落学的创始人。1798年，马尔萨斯（T. R. Malthus）《人口论》的发表促进了"人口统计学"及"种群生态学"的发展，对人类社会发展产生了深远影响。

进入19世纪后，生态学得到快速发展并日趋成熟。1859年，达尔文（C. R. Darwin）的《物种起源》问世，促进了生物与环境关系的研究，使不少生物学家开展了环境诱导生态变异的实验生态学工作。1866年赫克尔（ E. H. Haeckel）首次提出了"生态学"一词。1895年丹麦植物学家瓦尔明（J. E. B. Warming）出版的《植物分布学》［1909年经作者本人改写，该书易名为《植物生态学》（*Ecology of Plants*）］和1898年波恩大学席姆佩尔（A. F. W. Schimper）出版的《植物地理学》两部专著全面总结了植物生态学的研究成就，这两部专著被公认为生态学的经典著作，标志着生态学作为一门生物学的分支学科的诞生，是两部具有划时代意义的著作。

（三）实验生态学阶段

进入20世纪后，生态学得到迅速发展，进入实验生态学阶段。20世纪初，美国植物生态学家先驱考尔斯（H. C. Cowles）在研究密西根湖的南段沙丘时首次提出了生态演替（ecological succession）的概念，促进了动态生态学（dynamic ecology）研究与发展。1926年，俄罗斯营养矿质学家和地理学家弗纳德斯基（V. I. Vernadsky）在他的著名著作《生物圈》（*The Biosphere*）中将生物圈定义为所有生态系统的总和。该书首次描述了生物地球化学循环（biogeochemical cycle）的概念，即生态系统中有生命的生物组分（bio-）和无生命的地质组分（geo-）之间的化学元素运动途径，促进了生态系统的研究。1935年，英国生态学家坦斯利（A. G. Tansley）扩展了这一概念，首次提出了生态系统一词，指出生态系统具有空间异质性，并解释了自然界中不同生物在空间分布格局具有不同的生物地理学特性。此后林德曼（R. L. Lindeman）应用这一理念对明尼苏达赛达伯格湖（Cedar Bog）开展长达8年的深入研究，于1942年在美国生态学杂志上发表了题为"生态学的营养动态"（Trophic-dynamic aspect of ecology）的文章，提出了1/10定律，促进了湖沼学（limnology）和生态学的发展，特别是能量生态学的发展。鉴于他的杰出贡献，1987年美国湖沼学和海洋地理学学会（American Society of Limnology and Oceanography，ASLO）追认这位年仅27岁就离世的杰出青年水生生态学家论文成就奖。林德曼的工作也大大促进了生态系统研究走向深入。后来生态系统思想与方法被美国生物学家和能量学家奥德姆（E. P. Odum）及其胞弟奥德姆（H. T. Odum）所采纳与应用，促进了生态系统生态学（ecosystem ecology）的产生与发展。E. P. Odum被誉为生态系统生态学的奠基人，他于1953年出版了著名的《生态学基础》（*Fundamentals of Ecology*）一书。

（四）现代生态学阶段

20世纪80年代以来，由于工业的高度发展，人口的大量增长，带来了很多全球性的问题（例如，人口问题、环境问题、资源问题和能源问题等），关系人类的生死存亡。人类居住环境的污染、自然资源的破坏与枯竭以及加速的城市化和资源开发规模的不断增长，迅速改变了人类自身的生存环境，威胁人类未来生活。上述问题的控制和解决，都需依赖生态学原理，因此，生态学受到社会的广泛关注。随着人类社会的不断发展，生态学不再局限于生物学，其研究领域也不断扩大，已渗透到地学、经济学以及农、林、牧、渔、医药卫生、环境保护、城乡建设等领域。研究使命也从探讨自然条件下的自然现象，逐步转向研究受人类影响的自然条件下的生态学问题，这也促进了生态学研究向现代生态学的发展。

与传统生态学相比，现代生态学具有以下几方面转变：①研究边界和尺度上的转变，即逐渐由分子—细胞—个体—种群—群落—生态系统向区域—景观—国家—全球规模的转变；②研究对象和尺度上的转变，即由传统的以自然生态系统为主逐渐向自然-社会-经济复合生态系统转变；③研究目的和内容的转变，即现代生态学从“象牙塔”走向社会，研究内容更加关注于人类社会紧密关联的生态问题，直接为社会服务，因而，其技术含量加大，可操作性和实用性增强；④研究方法和手段上的转变，即由传统的收集、观测、描述、统计到现代的全球生态网络和现代信息技术的广泛应用，即从经验和定性研究向定量机理研究发展；⑤研究组织和研究方式上的转变，即由原来的孤立研究到大范围多层面的合作，全球性和协作性研究增强，体现了现代生态学研究的时代特性。

二、生态学的学科分支

由于生态学研究对象的复杂性，它已发展成一个庞大的学科体系。根据生物的组织层次、分类学类群、生境类别以及研究性质的不同，生态学可以划分为不同的学科分支。

1. 根据生物的组织层次划分

由于生物的组织层次可以从分子到生物圈，与此相应，生态学也分化出分子生态学（molecular ecology）、进化生态学（evolutionary ecology）、个体生态学（autecology）、种群生态学（population ecology）、群落生态学（community ecology 或 synecology）、生态系统生态学（ecosystem ecology）、景观生态学（landscape ecology）与全球生态学（global ecology）等学科分支。

2. 根据生物的分类学类群划分

生态学起源于生物学。生物的一些特定类群（如植物、动物、微生物）以及各大类群中的一些小类群（如陆生植物、水生植物、哺乳动物、啮齿动物、鸟类、昆虫、藻类、真菌、细菌等），甚至每一个物种都可从生态学角度进行研究。因此，生态学可分化出植物生态学（plant ecology 或 phytoecology）、动物生态学（animal ecology 或 zooecology）、微生物生态学（microbial ecology）、陆地植物生态学（terrestrial plant ecology）、哺乳动物生态学（mammal ecology）、昆虫生态学（insect ecology）、地衣生态学（lichen ecology）以及各个主要物种的生态学等学科分支。

3. 根据生物的生境类别划分

根据生物的生境类别不同，生态学可划分为陆地生态学（terrestrial ecology）、海洋生态学（marine ecology）、淡水生态学（freshwater ecology）、岛屿生态学（island ecology 或 island biogeography）等学科分支。

4. 根据研究性质划分

根据研究性质划分，生态学有理论生态学与应用生态学等学科分支。理论生态学涉及生态学进程、生态关系的数学推理及生态学建模；应用生态学则是将生态学原理应用于有关领域或行业而形成的生态学学科分支。例如，生态学原理应用于各类农业资源的管理，产生了农业生态学（agriculture ecology 或 agroecology）、森林生态学（forest ecology）、草地生态学（grassland ecology）、家畜生态学（livestock ecology）等；生态学原理应用于城市建设则形成了城市生态学（urban ecology）；生态学原理应用于环境保护与受损资源的恢复则形成了保育生物学（conservation biology）、恢复生态学（restoration ecology）、生态工程学（engineering ecology）；生态学原理应用于人类社会，则产生了人类生态学（human ecology）、生态伦理学（ecological ethics）等。

此外，还有学科间相互渗透而产生的边缘学科。例如，数量生态学（numerical ecology）、化学生态学（chemical ecology）、物理生态学（physical ecology）、经济生态学（economic ecology）等。另外，现在已经有少数国家用不同名词来区别从事科学和教育的生态学家和从事社会政治活动的生态活动家，前者如 ecologue（法文）和 ecologo（西班牙文），后者如 ecologist（法文）和 ecologistas（西班牙文）。

第四节　现代生态学的发展

一、研究对象

自生态学概念提出以来，生态学学科得到了前所未有的发展。生态学所涉及的研究对象也越来越广泛，从个体的分子到生物圈都可作为生态学的研究对象。根据生物的组织层次划分，生态学研究对象可以包括生物大分子、基因、细胞、组织、器官、个体、种群、生态系统、景观、生物圈。

经典生态学研究的最低层次是有机体（个体），重点关注有机体（个体）的生理问题，因此，当前的个体生态学基本属于生理生态学的范畴，属于生理学与生态学的交叉学科。近代，生理生态学在发展过程中出现了生理生态学家和生态生理学家。生理生态学家偏重于个体从环境中获得资源和资源分配给维持、生殖、修复、保卫等方面的进化和适应对策探讨，而生态生理学家则偏重于对各种环境条件的生理适应及其机制探讨。

随着社会经济与科学技术的发展，现代生态学的研究更进一步向微观与宏观两个方面发展，如分子生态学、景观生态学。随着全球性环境问题（如温室效应、酸雨、臭氧层破坏、全球性气候变化）日益受到重视，全球生态学应运而生，并成为人们普遍关注的领域。

二、研究任务

生态学研究的重点在于生态系统和生物圈中各组分之间的相互作用，主要包括以下研究任务。

(1) 以自然生态系统为对象，探索环境（无机环境及有机环境）对生物的作用（或影响）和生物对环境的反作用（或改造作用），及其相互关系和作用规律；生物种群在不同环境中的形成与发展，种群数量在时间和空间上的变化规律，种内种间关系及其调节过程，种群对特定环境的适应对策及其基本特征；生物群落的组成与特征，群落的结构、功能和动态，以及生物群落的分布；生态系统的基本成分，生态系统中的物质循环、能量流动和信息传递，生态系统的发展和演化，以及生态系统的进化与人类的关系。

(2) 以人工生态系统或半自然生态系统（即受人类干扰或破坏后的自然生态系统）为对象，研究不同区域系统的组成、结构和功能；探索受干扰生态系统中生物与受干扰环境间的相互关系、生态系统健康评价、生物多样性保护、生态系统恢复以及可持续利用等。

(3) 以自然-经济-社会复合生态系统为研究对象，从研究社会生态系统的结构和功能入手，探索人类在此类生态系统中的地位和作用，协调人类（作为生态系统组成者及调控者）与系统其他成分之间的关系；探索城市生态系统的结构和功能，能量和物质代谢，发展演化及科学管理；农业生态系统的形成和发展，能流和物流特点，以及高效农业的发展途径等；探索生态系统的健康特征以及人口、资源、环境三者协调发展的规划、管理途径，为改善全球人与环境的相互关系提供科学依据，以求达到在人口不断增长情况下，合理管理和利用环境资源，保证人类社会持续协调发展。

三、研究方法

生态学是一门综合性强、涉及面广的科学。生态学问题无处不有，学习生态学知识，掌握生态学基本原理，解决生态学问题，不仅是生态学工作者的义务，而且是所有科学工作者，以致全世界共同关心的重要内容。要学好这门学科，首先必须注意以下几方面的问题：①树立正确的指导思想，形成总体方法论，即层次观、整体观、系统观和协同进化观；②掌握生态学基本研究方法，所学知识要理论联系实际；③具备广博的知识，包括自然科学理论和社会科学知识，尤其要有扎实的生命科学及其分支学科的知识。现代科学发展的特点是学科间的相互渗透、相互交错、相互补充、互为促进、共同发展。生态学是典型的多学科的交叉性学科，也是多个学科的纽带，它涉及面非常宽广，这给生态学的学习和研究带来了一定困难，但是，只要掌握了正确的学习和研究方法，即可举一反三。生态学学习和研究主要有以下研究方法。

（一）总体方法论

(1) 层次观。生命物质有分子、细胞、器官、机体、种群、群落等不同的结构层次。研究高层次的宏观现象须了解低层次的结构功能及运动规律，研究低层次的结构功能和运动规律可深入理解高级层次宏观现象及其规律。传统生态学主要研究有机体以上的宏观层次，现代生态学向宏观和微观两极发展，虽然宏观仍是主流，但微观的成就同样重大而不可忽视。

(2) 整体观。每一高级层次都有其下级层次所不具有的某些整体特性。这些特性不是低级层次单元特性的简单叠加，而是在低级层次单元以特定方式组建在一起时产生的新特性。生态学学习和研究时应具有整体观。整体观要求始终把不同层次的研究对象作为一个生态整体来对待，注意其整体特征。

（3）系统观。生物的不同层次，既是一个整体，也同样是一个系统，均可用系统观进行研究。采用系统分析的方法区分出系统的各要素，研究它们的相互关系和动态变化，同时又综合各组分的行为，探讨系统的整体表现。系统研究还必须探讨各组分间的作用和反馈的调控，以指导实际系统的科学管理。

（4）协同进化观。各生命层次及各层次间的整体特性和系统功能都是生物与环境长期协同进化的产物。协同进化是普遍的现象。例如，捕食者-被捕食者之间的对抗特性与行为的协同发展；寄生-共生转化的协同适应。协同进化的观点应是贯穿生态学学习和研究全过程的一个指导原则。

（二）基本观测方法

观测是指对自然界原生境及生物与环境关系进行考察，包括野外考察、定位观测和原地实验、受控实验等不同方法。

（1）野外考察。野外考察是考察特定种群或群落与自然地理环境的空间分异的关系。首先划定生境调查边界，然后在确定的种群或群落生存活动空间范围内，观测记录种群行为或群落结构与生境各种条件的相互作用。

野外考察种群或群落的特征和计测生境的环境条件，不可能在原地内进行普遍的观测，只能通过适合于各类生物的规范化抽样调查方法。如动物种群调查中取样方法有样方法、标记重捕法、去除取样法等。植物种群和群落调查中的取样法有样方法、无样地取样法、相邻格子取样法等。样地或样本的大小、数量和空间配置，都须符合统计学原理，保证得到的数据能反映总体特征。

（2）定位观测。定位观测是考察某个体、种群、群落或生态系统的结构和功能与其环境关系在时间上变化。定位观测先要设立一块可供长期观测的固定样地，样地必须能反映所研究的种群或群落及其生境的整体特征。定位观测时间，取决于研究对象和目的。若是观测微生物种群，通常仅需几天的时间即可；若观测群落演替，则需要几年、几十年甚至上百年的时间。

（3）原地实验。原地实验是在自然条件下采取某些措施获得有关因素的变化对种群或群落及其他因素的影响。例如，在野外森林、草地群落中，人为去除或引进某个种群，观测该种群对群落和生境的影响；在自然保护区，人为地对森林进行疏伐，以观测某些珍稀濒危植物物种的生长。

（4）受控实验。受控实验是在模拟自然生态系统的受控生态实验系统中研究单项因子或多项因子相互作用，及其对种群或群落影响的方法技术。如所谓“微宇宙”模拟系统是在人工气候室或人工水族箱中建立自然生态系统的模拟系统，即在光照、温室、风力、土质、营养元素等大气物理或水分营养元素的数量与质量都完全可控制的条件中，通过改变其中某一因素或多个因素，来研究实验生物的个体、种群以及小型生物群落系统的结构、功能、生活史动态过程及其变化的动因和机理。

（三）综合分析方法

生态学的综合分析方法是指对野外考察、定位观测、原地实验或受控实验的大量资料和数据进行综合归纳分析，表达各种变量之间存在的种种相互关系，反映客观生态规律的方法技术。

(1) 资料的归纳和分析。先要对数据进行规范化的处理，在此基础上，应用多元分析方法进一步对这些数据各自作用的大小、相互作用的关系进行分析。主要有一般的统计相关分析、主成分分析、综合结构模型、系统层次分析等分析方法。

(2) 生态学的数值分类和排序。数值分类是采用数学方法客观地对群落和种内生态进行分类的方法。分类的对象是样地，各种属性原始数据须经过处理，建立 N 个样地 P 个属性的原始数据矩阵，再计算群落、样地两两之间的相似系数或相异系数，列出相似系数矩阵，最后按一定程序进行样地的聚类或分析，得出表征同质群落类型的树状图。该方法往往具有较大的客观性，计算过程可利用计算机完成。排序技术是确定环境因子、植物种群和群落三方面存在的复杂关系，并将其加以概括抽象的方法。它包括直接梯度排序和间接梯度排序。目前用于测定自然种群和群落与环境相互关系的间接排序技术，发展很快，应用软件也很多。

(3) 生态模型和模拟。生物种群或群落系统行为的时空变化的数学概括统称生态模型。应用生态模型可以模拟生物动态特征，分析掌握生物生长、发育以及行为变化的规律。例如，表述种群增长的指数方程和逻辑斯谛方程（logistic）是用来分析表达种群动态的理论模型。但是，生态模型仅仅是实现生态过程的抽象描述，每个模型都有一定的限度和有效范围。

(四) 应用实践方法

(1) 首先要认真扎实地掌握生态学的基本原理。认真学习生态学基础知识，深入理解，归纳总结，系统掌握其基本理论和常规分析方法。在此基础上选择有关参考书，进行选择性阅读或针对性查阅，从而加深理解，拓宽知识面。

(2) 踏实地开展实践活动，增强独立科研能力。充分利用实验或实习的机会，把所学理论与实践密切结合，解决生态学问题，或在老师的指导下，开展小型科研活动，逐渐积累生态学的野外或室内工作经验。既丰富了生态学知识，又提高了科研能力。

四、研究热点

从人类活动对环境的影响来看，生态学是自然科学与社会科学的交汇点。在方法学方面，研究环境因素的作用机制离不开生理学方法，离不开物理学和化学技术，而且群体调查和系统分析更离不开数学的方法和技术；在理论方面，生态系统的代谢和自稳态等概念基本上是引自生理学，而从物质流、能量流和信息流的角度来研究生物与环境的相互作用，则可以说是由物理学、化学、生理学、生态学和社会经济学等共同发展出的研究体系。因此，与很多自然科学一样，生态学的发展趋势是：由定性研究趋向定量研究，由静态描述趋向动态分析；逐渐向多层次的综合研究发展；与其他某些学科的交叉研究日益显著。

现代生态学研究除保持原有的研究水平和研究领域外，还涌现了一批新的研究方向和热点问题，具有明显的时代特征。这些研究以全球变化为主题和切入点，以恢复重建生态系统及其功能为内容和手段，以可持续、绿色发展、低碳生产和循环利用为目标，相互交织在一起而构成一个“生态学三角形研究框架”（图 1.1），其他研究热点大多是围绕全球变化、可持续发展、恢复与重建这三个轴心而展开的。

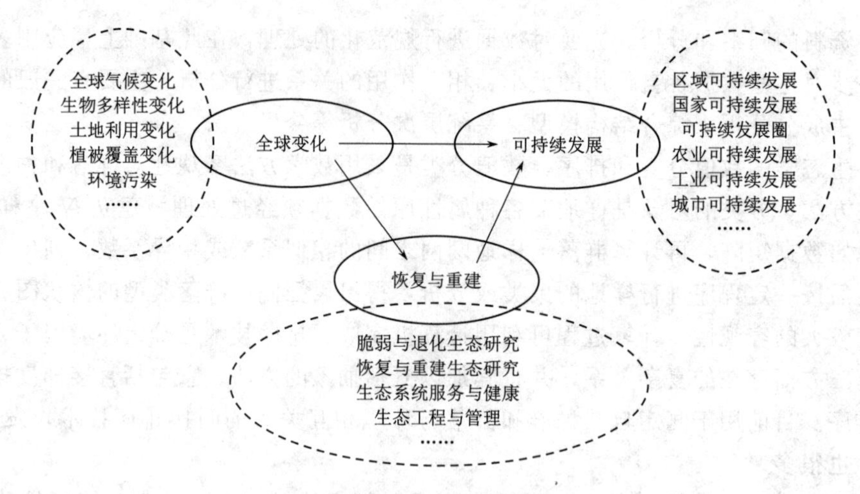

图 1.1 生态学三角形研究框架（林文雄，2013）

思 考 题

1. 简述生态与生态学的含义。
2. 简述生态学的发展过程及学科分支。
3. 简述生态学的研究对象与研究任务。
4. 简述生态学的主要研究方法。
5. 简述现代生态学的研究热点与发展趋势。
6. 试述生态学对现代社会发展的作用与意义。

相 关 文 献

李博．生态学［M］．北京：高等教育出版社，2000.

林文雄．生态学［M］．2 版．北京：科学出版社，2013.

马世骏．中国生态学发展战略研究［M］．北京：中国经济出版社，1991.

Cotgreave P，Forset I. Introductory Ecology［M］. Oxford：Blackwell Science，2002.

Odum E P. Fundamentals of Ecology［M］. Philadelphia：W. B. Saunders，1971.

Odum E P. Ecology：A Bridge Between Science and Society［M］. Sunderland：Sinauer Associates，1997.

Odum E P，Barrett G W. 生态学基础［M］．陆健健，王伟，王天慧，译．北京：高等教育出版社，2009.

Stiling P D. Introductory Ecology［M］. Englewood Cliffs：Prentice Hall Inc，1992.

Vogt K A，Gordon J C，Wargo J P，et al. Ecosystems［M］. New York：Springer-Verlag，1997.

第二章　种群与群落生态学

【教学要点】

小　节	知识要点	掌握程度
生物与生态因子	生物，环境与生态因子，生态因子的生态作用，个体生态学	掌握生物和环境的含义； 掌握生态因子的含义及主要类型； 熟悉水分、土壤的生态作用及生物适应性； 了解生态作用、生态适应、生态反作用的含义； 了解个体生态学的含义
种群生态学	生物种群及种群生态学，种群的基本特征，种群的数量动态，种群的种内关系，种群的种间关系	掌握生物种群及种群生态学的含义； 掌握种群的基本特征； 掌握种群的数量动态的含义及其变化的原因； 熟悉种群增长、波动、生态入侵的特点； 熟悉种群个体分布、种内关系的特点； 熟悉种群的种间关系类型及各自特点
群落生态学	生物群落及群落生态学，群落组成，群落的结构，群落演替	掌握生物群落及群落生态学的含义； 掌握群落成员型、生活型组成特点； 掌握群落外貌的特点； 掌握群落演替的概念、基本过程和类型； 熟悉群落组成的数量特征、组成与结构特点； 熟悉群落的水平结构、垂直结构、时间结构的特点； 了解群落交错区与边缘效应的特点； 了解群落演替的影响因素

第一节　生物与生态因子

一、生物

生物（organism）是指具有动能的生命有机体的集合。一般情况下，生物以个体的形式存在。如一头牛、一只鸡、一棵树等，自然界中的生物个体几乎是无穷的。生物个体指的是生物体，与非生物相对。生物个体在自然条件下通过化学反应生成的具有生存能力和繁殖能力的有生命的物体以及由它（或它们）通过繁殖产生的有生命的后代，能对外界的刺激做出相应反应，能与外界的环境相互依赖、相互促进。并且，能够排出体内无用的物质，具有遗传与变异的特性等。有些生物个体之间很相似，而有些个体之间则性状迥异，为了便于识别，分类学家常把自然界中同形的生物个体归为一种。一般情况，生物可以划分为种群（population）、生物群落（biotic community 或 biosensors）、生态系统（ecosystem）、生物圈（biosphere）等不同水平。

生物圈是指地球上的全部生物和一切适合于生物栖息的场所，它包括岩石圈的上层、全部水圈和大气圈的下层。岩石圈是所有陆生生物的立足点，岩石圈的土壤中有植物的地下部分、细菌、真菌、大量的无脊椎动物和掘土的脊椎动物，但它们主要分布在土壤上层几十厘米之内。深到几十米以下，就只有少数植物的根系才能达到了。在更深的地下水中（超过 100m），还可发现棘鱼等动物。岩石圈中最深的生命极限可达到 2500～3000m 处，在那里还有石油细菌。在大气圈中，生命主要集中于最下层，也就是与岩石圈的交界处。有的鸟类能飞到数千米的空中，昆虫和一些小动物能被气流带到更高的地方，甚至在 22000m 的平流层中也曾发现有细菌和真菌存在。由于这些地方不能为生物提供长期生活的条件，所以人们将此区域称为副生物圈。水圈中几乎到处都有生命，但主要集中在表层和底层。最深的海洋可达 11000m 以上，即使在这样的深处也有深海生物。

二、环境与生态因子

（一）环境

环境（environment）是指某一主体周围一切事物的总和。在生态学中，生物是环境的主体，环境是指某一特定生物体或生物群体以外的空间，以及直接或间接影响该生物体或生物群体生存与活动的外部条件的总和。环境有大小之分，对生物主体而言，生物环境可大到整个宇宙，小至细胞环境。对太阳系中的地球生命而言，整个太阳系就是地球生物生存和运动的环境；对栖息于地球表面的动植物而言，整个地球表面就是它们生存和发展的环境；对于某个具体生物群落而言，环境是指所在一定地段上影响该群落发生发展的全部无机因素和有机因素的总和。环境这个概念既是相对的，又是具体的，即相对于每个具体主体及研究对象而言，环境都有其特定的内涵，环境内涵的认识及界定，是生态系统边界划分的重要内容。

（二）生态因子

生物生存离不开其所在的环境，构成环境的各要素称为环境因子。环境因子中一切对生物的生长、发育、生殖、行为活动和时空分布有直接或间接影响的因子则称为生态因子（ecological factor）。生态因子中生物生存不可缺少的因子称为生物的生存因子（或生存条件、生活条件）。所有的生态因子综合作用构成生物的生态环境（ecological environment）。具体的生物体或生物群体生活区域的生态环境与生物影响下的次生环境统称为生境（habitat）。

各种生态因子在其性质、特性、作用强度和作用方式等方面各不相同，但各种因子之间相互结合、相互制约、相互影响，构成了丰富多彩的环境条件，为生物创造了不同的生活环境类型。根据性质的差异性，生态因子通常可归纳为以下 5 类。

（1）气候因子，如光、温度、湿度、降水量和大气运动等因子。

（2）土壤因子，主要指土壤物理性质、化学性质、营养状况等，如土壤的深度、质地、母质、容重、孔隙度、pH 值、盐碱度及肥力等。

（3）地形因子，指地表特征，如地形起伏、海拔、山脉、坡度、坡向及高度等地貌特征。

(4) 生物因子，指同种或异种生物之间的相互关系，如种群结构、密度、竞争、捕食、共生及寄生等。

(5) 人为因子，指人类活动对生物和环境的影响。

三、生态因子的生态作用

(一) 生物与环境的基本关系

生物与环境的关系包括生物与非生物环境和生物环境的关系。生物与环境关系的本质是既协同、又斗争，主要表现为受环境制约、对环境的适应和对环境的反作用三种形式，分别称为生态作用、生态适应、生态反作用。从较短的生态时间尺度看，生物与环境的关系以生态作用和生态适应为主，生态反作用为辅；但从较长的进化尺度看，生物与环境的关系则以生态反作用为主，如生物对大气成分的调控。生态因子对生物的作用与生物的反作用之间的平衡使全球理化性状稳定在一定的状态，这一状态进一步决定生物的生存和发展。

1. 生态作用

环境对生命系统的影响称为生态作用（ecological action），是由于生态因子对生物发生作用（也称影响），使生命系统的结构、过程和功能发生相应的变化。在生态学尺度上，生态因子对生物的作用包括对生物的结构、过程、行为、功能、寿命和分布等的影响。生态因子对生物的作用形式体现在因子的质、因子的量和因子的持续时间三个方面。

(1) 因子的质。因子的质指因子的状态是否对生物有意义，例如，光对于人类和其他哺乳动物的视觉，只有波长在380～760nm时才有意义；而对大部分昆虫来说，波长则要比上述范围短些才有意义。可以说，因子的“质”相当于“开关变量”，对生物来说是“有”和“无”的关系。

(2) 因子的量。在因子的“质”对生物有意义的前提下，因子对生物的作用程度随其“量”的变化而变化。因子的量（数量或强度）决定其对生物作用及生物响应的程度，属于连续变量，对生物来说是“多”与“少”的关系。

(3) 因子的持续时间。在质和量的基础上，因子对生物的作用必须有一定的持续时间才能对生物起作用，使生物做出响应。这是因为：①生物的生长和发育需要时间，这段时间里因子需要不断地保持作用。②某些因子在量的方面具有累加的生态作用。③由于生物对某一因子的长期适应，以至于生物将某一因子的持续时间作为某些发育阶段（主要是生殖）的启动信息。

2. 生态适应

在生态因子作用下，生命系统可能会改变其自身的结构、过程或功能，以便与其生存环境相协调，这一过程称为生态适应（ecological adaptation）。任何一个生态因子在数量上或质量上的不足或过多，即，当其接近或达到某种生物的耐受限度时，都会影响该种生物的生存和分布。每一种生物对任何生态因子都有一个能够耐受的范围，即有一个最低点（耐受下限）和一个最高点（耐受上限），最低点和最高点之间的耐受范围就称为该种生物的生态幅（ecological valence）或生态价，在耐受范围内包含着一个最适区，在最适区内，该物种具有最佳的生理或繁殖状态。这一规律称为耐受性定律。耐受性定律由美国生态学家谢尔福德（Shelford）于 1931 年提出。当生态因子（一个或多个）接近或超过某种生物的耐受性极限而阻止其生存、生长、繁殖、扩散或分布时，这些因子就称为限制因子。生物对生态因子的耐受曲线见图 2.1。

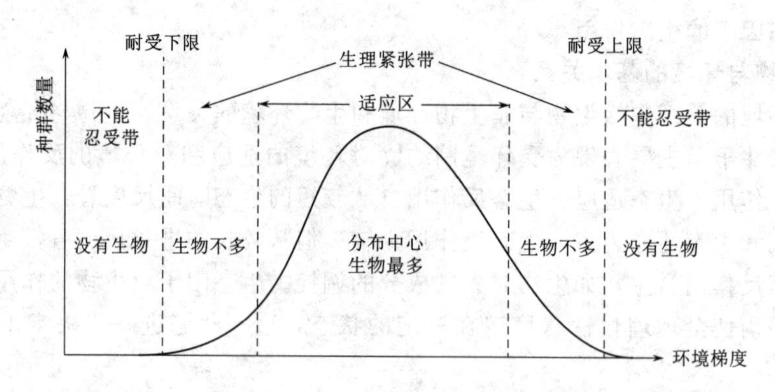

图 2.1 生物对生态因子的耐受曲线图示（林文雄，2013）

生态适应是生物处于特定环境条件（特别是极端环境）下发生的结构、过程和功能的改变，这种改变有利于生物在新的环境下生存和发展。适应有短期适应和长期适应两类，短期适应是生物个体适应环境发生在个体当代的改变，其结果是个体结构、过程和功能上出现偏离原来的状态。生物个体如果长期适应特定的环境压力，就可以引起基因型的相应改变，使新结构被一代代保留下来，形成长期适应，在系统发育中完成进化。例如，长期生长在极端干旱条件下的植物，形成了各种节水或储水的结构，如仙人掌、瓶子树；而长期生长在热带的植物则形成了适应终年高湿的结构，如带有长期滴水叶尖的菩提树。

3. 生态反作用

生命系统在其生命活动中对环境也起着改造作用，生物反过来对环境的影响和改变称为生态反作用（ecological reaction）。例如，植物的生长使岩石碎屑形成土壤，生命活动使池塘变浅直至填平，植物的光合作用使地球大气从缺氧变成富氧状态等。1965 年，英国科学家拉伍洛克（J. E. Lovelock）探讨火星是否有生命存在时，对地球及其附近的火星、金星大气的气体构成进行比较，发现有生命的地球同火星、金星的大气气体构成有明显不同。火星和金星大气中二氧化碳占绝对优势，而氧气、甲烷及氮气的含量很低。如果将地球上的所有生命排除，然后用物理化学的方法计算地球大气中各种气体达到平衡状态时的浓度，那么大气中各种气体的浓度同火星、金星非常相似。于是他认为地球表面的温度和化学组成是受地球表面的生命总体（生物圈）主动调节的，从而提出了盖亚假说（Gaia hypothesis）。

盖亚假说认为，地球大气的化学成分、温度和氧化状态受天文、生物或其他干扰而发生变化，产生偏离，生物通过改变其生长和代谢，如光合作用吸收二氧化碳释放氧气，呼吸作用吸收氧气释放二氧化碳，还有排泄、分解废物等，对偏离做出反应，缓和地球表面的这些变化。盖亚假说具有十分重要的现实生态学意义，正受到越来越多的关注。人类自工业化革命以来，各种环境资源问题日益突出，温室效应、酸雨、水土流失、森林锐减等严重威胁着人类的可持续发展。

（二）水的生态作用及生物的适应性

1. 水的生态作用

生命起源于水环境，生物进化过程中，90％的时间都是在海洋中进行的。生物登陆后，在进化中形成了减少水分蒸发、保持体内水分平衡的多种适应机制。至今，生物适应和广泛分布于不同水因子特性的各种环境中。

水是任何生物体都不可缺少的重要组成成分，植物体一般含水量达 60％～80％，而动物体含水量比植物高。如水母含水量高达 95％，软体动物达 80％～92％，鱼类达 80％～85％，鸟类和兽类达 70％～75％。只有足够的水才能使原生质保持溶胶状态，以保证旺盛代谢的正常进行。如果含水量减少，原生质由溶胶趋于凝胶状态，生命活动也随之减弱，失水严重时，可引起原生质正常结构破坏。

水是生物代谢过程中的重要原料。光合作用、呼吸作用、有机物合成与分解过程中都有水分子参与。没有水，这些体内重要的生理过程便无法进行。

生物的新陈代谢是以水为介质进行的，水是很好的溶剂，对许多化合物有水解和电离作用，许多化学元素都是在水溶液的状态下被生物吸收和运转，生命活动的营养物质运输、代谢物运送、废物排出、激素传递都与水密切相关。水分不足会导致生理上的不协调，正常生理被破坏，甚至引起死亡。

水分能保持植物的固有姿态。水分使细胞保持紧张度（即膨胀），这与水的不可压缩性有关。水分维持了植物细胞及组织的紧张状态，使植物枝叶挺立，便于充分接收阳光和进行气体交换，同时也使花朵张开，利于传粉。如果含水量不足，便会造成植物萎蔫，一切生理活动也随之下降甚至停止。

水的热容量很大，其吸热和放热比较缓慢，使水体温度不像大气温度那样变化剧烈，也较少受气温波动的影响，为生物创造了一个相对稳定的温度环境。水分还可保持植物体内正常的温度，在强光高温环境中，植物可通过蒸腾散失水分，调节体温，使植物体免受伤害；而在寒冷的情况下，水由于具有较高的比热，可保持体温不致骤然下降。

水量对植物的生长有最高、最适和最低三个基点。低于最低点，植物萎蔫、生长停止；高于最高点，根系缺氧、窒息、烂根；只有处于最适范围内，才能维持植物的水分平衡，以保证植物有最优的生长条件。种子萌发时，需要较多的水分，因水能软化种皮，增强透性，使呼吸加强，同时水能使种子内凝胶状态的原生质转变为溶胶状态，使生理活性增强，促使种子萌发。

水对动物也有较重要的影响。水分不足时，可以引起动物的滞育或休眠。例如，降雨季节在草原上形成一些暂时性水潭，其中生活着一些水生昆虫，其密度往往很高，但雨季一过，它们就进入滞育期。此外，许多动物的周期性繁殖与降水季节密切相关。例如，澳洲鹦鹉遇到干旱年份就停止繁殖；羚羊幼崽的出生时间，正好是降水和植被茂盛的时期。

水还通过湿度、降水等影响生物的生态环境，如调节土壤温度、影响肥料的分解和利用，形成微环境、小气候等，间接地对生物产生影响。

2. 动物对水的生态适应

动物必须保持体内的水分平衡。对水生动物来说，保持体内水分得失平衡主要是依赖水的渗透作用。渗透压调节可以限制体表对盐类和水的通透性，通过逆浓度梯度主动地吸收或排出盐类和水分，改变所排出的尿和粪便的浓度与体积。如淡水动物体液的浓度对环境是高渗性的，体内的部分盐类既能通过体表组织弥散，又能随粪便、尿液排出体外。当体内盐类有降低的危险时，它们会使排出体外的盐分降低到最低限度，并通过食物和鳃，从水中主动吸收盐类。生活在海洋中的大多数生物体内的盐量和海水是等渗的（如无脊椎动物和盲鳗），有些比海水低渗（如七鳃鳗和真骨鱼类），低渗使动物易于脱水，这些动物在喝水的同时又将盐吸入，它们排出多余盐类的办法是将其尿液量减少到最低限度，同时鱼的鳃可以逆浓度梯度向外分泌盐类。

陆生动物体内的含水量一般比环境要高，因此常常因蒸发而失水，另外在排泄过程中也会损失一些水。失去的这些水必须从食物、饮水和代谢水中得到补充，以便保持体内水分的平衡，所以陆生动物主要是通过获取更多的水分、减少水的消耗、储存水等，在形态、生理和行为上适应旱生环境。因此，陆生动物对水分的生态适应主要表现在形态适应、生理适应和行为适应上。

（1）形态适应。无论是低等的无脊椎动物还是高等的脊椎动物，它们各自以不同的形态结构来适应环境湿度，从而保持生物体的水分平衡。例如，昆虫具有几丁质的体壁，防止水分的过量蒸发；生活在高山干旱环境中的烟管螺可以产生膜以封闭壳口来适应低湿条件；两栖类动物体表分泌黏液以保持体表湿润；爬行动物具有很厚的角质层、鸟类具有羽毛和尾脂腺、哺乳动物有皮脂腺和毛，都能防止体内水分过分蒸发，以保持体内水分平衡。

（2）生理适应。许多动物在干旱的情况下具有生理上的适应特点。例如，“沙漠之舟”骆驼可以17天不喝水，身体脱水达体重的27%时仍然照常行走。它不仅具有胃可以储水，驼峰中还储藏有丰富的脂肪，在消耗过程中产生大量水分，血液中具有特殊的脂肪和蛋白质，不易脱水，一系列适应机制从而保证了骆驼本身的水分平衡。

（3）行为适应。沙漠地区夏季昼夜地表温度相差很大，因此，地面和地下的相对湿度和蒸发力相差也很大。通常，沙漠动物（如昆虫、爬行类、啮齿类等）白天躲在洞内，夜里出来活动，表现了动物的行为适应。例如，更格卢鼠白天待在空气比较潮湿的洞中，而且还要把洞口堵上，以保持洞内的空气湿度，减少呼吸造成的水分损失。只有在夜间，当外面的空气比较潮湿时，它才出来活动。另外，一些动物白天躲藏在潮湿的地方或水中，以避开干燥的空气，而在夜间出来活动。干旱地区的许多鸟类和兽类在水分缺乏、食物不足的时候，迁移到别处去，以避开不良的环境条件。

3. 植物对水的生态适应

在生物圈中水的分布是十分不均匀的。分布于不同地方的植物，由于长期适应不同水因子的环境，形成了对水因子不同适应的植物类型。根据植物对水分的需求量和依赖程度，可把植物划分为水生植物和陆生植物。这两类植物都适应特定的水分环境，对水的耐性范围和相应的形态生理特点各不相同，不同植物类型对水因子的适应性特征见表2.1。

表 2.1　不同植物类型对水因子的适应性特征

类型			举例	生境特点	适应性特征
水生植物	沉水植物	无根	黑藻、狐尾藻等	水很深，弱光、流动、缺氧、密度大、黏性高、温度变化平缓，能溶解各种无机盐类	整株植物沉没在水下，为典型的水生植物。根退化或消失，通气系统发达，以保证身体各部对氧气的需要。叶片常呈带状、丝状、叶片极薄，有利于增加采光面积和对 CO_2 与无机盐的吸收，表皮细胞可直接吸收水中气体、营养物和水分，叶绿体大而多，适应水中的弱光环境。植物体具有较强的弹性和抗扭曲能力以适应水的流动，淡水植物具有自动调节渗透压的能力，而海水植物则是等渗的。无性繁殖比有性繁殖发达
		有根	苦草等		
	浮叶植物	不扎根	浮萍、凤眼莲等	水较深，流动、温度变化平缓，根系缺氧	叶片漂浮水面，气孔通常分布在叶的上面，维管束和机械组织不发达，疏导组织弱，通气组织发达，根扎于泥土中，抗旱性差，无性繁殖快
		扎根	荷花、睡莲、王莲等		
	挺水植物		芦苇、香蒲、水葱等	水浅，根系缺氧	挺水植物根扎于泥土中，茎叶下部浸于水中，上部露于空气中，通气组织发达
陆生植物	湿生植物	阳性湿生	水稻、泽泻、灯芯草等	沼生环境，根系缺氧	根、茎、叶有通气组织连接，有较发达的输导组织，叶片有角质层，根系不发达，无根毛，抗旱力较差，生长于浸水或潮湿土壤
		阴性湿生	附生蕨类、海芋等	沼泽，根系缺氧	叶薄、气根吸收空气水分，蒸腾小，调节水分能力极差，生长于森林下部弱光、高湿环境
	中生植物		多数作物和杂草等	旱生环境，土壤通气良好	根茎叶结构抗旱能力介于湿生植物和旱生植物之间。无通气组织，不能生长于积水或干旱土壤中
	旱生植物	少浆液	刺叶石竹、沙拐枣等	干旱环境	根系发达，叶面积小，有各种减少蒸腾的特殊结构，有亲水性强的原生质体，抗旱能力强
		多浆液	仙人掌科、百合科、景天科	沙漠环境	有由根、茎、叶特化形成的储水组织，表面积对体积的比例小，叶片小或退化，角质层厚，气孔少而深埋，有特殊的水分与光合代谢途径

（三）土壤的生态作用及生物的适应性

1. 土壤的生态作用

土壤是许多生物的生存场所、生存基质和营养库，是绝大多数植物生长的基础。大量的微生物，栖居土壤的多种动物（如蚯蚓、线虫、节肢动物及大量昆虫等）均强烈依赖土壤而生存。土壤是一种处于水体与地表之间的介质，内含充足水分和空气，许多种类的生物依靠土壤作为过渡而实现了从水生向陆生的进化过程。土壤还是生物代谢产物、生物有机体、生物或工业污染物转化的重要基质，对消化有机物、净化有毒物质、保持环境平衡有重要生态作用。

2. 土壤物理特性的生态作用

土壤的物理特性主要指土壤温度、水分含量、空气含量及土壤质地和结构等。

土壤温度是太阳辐射和地理活动共同作用的结果。不同类型土壤有不同的热容量和导热率，因而表现出相对太阳辐射变化的不同滞后现象。这种土壤温度对地面气温的滞后现象对生物有利，影响植物种子萌发与出苗，制约土壤盐分的溶解、气体交换与水分蒸发、有机物分解与转化。较高的土壤温度有利于土壤微生物活动，促进土壤营养分解和植物生长，动物利用土壤温度避开不利环境、进行冬眠等。

土壤水分含量直接影响各种盐类溶解、物质转化、有机物分解。土壤水分含量不足不能满足植物代谢需要，产生旱灾，同时使好气性微生物氧化作用加强，有机质无效消耗加剧。水分过多使营养物质流失，还引起嫌气性微生物缺氧分解，产生大量还原物和有机酸，抑制植物根系生长。

土壤中空气含量和成分也影响土壤生物的生长状况，土壤结构决定其通气度，其中二氧化碳含量与土壤有机物含量直接相关，土壤二氧化碳直接参与植物地上部分的光合作用。

土壤的质地和结构与土壤中的水分、空气和温度状况有密切关系，并直接或间接地影响着植物和土壤动物的生活。沙土类土壤黏性小，孔隙多，通气透水性强，蓄水和保肥能力差，土壤温度变化剧烈；黏土类土壤质地黏重，结构紧密，保水保肥能力强，但孔隙小，通气透水性能差，湿时黏干时硬；壤土类土壤的质地比较均匀，土壤既不太松也不太黏，通气透水性能良好且有一定的保水保肥能力。团粒结构是土壤肥力的基础，无结构或结构不良的土壤，主体坚实、通气透水性差，植物根系发育不良，土壤微生物和土壤动物的活动亦受到限制。

3. 土壤化学特性的生态作用

土壤化学特性主要指土壤化学组成、矿质营养元素的转化和释放、有机质的合成和分解、土壤酸碱度等。矿质营养元素是生命活动的重要物质基础，生物对大量或微量矿质营养元素都有一定的量的要求。环境中某种矿质营养元素不足或过多，或多种养分配合比例不当，都可能对生物的生命活动起限制作用。不同种类生物对矿质营养元素的种类与需求量存在较大差异，矿质营养元素在体内的积累量也有不同，如褐藻科植物对碘的选择积累，禾本科植物对硅的积累，十字花科植物对硫的积累，茶科植物对氟的积累，十字花科水生植物对若干种重金属盐的积累等。这些植物对有害物质的耐性和积累，已在环境治理中得到广泛应用。

土壤有机质能改善土壤的物理结构和化学性质，有利于土壤团粒结构的形成，从而促进植物的生长和养分的吸收。土壤有机质也是植物所需各种矿物营养的重要来源，并能与各种微量元素形成络合物，增加微量元素的有效性。一般来说，土壤有机质的含量越多，土壤动物的种类和数量也越多，因此在富含腐殖质的草原黑钙土中，土壤动物的种类和数量极为丰富，而在有机质含量很少，并呈碱性的荒漠地区，土壤动物非常贫乏。

土壤酸碱度（pH）是土壤最重要的化学性质，它是土壤各种化学性质的综合反应，对土壤肥力、土壤微生物的活动、土壤有机质的合成和分解、各种营养元素的转化和释放、微量元素的有效性以及动物在土壤中的分布都有着重要影响。土壤的酸碱度直接影响生物的生理代谢过程，pH 值过高或过低会影响生物体内蛋白酶的活性水平，不同生物对 pH 值的适应存在较大的差异。例如，金针虫在 pH＝4.0～5.2 的土壤中数量最多，在 pH＝2.7 的强酸性土壤中也能生存；麦红吸浆虫通常分布在 pH＝7.0～11.0 的碱性土壤中，当 pH＜6.0 时便难以生存；蚯蚓和大多数土壤昆虫喜欢生活在微碱性土壤中，它们的数量通常在 pH＝8.0 时最为丰富。

土壤的酸碱度间接影响生物对矿质营养的利用，它通过影响微生物的活动和矿质养分的溶解度进而影响养分的有效性。对一般植物而言，土壤 pH＝6～7 时养分有效性最高，最适宜植物生长。在强碱性土壤中容易发生铁、硼、铜、锰、锌等的不足；在酸性土壤则易发生磷、钾、钙、镁的不足。

4. 生物对土壤因子的适应

生物对于长期生活的土壤会产生一定的适应特性，形成了各种以土壤为主导因素的生态类型。例如，根据对土壤酸碱度的反应和要求不同，可以把植物分为酸土植物（pH＜6.5）、中性土植物（pH＝6.5～7.5）和碱性土植物（pH＞7.5）；土壤动物依其对土壤酸碱性的适应范围可分为嗜酸性种类和嗜碱性种类；根据植物对土壤中矿质盐类（如钙盐）的反应，可将其划分为钙质土植物和嫌钙植物；根据植物对土壤含盐量的反应，可划分出盐土和碱土植物；根据植物对风沙基质的关系，可将沙生植物划分为抗风蚀沙埋、耐沙割、抗日灼、耐干旱及耐贫瘠等一系列生态类型。表 2.2 是以土壤为主导因子的植物生态类型的适应机制及生境特征。

表 2.2　以土壤为主导因子的植物生态类型的适应机制及生境特征

<table>
<tr><th colspan="2">生态类型</th><th>举　例</th><th colspan="2">适　应　机　制</th><th>生　境　特　征</th></tr>
<tr><td rowspan="3">盐碱土植物</td><td>聚盐性植物</td><td>碱蓬、滨藜、盐角草等</td><td>可吸收土壤可溶性盐聚集于体内，不受伤害</td><td rowspan="3">植物体干而硬，叶子不发达，蒸腾表面强烈缩小，气孔下陷；表皮具有厚的外壁，常具灰白色绒毛。在内部结构上，细胞间隙强烈缩小，栅栏组织发达。有一些盐土植物枝叶具有肉质性，叶肉中有特殊的储水细胞。似旱生植物特征</td><td rowspan="3">盐土：$NaCl$、Na_2SO_4 等可溶性盐含量大于干土重的 1％
碱土：富含 Na_2CO_3、$NaHCO_3$、K_2SO_4、Ca、Mg 盐类
盐碱度高毒害植物根系，土壤结构破坏，引起植物生理干旱、代谢失调。一般植物不能正常生长</td></tr>
<tr><td>泌盐性植物</td><td>红树、大米草、柽柳等</td><td>吸收土壤可溶性盐，通过茎、叶表面盐腺分泌排出</td></tr>
<tr><td>不透盐性植物</td><td>蒿属、盐地凤毛菊、田菁等</td><td>不吸收或很少吸收土壤盐类</td></tr>
<tr><td colspan="2">酸性土植物</td><td>茶、杜鹃、马尾松等</td><td colspan="2">生长慢，叶小而厚，直根深扎。不能在钙土中生长</td><td>土壤酸性或强酸性，缺钙，多铁、铝。土壤质坚实，通气差，缺水，土温低</td></tr>
</table>

续表

生态类型	举　例	适　应　机　制	生　境　特　征
钙土植物	南天竹、刺柏、黄连木、野花椒及西伯利亚落叶松等	喜钙	富含 $CaCO_3$ 的石灰性土壤，碱性较强
沙生植物	骆驼刺、柠条、花棒等	具旱生植物特征，根系特别发达，无性繁殖力强。抗旱、耐热、耐冷和细胞渗透压高	沙丘性土质，流动性强、干旱、缺营养及温度变化大

四、个体生态学

一般情况下，生物以个体的形式存在。众所周知，猫、狗、狮、虎、水稻和小麦分别是不同种的生物。不同种生物形态特征和遗传组成各不相同。因此，物种是由内在因素（生殖、遗传、生理、生态及行为等）联系起来的个体的集合，是自然界中的一个基本进化单位和功能单位。

不同的物种之间存在明显差异，但不管差异多大，无论是动物、植物还是微生物，它们都在一定环境中生存。一方面，生物种要从环境中获取其生活必需的物质资源以构建自身有机体，同时还要获得能量资源进行各种生命活动，其生存与活动时刻会受到自然环境的制约与影响；另一方面，生物又时刻对所处的环境产生各种反应，并影响环境。物种间差异及生殖隔离、性状迥异的形成正是生物对千变万化的环境适应的结果。由于环境的变动和一个种的分布区内环境的异质性，常常会引起物种性状的改变或分化。所以物种是在生物界的漫长历史中进化产生的，是生物对环境异质性适应的产物，它不能脱离其生存环境，每一物种多在自己的进化过程中形成了与环境一一对应的关系。个体生态学（autecology）就是在个体水平层次上研究这种一一对应关系的科学。

个体生态学是以生物个体及栖息地为研究对象，研究栖息地环境因子对生物的影响、生物对栖息地的适应及生物的形态、生理、生化等方面的生态适应机制。由于个体生态学涉及生物个体的生活及生物种的生存和进化，所以，个体生态学是研究生物个体发育、系统发育及其与环境关系的生态学分支。

生物的个体发育是指生物个体从出生到死亡的生长发育过程，在个体发育过程中受到环境因子的作用，生物个体也对特殊的环境产生适应，在不同的环境因子（量或质的差异）作用下，生物个体会有不同的表现性状。可见，一个生物种内的所有个体并非完全同质的，而是存在着各种各样的变异。

生物种的性状差异来源有基因型与表型两个方面。前者是生物种的遗传本质，即生物性状表现所必须具备的内在因素；后者是与环境结合后实际表现出的可见性状。一个物种的性状随环境条件而改变的程度称为该种的可塑性。如植株的高低、叶子的大小、分支的多少等，这类变异属于非遗传性变异。另一类变异是可以遗传的，这类变异来自基因型的改变，主要是通过基因突变与基因的重组实现。如果在特定的环境因子作用下，变异幅度朝一个方向继续变化，则可能会导致种的分化，这个过程即为系统发育。它是在环境作用下由个体发育一代接一代为适应环境而发生变异，并在选择作用下的物种进化过程，生物种在不同环境下的个体发育和系统发育见图 2.2。

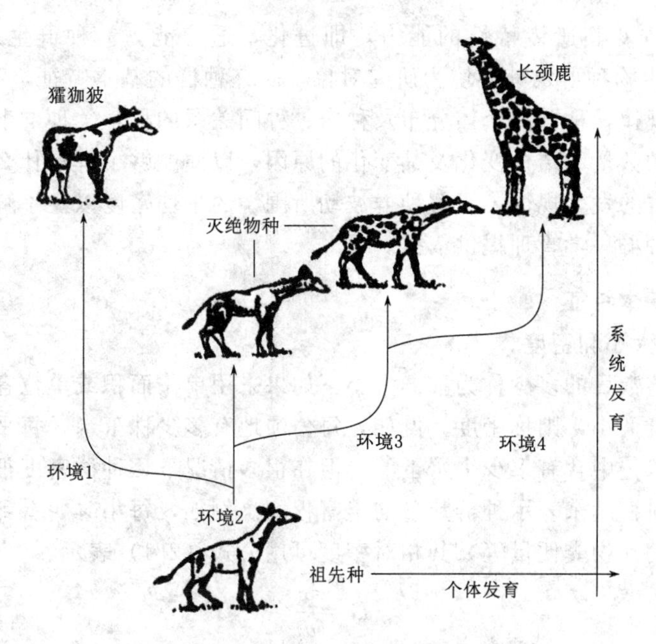

图 2.2　生物种在不同环境下的个体发育和系统发育（曹凑贵，2002）

经典生态学研究的最低层次是有机体（个体），按其研究的大部分问题来看，当前的个体生态学应属于生理生态学的范畴，这是生理学与生态学交界的边缘学科。当然，近代一些生理生态学家更偏重于个体从环境中获得资源和资源分配给维持、生殖、修复、保卫等方面的进化和适应对策上，而生态生理学家则偏重于对各种环境条件的生理适应及其机制上。

第二节　种 群 生 态 学

一、生物种群及种群生态学

在自然界，没有一个生物个体能够长期单独存在，它或多或少、直接或间接地依赖于别的生物个体而存在。生物也只有形成一个群体才能繁衍后代。因此，个体必须依赖群体而存在，群体则是个体发展的必然结果。生态学上把特定时间占据一定空间的同种生物个体的集合群称为生物种群（简称种群）。

种群虽由个体组成，但并不等于个体的简单相加。种群除了与组成种群的个体具有共同的生物学特性外，还具有个体所不具备的某些群体特性。如出生率、死亡率、年龄与性比等。这些都说明了种群的整体性和统一性。当着眼于整个种群时，所关心的不是种群中个别生物个体的生长、发育、繁殖和活动等，而是种群如何分布在某一特定空间、这个种群是在发展还是在消亡、种群为什么会发生变化、它的变化对其他种群和周围环境会带来什么样的影响等。

概括地说，作为群体属性，种群应具有以下三个主要特性：空间特性、数量特性及遗传特性。种群的空间特性指种群有一定的分布区域和分布方式；数量特性指种群具有一定的密度、出生率、死亡率、年龄结构和性比；遗传特性指种群具有一定的遗传组成，而且有随着时间进程改变其遗传特性的能力，即进化、适应能力。种群生态学（population ecology）就是以生物种群及其环境为研究对象，研究种群的基本特征，种群的统计特征、数量动态及调节规律，种群内个体分布及种内、种间关系的科学。种群生态学的主要任务是研究生物种群的数量和结构变化及其变化的原因，以便能够了解是什么因素影响着种群波动的范围及种群的发生规律，了解种群波动所围绕的平均密度以及了解种群衰落和灭绝的原因，为生物种群科学管理提供依据。

二、种群的基本特征

（一）种群的大小和密度

种群全部个体数目的多少称为种群大小。如果采用单位面积或单位容积内某种群的个体数目来表示种群大小，则称密度。例如，每公顷地有多少株玉米，每平方千米居住着多少人，每立方米水体中含有多少个水蚤等。但在很多情况下，种群密度很难用个体逐一计算，而是采用相对密度来表示种群数量的丰富程度。例如，每小时所看到的鸟数、听到的鸟鸣声，或看到的动物粪便量等，其相对密度可用公式（2.1）表示：

$$D=\frac{n}{at} \tag{2.1}$$

式中：D 为种群相对密度；n 为个体数目；a 为地区面积；t 为时间。

种群密度有粗密度和生态密度之分。粗密度是指单位空间内的个体数（或生物量）；生态密度是指单位栖息空间（种群实际所占据的有用面积或空间）内的个体数（或生物量）。例如，鹁鸡只栖息灌木树篱中，因此，便采用每公里长灌木树篱中的个体数来表示鹁鸡的密度，而不是用面积表示。

种群密度的高低在多数情况下取决于环境中可利用的物质和能量的多少、种群对物质和能量利用效率的高低、生物种群营养级的高低以及种群本身的生物学特性（如同化能力的高低等）。当环境中可利用的物质和能量最丰富、环境条件最适应时，某种群可达到该环境下的最大密度，这个密度称为“饱和点”。维持种群最佳状况的密度，称为最适密度。最大密度和最适密度是栽培各种作物、饲养各种动物（包括放牧和舍饲）、养殖鱼类等应首先考虑的问题，也是人类自身生存所必须考虑的问题。种群密度过大时，每一种生物都会以其特有的方式作出反应。种群密度也有一个最低限度，种群密度过低时，种群的异性个体不能正常相遇和繁殖，会引起种群灭亡。

（二）种群的年龄结构和性比

种群的年龄结构是指种群内各个体的年龄分布状况，即各个年龄或年龄组的个体数占整个种群个体总数的百分比结构，它是种群的重要特征之一。一般用年龄金字塔来表示种群的年龄结构，它是从小到大将各年龄级的比例用图表示。图 2.3 是种群年龄金字塔，表明虽然种群大小相同，但由于年龄结构不同，种群的繁殖力就不同。根据种群的发展趋势，种群的年龄结构可以分为三种类型：增长型种群、稳定型种群和衰退型种群。

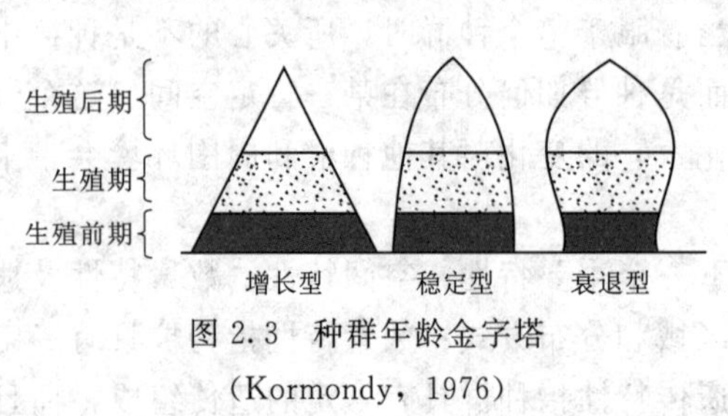

图 2.3　种群年龄金字塔
（Kormondy，1976）

年龄结构直接关系一个种群当前的生育

力、死亡率和繁殖特点，对种群的未来发展有重要影响，若种群处于生育年龄的个体越多，这个种群的增长率会越高。种群增长率的高低，又反过来影响这一种群的年龄结构。年龄结构越复杂，种群的适应能力越强。研究种群的年龄结构对深入分析种群动态和进行预测预报具有重要价值。

性比是种群雌性个体与雄性个体的比例。种群的性比同样关系到种群当前的生育力、死亡率和繁殖特点。在高等动物中性比多为1：1。某些动物和社会昆虫雌性较多。植物中虽然多数种是雌雄同株，没有性比问题，但某些雌雄异株植物，其性比可能变异较大。

性比与种群的配偶关系，对出生率有很大影响。在单配种，即一夫一妻的种群中，雄性个体与雌性个体的比例决定着繁殖力，例如，10000只掠鸟的性比为3（雄性）：2（雌性），则夫妻对是4000而不是5000，以每对产5只小掠鸟计算，则可出生幼鸟20000只，而不是25000只。多妻种，即一夫多妻的种群（如鹞），情况则与单配种有所不同。在野生种群中，性比的变化有时也会引起配偶关系和交配行为的变动，从而影响到繁殖力和种群的发展。与性比相关联的因素还有个体性成熟的年龄，也是对种群繁殖力有影响的内在因素。

（三）种群的出生率与死亡率

1. 出生率

出生率（natality）是指种群产生新个体占总个体数的比率。这里的出生是一个广义的概念，包括分裂、出芽（低等植物、微生物）、结籽、孵化、产仔等多种方式。出生率有绝对出生率和相对出生率两种表示方法，如式（2.2）和式（2.3）：

$$B=\frac{\Delta N_n}{\Delta t} \tag{2.2}$$

$$b=\frac{\Delta N_n}{N\Delta t} \tag{2.3}$$

式中：B 为绝对出生率；ΔN_n 为新产生的个体数；Δt 为时间增量；b 为相对出生率；N 为种群的总个体数。

出生率有生理出生率（physiological natality）和生态出生率（ecological natality）。生理出生率又称最大出生率（maximum natality），是指种群在理想条件下所能达到的最大出生率。生态出生率又称实际出生率（realized natality），是指在一定时期内，种群在特定条件下实际繁殖的个体数。此外，种群的出生率也可以用特定年龄出生率表示，特定年龄出生率是按不同的年龄组计算其出生率。例如，2龄野兔平均每个雌性个体每年可产4只幼兔，而1龄野兔平均每个雌性每年只产1.5只幼兔。由特定年龄出生率不仅可以知道整个种群的出生率，而且可以知道不同年龄或年龄组在出生率上的差异。

2. 死亡率

死亡率（mortality）代表一个种群的个体死亡情况，死亡率同出生率一样也可以用生理死亡率（或最小死亡率）和生态死亡率（实际死亡率）表示。生理死亡率（physiological mortality）是指在最适条件下所有个体达到生理寿命时因衰老而死亡。对野生生物来说，生理死亡率同生理出生率一样是不可能实现的，它只具有理论意义和比较意义。由于受环境条件、种群本身大小、年龄组成，以及种间的捕食、竞争等的影响，实际死亡率远远大于生理死亡率。生态死亡率（ecological mortality）是指在一定条件下的实际死亡率，可能有少数个体能活到满生理寿命，最后死于衰老，但大部分个体将死于饥饿、疾病、竞争、遭到捕食、被寄生及恶劣的气候或意外事故等。

死亡率是生物种群的一种自然特征，它受环境条件、种群密度等因素的影响。环境条件恶劣，种群死亡率高；反之，死亡率低。在一定条件下，种群密度大，死亡率高；反之，死亡率低。种间的竞争、捕食也是影响种群死亡率的最直接的主要原因。在农业生态系统中，种群死亡率不仅受自然因素的影响，还受人为因素（如人的调控）、输入、输出的影响。

三、种群的数量动态

种群的数量动态由一系列“简单增长”所组成，一种生物进入和占领新栖息地，首先经过种群增长建立种群，以后可出现无规则或有规则（周期性的）波动、种群大暴发、物种生态入侵及种群衰亡等。种群的有规则波动、种群大暴发、物种生态入侵及种群衰亡等过程是引起种群数量变动的主要形式。

（一）种群增长

单种种群数量随时间变化有多种形式，但基本上是由指数增长和逻辑斯谛增长两个基本增长型所构成。

1. 指数增长

在无限环境或近似无限环境条件下，一些种群的数量按指数增长，其增长曲线如“J”形，所以也称为“J”型增长。如果所研究的种群为世代分离的生物，即一个世代只生殖一次，假定平均每个个体生出 λ 个后代，那么，λ 就是每个世代的净生殖率，因此：

$$\lambda = \frac{N_{t+1}}{N_t} \tag{2.4}$$

即 $t+1$ 世代个体数量与 t 世代个体数量的比值，或写为

$$N_{t+1} = N_t \lambda \tag{2.5}$$

由此可以看到，第一世代的种群数量（N_1）是

$$N_1 = N_0 \lambda \tag{2.6}$$

第二世代的种群数量是

$$N_2 = N_1 \lambda \text{ 或 } N_2 = N_0 \lambda^2 \tag{2.7}$$

依此类推，到第 t 个世代的种群数量是

$$N_t = N_0 \lambda^t \tag{2.8}$$

其中，λ 又称周限增长率。若 $\lambda > 1$，则种群的数量呈增长趋势；若 $\lambda = 1$，则种群的数量不增不减；若 $\lambda < 1$，则种群数量呈下降趋势。图 2.4 是 4 个不同的 λ 值条件下的种群数量变化情况，就 $\lambda = 1.2$ 来说，种群的增长趋势是“J”字形，即种群数量在开始时增长很慢，以后当种群基数很大时就增长得很快。

有些生物是连续进行繁殖的，而且没有特定的繁殖时期，在这种情况下，种群的数量变化可以用微分方程表示为

$$\frac{dN}{dt} = rN \tag{2.9}$$

其指数式为

$$N_t = N_0 e^{rt} \tag{2.10}$$

式中：dN/dt 为种群的瞬时数量变化；e 为自然对数的底；r 为种群的增长率。

当 $r>0$ 时，单种种群数量将按指数曲线的形式无限增长；当 $r<0$ 时，单种种群数量呈指数式下降；当 $r=0$ 时，单种种群数量相对稳定。这就是单种种群在无限制的环境中增长的模型。在无限制（食物源、环境资源不受限制）的条件下，增长率 r 为一恒值，则单种种群的数量呈指数增长（图 2.5）。

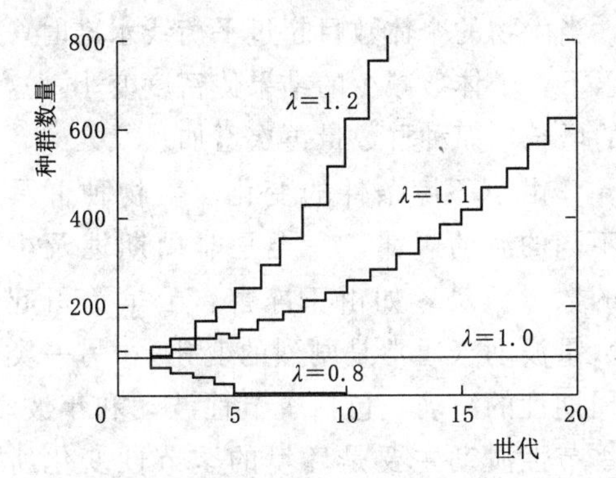

图 2.4　种群开始数量为 100 时，种群在 4 个不同的 λ 值条件下的增长情况（Hedrick，1984）

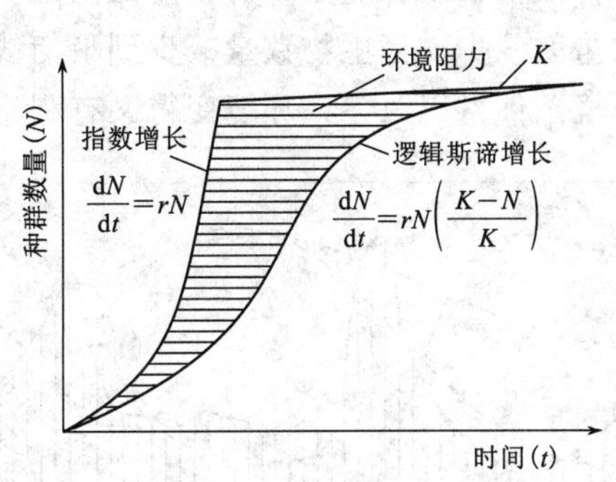

图 2.5　种群数量的指数增长和逻辑斯谛增长的比较（李振基等，2014）

2. 逻辑斯谛增长

尽管物种具有巨大的增长潜力，但是在自然界中，种群却不能无限制地按照几何级数增长，因为种群增长所需的资源和空间总是有限的，随着种群密度上升，对有限空间资源和其他生活必需条件的种内竞争必将增加，继而影响到种群的出生率和死亡率，降低种群的实际增长率。因此，在自然界种群总是在增长到一定限度后，增量和减量的差异逐渐消失而达到平衡。由环境资源所决定的种群限度，即某一环境所能维持的最大种群数量称为环境容纳量（carrying capacity），用 K 来表示。

在自然条件下，生物种群的增长在开始时经过一个适应环境的延滞期后，随即进入指数增长期（个体呈指数增长），然后增长速度变慢，最后增量和减量相等，种群不再增长而达到最高密度的稳定期。这种增长形式称为逻辑斯谛增长（logistic growth）（图 2.5）。引入 K 值，种群增长指数方程可以变为式（2.11）：

$$\frac{dN}{dt} = rN\left(\frac{K-N}{K}\right) \tag{2.11}$$

式中：dN/dt 为种群的瞬时增长量；r 为种群的增长率；N 为种群大小。

式（2.11）是 1838 年由 Verhurst 首次提出的，命名为逻辑斯谛（logistic）方程。逻辑斯谛方程和无限环境中种群的指数增长微分方程相比，增加了修正项 $(K-N)/K$，$(K-N)/K$ 称为剩余空间或增长力可实现程度，即逻辑斯谛系数，它的生物学含义是随着种群数量的增大，最大环境容纳量当中种群尚未利用的剩余空间，实际上也是环境压力的度量。当 $K-N>0$ 时，种群增长；当 $K-N<0$ 时，种群个体数目减少；当 $K-N=0$ 时，种群大小基本处于稳定的平衡状态。可见，逻辑斯谛系数对种群数量变化有一种制动作用，

使种群数量总是趋向于环境容纳量，形成一种“S”形的增长曲线（图 2.5），这种增长称为“S”型增长。

（二）种群波动

种群波动一般是指种群数量随时间变化而上下摆动的情况，它不仅出现在自然增长型的种群中，也出现在反馈控制的其他增长型种群中。种群波动是由内因和外因不断变化引起的。首先，自然界的无机环境不是恒定的，这种变化分周期性和非周期性两种，这两种情况都会引起种群的数量波动，这是种群波动的外因；其次，生物内部的自动调节也会引起种群数量波动，这是种群波动的内因。例如，当生物的个体数目超过平衡线水准时，生物数量就减少。当生物数量减少到平衡线水准以下，个体数减少的结果使密度变小，这就使环境条件得以改善，环境变得又有利于种群的增长，而种群数量再次增加。

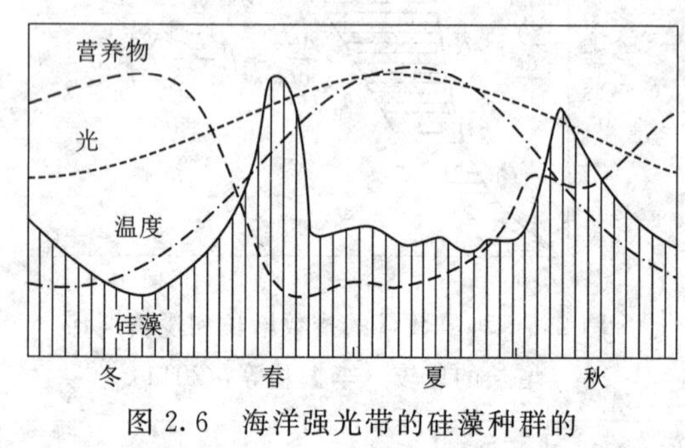

图 2.6　海洋强光带的硅藻种群的季节变化（骆世明等，1987）

由于环境条件的变化，生物种群具有不同的波动规律。一类是非周期性及少见的数量波动，如由于冻害、干旱等引起的数量波动（通常是剧烈的变化）；另一类是周期性的波动，包括季节性波动和年波动。季节性波动主要是环境的季节性变化所引起的，如海洋强光带的硅藻种群的季节变化等（图 2.6）。年波动主要是多年周期因素与种群间影响造成的。例如，我国伊春林区棕背鼠种群的数量变化具有三年的周期性，以棕背鼠为食的黄鼬也表现出类似的周期，这与该地区红松结实三年各一次大丰收相一致。影响种群数量波动的内因和外因常常是相互联系的，并且是通过种群的自我修正和补偿来适应外界环境因素的扰动。至于波动的振幅，“J”型增长种群具有剧烈波动的特征，而“S”型增长的种群则具有减幅波动的特征。无论哪种波动，生态系统的组成越高级、越成熟，环境越稳定，则种群波动幅度越低。

（三）种群暴发或大发生

具有不规则或周期性波动的生物都可能出现种群暴发或大发生，常见于虫害和鼠害。虫害如索马里 1967 年的一次蝗灾，蝗虫的总质量达 50000t。鼠害如 1967 年我国新疆北部地区发生的小家鼠大暴发引起的灾害，造成的粮食损失达 1.5 亿 kg。水生植物暴发造成危害的例子也不鲜见。赤潮是水生植物种群暴发的典型例子。所谓赤潮是指海洋中一些浮游生物（如腰鞭毛虫、裸甲藻、梭甲藻及夜光藻等）暴发性增殖所引起水色异常的现象。赤潮的主要原因是氮、磷等营养物过多形成富营养化。另外，淡水水域种群暴发现象的水生植物有伊乐藻（*Elodea canadensis*）和凤眼莲（*Eichhornia crassipes*）。

陆生植物种群暴发会产生极为严重的危害，如，在过度放牧的草场上，当牛羊喜食的草本植物减少时，贯叶金丝桃（*Hypericum perforatum L.*）就会大暴发，形成危害。如果牲畜少量取食，会刺激口舌，降低食欲；如果大剂量取食则会毒害致死。据报道，1904 年贯叶金丝桃被带入美国加州北部，至 1994 年面积扩大到 80 万 hm^2，用化学药物虽能控制其蔓延，但耗资巨大，直到引入双金叶甲（*Chrysolina quadrigemina*）才得到控制。

双金叶甲的幼虫在冬季啃食贯叶金丝桃叶基，使其于次年春不能长叶，于是根不能储存营养物质，3年后在干旱夏季死亡。

（四）生态入侵

由于人类有意或无意地把某种生物带入适宜于其栖息和繁衍的地区，种群脱离了人类和原栖息地的制约而不断扩大，分布区逐步稳定地扩展，影响到栖息地原有生物的生长，这种过程称为生态入侵。如欧洲的穴兔（*Oryctolagus cuniculus*）于1859年由英国引入澳大利亚西南部，由于环境适宜和没有天敌，每年以112.3km的速度向北扩展，经过16年后澳洲东岸发现有穴兔，在16年内，穴兔向东推进了1770km。种群数量同样很高，成为一大危害，与牛羊竞争牧场。人们采用许多方法，耗资巨大，都未能有效地控制。最后在第二次世界大战以后，引入黏液瘤病毒，才将危害制止。

植物中也有不少生态入侵的例子。如紫茎泽兰（*Eupatorium adenophorum spreng*）原产墨西哥，1865年作为观赏植物引入夏威夷，1875年引入澳大利亚，后来到处繁衍，泛滥成灾。1949年以前由缅甸、越南进入我国云南，现已蔓延到北纬25°地区，并向东扩展到广西、贵州境内。它常连接成片，发展为单优势群落，侵入农田、危害牲畜，影响林木生长，成为当地的“草害”。

四、种群的种内关系

（一）种群内个体的空间分布类型

由于自然环境或生境的多样性，以及种内个体之间的竞争，每一种群在一定空间中都会呈现出特定的分布形式。种群内个体在其生存环境空间中的配置方式称为种群的空间分布，通常种群分布的状态及其形式有均匀分布、随机分布和集群分布三种类型（图2.7）。

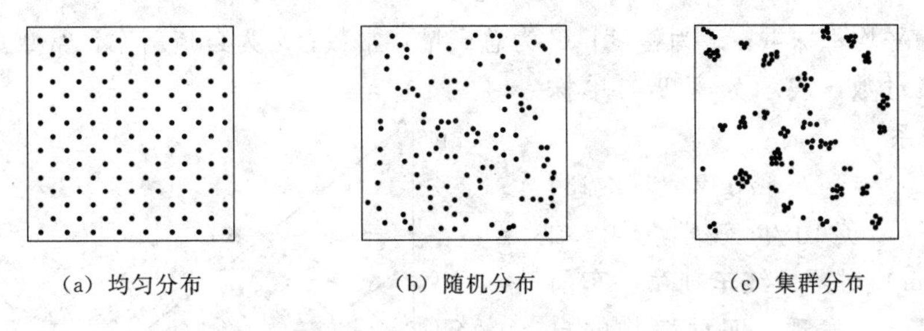

(a) 均匀分布　(b) 随机分布　(c) 集群分布

图2.7 种群分布的状态及其形式（李博，2000）

（1）均匀分布。种群内个体在空间上呈等距离分布即为均匀分布，均匀分布是由种群成员间进行种内竞争所引起的。例如，在相当均质的环境中，领域现象经常导致均匀分布。在植物中，森林树木为争夺水分所进行的竞争都能导致均匀分布。干燥地区所特有的自毒现象是导致均匀分布的另一个原因。

（2）随机分布。如果每个个体的位置不受其他个体分布的影响，所形成的分布格局称为随机分布。随机分布是罕见的，只有当环境均一、资源在全年平均分布而且种群内成员之间的相互作用并不导致任何形式的吸引和排斥时，才能出现随机分布。一般仅在森林中地面上的一些无脊椎动物（如蜘蛛类）以及海岸潮间带的一些蚌类分布中能见到。

（3）集群分布。种群内个体在空间的分布极不均匀，常成群、成簇或呈斑点状密集分布，种群的这种分布格局即为集群分布，也称成群分布或聚群分布。集群分布是最常见的种群分布形式，这种分布是生物对环境适应的结果，同时也受气候和环境的日变化、季节变化以及生殖方式和社会行为的影响。例如，植物的集群分布常受植物繁殖方式和特殊环境需要的影响。橡树和雪松的种子没有分布能力，常落在母株的周围形成集群；植物的无性繁殖也常常导致集群分布；此外，种子的萌发、实生苗的存活和各种竞争关系的存在都能影响集群分布的程度和类型。

（二）种内竞争与自疏

种群内个体之间的竞争普遍地存在于自然界中，种内竞争明显受密度制约，在有限生境中，种群数量越多，对资源的竞争就越激烈，对每个个体的影响也越严重，死亡率可能会升高而出生率则下降。但是，在某些情况下，特别是在种群密度很低时，出生率可能会增长，而死亡率会下降。由于物种内竞争和密度是紧密相连的，即无论何时产生竞争，它既来源于密度又作用于密度。因此，种内竞争具有调节种群数量动态的作用。

不同的生物种各具特性，从而构成了多样的种内竞争形式，如植物种群内的竞争与动物的明显不同。作为构件生物，植物生长的可塑性很大，这种可塑性一方面表现在个体的生长对外部非生物环境的响应，另一方面与群体其他个体之间共存状态有密切关系。如在植物稀疏和环境条件良好情形下，枝叶茂盛，构件数很多；相反，在植株密生和环境不良的情况下，可能只有少数枝叶，构件数很少。在初始高密度播种下，植株继续生长，种内对资源的竞争不仅影响植株生长发育，而且影响植株的存活率。在高密度的样方中，有些植株死亡，这种现象称为种群的“自疏现象”。由于产量恒定，随着种群中单株的增重必然出现密度下降，其关系可描述为

$$C = d \times W^{a} \tag{2.12}$$

式中：W 为平均每株重；d 为密度；C 为总产量，常数；a 为自疏斜率，常数。

两边取对数，表示为密度与单株平均重的关系：

$$\lg d = \lg C - a \lg W \tag{2.13}$$

1977 年，英国生态学家哈珀(J. L. Harper）对藜、红车轴草、车前草、反枝苋研究发现，四种植物的自疏斜率 a 基本为 $-2/3$。此后，哈珀等（1981）对黑麦草的研究发现，自疏斜率 a 为一个恒值，等于 $-2/3$。怀特（J. White）等（1980）对 80 多种植物的自疏作用进行过定量观测，也都表现出 $-2/3$ 自疏现象，称为 $-2/3$ 自疏法则。$-2/3$ 自疏法则、植物密度与质量的关系如图 2.8 所示。

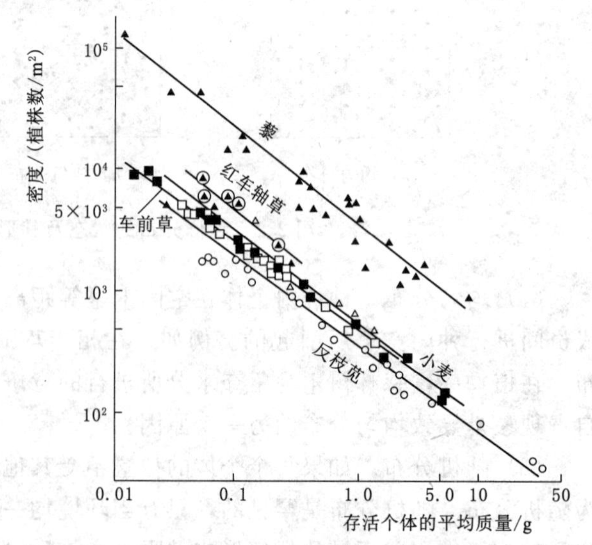

图 2.8 $-2/3$ 自疏法则、植物密度与质量的关系（Harper，1977）

（三）隔离和领域性

种群中个体间或小群间产生隔离

或保持间隔可以减少对生存需求的竞争，对种群调节有着重要作用。产生隔离的原因：一是个体之间竞争匮缺资源，二是个体间直接对抗。某些生物种群的个体、配偶或家族群常将它们的活动局限在一定的区域内，并加以保护，这块区域称为种群领域。领域性是保持个体或种群之间间隔的积极机制。高等动物的隔离机制是行为性的（或神经性的），而低等动物或植物则是化学性的，即通过抗生素或“他感作用物质”产生隔离。这种隔离减少了竞争，防止种群因过密而过度消耗食物资源（对于动物）或水和营养物质（对于植物）。

（四）种群的社会等级与分工

在群体社会中，种群个体已有明显的分工，种群已经不再是完全意义上的同结构系统，而是有一定结构差异的系统，从而形成种群的社会等级，是种群系统进化的最高阶段。社会等级是指种群中各个体地位具有一定顺序的等级现象。等级的数量和配置情况构成了种群的社会结构。社会等级形成的基础是支配行为，或称支配-从属关系。社会等级制在动物界中相当普遍，包括许多鱼类、爬行类、鸟类和兽类。通过研究发现，一些普遍的规律。社会等级的表现是个体地位的不平等。高地位的优势个体通常较低地位的从属个体身体强壮、体重大、性成熟度高，具有打斗经验。例如，家鸡饲养者很熟悉鸡群中的彼此啄击现象，经过啄击形成等级，稳定下来后，低级的一般表示妥协和顺从，但有时也通过再次格斗而改变顺序等级。稳定的鸡群往往生长快，产蛋也多，其原因是不稳定鸡群中个体间经常的相互格斗要消耗许多能量，这是社会等级制在进化选择中保留下来的合理性的解释。社会等级优越性还包括优势个体在食物、栖所、配偶选择中均有优先权。这样保证了种内强者首先获得交配和产后代的机会，所以从物种种群整体而言，有利于种族的保存和延续。

社会等级制形成后必然会产生社会分工，分工不仅表现在行为上，还表现在生理形态上。分工使社会的成员在职责、行为、形态上分为各异的“等级”，并相互合作。例如，蚂蚁种群中有专司繁殖的蚁后，实际上已特化为专门产卵的生殖机器，它有膨大的生殖腺、特异的性行为，而取食和保卫机能完全退化。伴随社会分工的发展，社会内个体间的联系与合作也必然会得到进一步发展，只有通过整合作用，才能形成社会整体性。这种整合包括行为上（如相互识别、交换信息）、生理上和遗传上的。例如，社会昆虫高度发展的分工合作，使其种群能高度适应生物界的生存斗争，但每个个体也失去独立性。

五、种群的种间关系

（一）种间相互作用的类型

不同生物种群经常聚集在同一空间，生物个体之间的空间距离缩小，个体之间的联系更为密切，从而出现了对自然环境的竞争，对食物要求的矛盾，以及排泄物的相互影响等，并形成相互依存或相互制约的复杂关系。生物之间相互作用的性质在不同的环境条件下，或在不同的时期（生长发育的不同阶段）是可以变化的。在某些条件下或某些时期，它们是互利的；在另一条件或时期，可能是斗争的；在第三种条件下，可能又是无关的。植物间的相互作用，更是多种多样，既有各种形式的直接作用，也有通过环境而发生的间接作用。根据种间关系的性质，种间相互作用主要有正相互作用（一方得利或双方得利）、负相互作用（至少一方受害）、中性作用（双方无明显的影响）三种类型（表 2.3）。

表 2.3　　两种群相互作用性质（尚玉昌和蔡晓明，1993）

相互作用类型		对种群的影响		相互作用的一般特征
		甲种群	乙种群	
正相互作用	原始合作	+	+	互相有利，但不是必然的
	互利共生	+	+	相互作用、相互依赖
	偏利共生	+	0	甲种有利，乙种无影响
负相互作用	竞争	−	−	互相抑制，两种群均受伤害
	捕食	+	−	甲种捕食受益，乙种被捕食受害
	寄生	+	−	甲种受益，乙种受害
	偏害	−	0	甲种受害，乙种无影响
中性作用	无影响	0	0	彼此不受影响

注　“+”代表有利影响；“−”代表有害影响；“0”代表无影响。

（二）种间正相互作用

生物种间的正相互作用包括原始合作、互利共生和偏利共生。

1. 原始合作

原始合作指两个生物种群生活在一起，彼此都有所得，但二者之间不存在依赖关系。如蟹与腔肠动物的结合，腔肠动物覆盖于蟹背上，蟹利用腔肠动物的刺细胞作为自己的武器和掩蔽的伪装，腔肠动物利用蟹作为运载工具，借以到处活动得到更多的食物。在农业生产中，人们利用不同生活型植物进行间作和套种，可以相互利用对方所建立的有利环境条件等，相得益彰。例如，玉米与大豆或花生的间作，冬小麦与豌豆或黄花苜蓿的间作，棉花与甘薯或板蓝根的间作，紫云英与萝卜、油菜的间作，经济植物橡胶与茶树的间作，茶树与药材的间作，果树与农作物的间作等。利用它们之间的原始合作可以控制有害生物，改善环境条件。

2. 互利共生

互利共生指两个生物种群生活在一起，相互依赖，互相得益。共生的结果使得两个种群都发展得更好，互利共生常出现在生活需要极不相同的生物之间。例如，异养生物完全依赖自养生物获得食物，而自养生物又依赖异养生物得到矿质营养或生命需要的其他功能。又如，豆科植物与根瘤菌共生，豆科植物提供光合作用产物供给根瘤菌生活物质和能量，而根瘤菌可以固定空气中游离的氮素，改善豆科植物的氮素营养。互利共生的数学模型可用式（2.14）和式（2.15）表示：

$$\frac{dN_1}{dt}=r_1N_1\left(1-\frac{N_1}{K_1+\alpha N_2}\right) \tag{2.14}$$

$$\frac{dN_2}{dt}=r_2N_2\left(1-\frac{N_2}{K_2+\beta N_1}\right) \tag{2.15}$$

式中：N_1、N_2 分别为物种 1、物种 2 的数量；r_1、r_2 分别为物种 1、物种 2 的增长率；K_1、K_2 分别为物种 1、物种 2 的环境容纳量；α 和 β 为互利共生系数，α 代表物种 2 的自然增长饱和度对物种 1 生态增长的贡献，β 代表物种 1 的自然增长饱和度对物种 2 生态增长的贡献。

式（2.14）和式（2.15）中每一种群的环境容纳量都因另一种群的存在而增大，因此，要求 $0<\alpha$、$\beta<1$，以限制互利共生作用的总量，否则，种群将无限增大。

3. 偏利共生

偏利共生是指共生的两种植物，一方得利，而对另一方无害。偏利共生可以分长期性的和暂时性的。某些植物以大树作附着物，在一般情况下，对被附着的植物不会造成伤害，它们之间构成了长期性的偏利共生关系，借以得到适宜的阳光和其他生活条件，但并不从附着的树上吸取营养。但若附生植物太多，也会妨碍被附生植物的生长，这说明生物种间相互关系类型的划分不是绝对的。暂时性偏利共生是一种生物暂时附着在另一种生物体上以获得好处，但并不使对方受害，如林间的一些动物和鸟类在植物上筑巢或以植物为掩蔽所等。

（三）种间负相互作用

种间负相互作用使受影响的种群的增长率降低，但并不意味着有害。从长期存活和进化论的观点来看，负相互作用能增加自然选择率，产生新的适应。负相互作用主要有竞争、捕食、寄生等。捕食与寄生作用对于缺乏自我调节能力的种群常常是有利的，它能防止种群过密，使种群免遭自我毁灭。

1. 竞争

竞争是指两个或多个种群争夺同一对象的相互作用。竞争的对象可能是食物、空间、光及矿质营养等。竞争的结果可能有：两个种群形成协调的平衡状态，或者一个种群取代另一个种群，或者一个种群将另一个种群赶到别的空间中去，从而改变原生态系统的生物种群结构。一般可把竞争分为干扰竞争和利用竞争两种类型。

不同生物种群之间的竞争强度因亲缘关系的远近、生长型习性的不同而有差别。植物中同一生活型之间竞争激烈，动物中食性相同的竞争激烈，生态位部分重叠的生物种群之间竞争激烈，同种个体之间或近亲种个体之间竞争激烈。如，大草履虫（*Paramecium caudatum*）和双小核草履虫（*Paramecium aurelia*）两个种单独和混合培养时的种群动态如图 2.9 所示。由图 2.9 可以看出，开始时两个种都有增长，随后大草履虫趋于灭亡。这两种草履虫之间没有分泌有害物质，主要是由于其中的一种增长快，而另一种增长慢，因竞争食物，增长快的物种排挤了增长慢的物种。由此可以看出，当两个物种开始竞争时，一个物种最终会将另一个物种完全排除掉，并使整个系统趋向饱和，这一现象在生态学上被称为竞争排除。在此基础上，有人提出了竞争排除原理，其主要内容是：两个生态位完全相同的物种不可能同时同地生活在一起，其中一个物种最终必将另一个物种完全排除。

2. 捕食

捕食是指所有高一营养级的生物取食和伤害低一营养级的生物的种间关系。从理论上说，捕食者和被捕食者的种群数量变动是相关的。当捕食者密度增大时，被捕食者种群数量将被压低；而当被捕食者数量降低到一定水平后，必然又会影响捕食者的数量，随着捕食者密度的下降，捕食压力的减少，被捕食者种群又会再次增加，这样就形成了一个双波动的种间数量动态，如野兔和山猫的数量动态，见图 2.10。

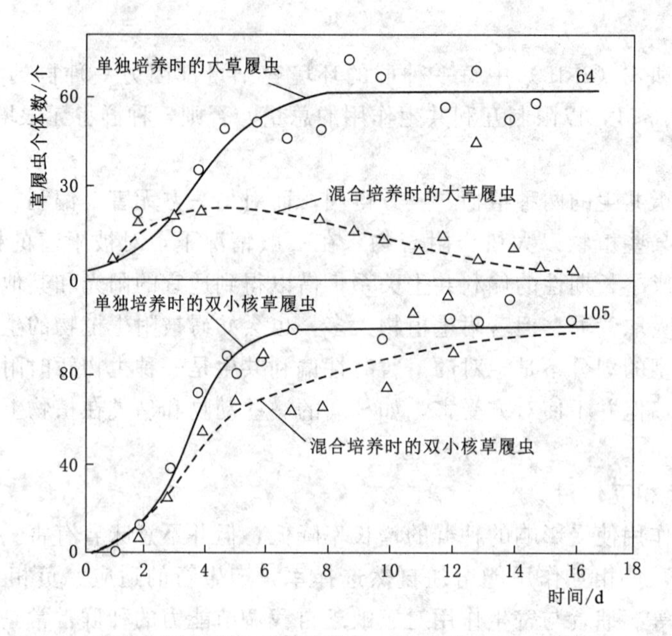

图 2.9 两种草履虫单独和混合培养时的种群动态（李博，2000）

在一个生态系统中，捕食者与被捕食者一般保持着平衡，否则生态系统就不能存在。如果捕食者和寄生者对猎物和寄主的有害影响太过剧烈，则会导致一个或两个种群灭绝，尤其是两个有负相互作用的种群，原先两个种群分别生活在不同的生态系统中，与它们结合在一起时，其有害作用就表现强烈。这是因为该系统对新来的生物缺乏合适的调节机制或调节机制很弱。这在引种时应特别注意，如不执行严格的检疫制度，带进原来本地没有的病虫，遗患将是严重的。因此，作物引种工作必须考虑所引进的新品种是否可能成为当地害虫的新食物源。引进天敌防治病虫害，也要考虑所引进的昆虫是否会改变属性，危害农业生产。此外，如果忽视生物控制关系，滥用农药，会使某些有益的负相互作用机制严重削弱或失去，使害虫数量严重增长，给防治害虫工作带来更大的困难。

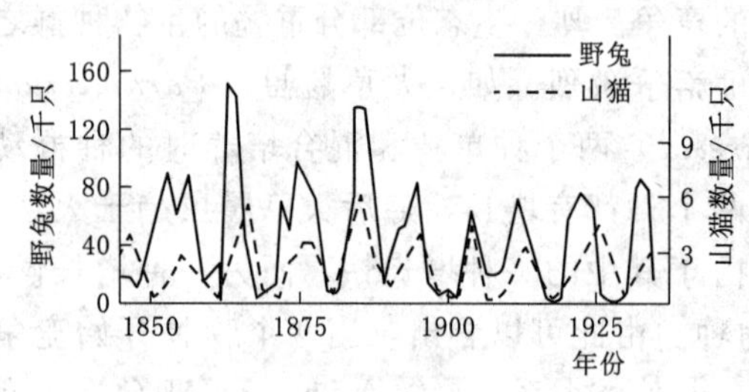

图 2.10 野兔和山猫的数量动态（Maclulik，1937）

3. 寄生

寄生是指一个物种从另一个物种的体液、组织或已消化物质获取营养并对宿主造成危害。更严格地说，寄生物从较大的宿主组织中摄取营养物，是一种弱者依附于强者的情况。寄生物为适应它们的宿主表现出极大的多样性，其宿主可以是植物、动物，也可以是其他寄生物。例如在致病细菌中生活的病毒或噬菌体，在这种场合可称为超寄生。有的寄生物能在动植物尸体上继续营寄生生活，如铜绿蝇（*Lucilia cuprina*），可称为尸养寄生物，它们实际已成为食死生物或食碎屑生物。寄生物有的是整生寄生，有的是暂时寄生，其间有一系列过渡。蜱、蚊等从体表吸取宿主血，停留时间不长；蛭、八目鳗可延续若干昼夜；寄生在蟾蜍肺中的棒线虫（*Rhabdias bufonis*）以寄生世代和自由生活世代相交替。捕食者通常杀死猎物，而寄生者则多次地摄取宿主的营养，一般不“立即”或直接杀死宿主。寄生蜂将卵产在昆虫幼虫内，随着发育过程逐步消耗宿主的全部内脏器官，最后剩下空壳，一般称为拟寄生物。拟寄生是一种介于寄生和捕食之间的种间关系。

寄生物和宿主种群数量动态在某种程度上与捕食者和猎物的数量动态相似，随着宿主密度的增长，宿主与寄生物的接触势必增加，造成寄生物广泛扩散和传播，宿主种群中的流行病将不可避免。流行病的结果使宿主大量死亡，未死亡而存活的宿主往往形成具有免疫力的种群，密度的下降也减少了与寄生物接触的强度，于是流行病趋向于熄灭。宿主密度因流行病死亡而剧减，成了宿主种群再增长的有利条件，并开始一个寄生物和宿主两个相互作用种群周期性数量变动的新周期。数量变动与一种病毒感染率的相互关系，证明致病性病毒是宿主种群周期性动态的重要原因。流行病学是当今十分吸引生态学家的一个领域，医学上丰富的记录，及农作物疾病的流行记录，提供了宝贵的素材，是发展生态学理论的基础。

（四）种间协同进化

一个物种的进化必然会改变作用于其他生物的选择压力，引起其他生物也发生变化，这些变化反过来又会引起相关物种的进一步变化，这种相互适应、相互作用的共同进化的关系即为协同进化（coevolution）。

捕食者和猎物之间的相互作用是这种协同进化的最好实例。捕食对于捕食者和猎物都是一种强有力的选择力，捕食者为了生存必须获得狩猎的成功，而猎物的生存则获得逃避捕食的能力。在捕食者的压力下，猎物必须靠增加隐蔽性、提高感官的敏锐性来减少被捕食的风险。例如，瞪羚为了不成为猎豹的牺牲品就会跑得越来越快，但瞪羚提高了的奔跑速度反过来又成了作用于猎豹的一种选择压力，促使猎豹也增加奔跑速度。捕食者或猎物的每一点进步都会作为一种选择压力促进对方发生变化，即是协同进化。

寄生物与宿主的协同进化，常常使有害的“负作用”减弱，甚至演变成互利共生关系。寄生物在侵入宿主机体中形成了致病力，如果致病力过强，将宿主种群消灭，那么寄生物也将随之而灭亡。寄生物的致病力还遇到来自宿主的自卫能力，如免疫反应。因此，寄生物与宿主的协同进化，导致有害作用逐渐减弱。

第三节 群落生态学

一、生物群落及群落生态学

（一）生物群落的基本特征

生物群落（biotic community）是一定地段或生境中各种生物种群构成的集合，由于群落中生物的相互作用，群落绝不是其组成物种的简单相加，而是一定地段上生物与环境相互作用的一个整体，生物群落具有以下特征。

(1) 具有一定的种类组成。每个群落都是由一定的植物、动物和微生物种类组成的。群落的物种组成是区分不同群落的首要特征。一个群落中物种的多少和每个种群的数量是度量群落多样性的基础。

(2) 具有一定的结构。群落本身具有一定的形态结构和营养结构。如生活型组成、种的分布格局、成层性、季相、捕食者和被捕食者的关系等。

(3) 具有一定的动态特征。生物群落是生态系统中有生命的部分，生命的特征就是不断运动，群落也是如此。其运动形式包括季节变化、年际变化、演替与进化。

(4) 不同物种之间存在相互影响。群落中的物种以有规律的形式共处，一个群落的形成和发展必须经过生物对环境的适应和生物种群的相互适应。群落的组成取决于两个条件：第一，必须共同适应它们所处的无机环境；第二，它们内部的相互关系必须取得协调、平衡。

(5) 具有一定的分布范围。任何一个群落只能分布在特定的地段和生境中，不同群落的生境和分布范围不同。全球范围内的群落都是按一定规律分布的。

(6) 形成一定的群落环境。生物群落对其居住环境产生重大影响。如森林中形成特定的群落环境，与周围的农田或裸地环境形成鲜明对比。

(7) 具有特定的群落边界特征。在自然条件下，有些群落有明显的边界，而有些群落的边界并不明显。前者多见于环境梯度变化较陡或者环境梯度突然中断的情形，如陆地和水域的交界处湖泊、岛屿等。

(二) 群落生态学的概念

由各种植物、动物、微生物共同构成的生物群落，既是生态系统中有生命的部分，又是生态系统的核心。从表现上看，群落是由动物、植物、微生物各个种群所构成的松散结合的结构单元。实际上，在其内部存在极为复杂的相互关系，生物之间的物质循环和能量流动使它呈现出一定的组成、结构和外貌，并有随时间推移发生定向演替的特征，专门以生物群落为对象，研究群落这些特征的生态学分支即为群落生态学（community ecology）。群落生态学研究聚集在一定空间范围内的不同种生物与生物之间、生物个体之间的关系，分析生物群落的组成、特征、结构、机能、分布、演替及群落分类、排序等特征的规律。

群落生态学可从植物群落、动物群落和微生物群落这三个角度来研究。其中对植物群落研究得最多，也最深入，已形成了比较完整的理论体系。群落生态学的一些基本原理多是基于植物群落研究获得的。植物群落学主要研究植物群落的结构、功能、形成、发展及其与所处环境的相互关系。有些学者也将其称为地植物学或植物社会学。由于动物一般不像植物营定点固着生活，具有较大的移动性，所以动物群落的研究较植物群落困难得多。但是，由于形成群落结构和功能基础的物种间相互关系（如捕食、草食、竞争、寄生等）都是基于动物群落研究得到的，而且，群落研究中涉及复杂的食物网，包括各个营养级及其相互作用，动物作为植物的更高营养级的消费者必须参加。因此，群落生态学研究也需深入研究动物群落学。对近代群落生态学作出重要贡献的一些原理（诸如边缘效应、岛屿效应、中度干扰假说对形成群落结构的意义、竞争压力对物种多样性的影响等）都与动物群落学的研究进展分不开。因此，最有成效的群落生态学研究应是动物、植物、微生物群落的有机结合。

二、群落的组成

(一) 群落成员型组成

物种组成是决定群落性质最重要的因素，也是鉴别不同群落类型的基本特征。群落生态学研究一般都从分析物种组成开始。对组成群落的物种进行调查并逐一登记，编制出所研究群落的生物物种名录。群落的物种组成情况在一定程度上能反映出群落的性质。可以根据各个种在群落中的作用而划分群落成员型。常见的群落成员型有如下几类。

（1）优势种和建群种：组成群落的各个物种在群落中的作用是不同的。对群落的结构和群落环境的形成起主要作用的植物称为优势种，它们通常是那些个体数量多、投影盖度大、生物量高、体积较大、生活能力较强（即优势度较高）的种。群落的不同层次可以有各自的优势种。以马尾松林为例，分布在南亚热带的一些马尾松林其乔木层以马尾松占优势，灌木层以桃金娘占优势，草本层以芒萁占优势。各层有各自的优势种，其中优势层的优势种起着构建群落的作用，常称为建群种。上面例子中马尾松即是该群落的建群种。优势种对整个群落具有控制性影响，如果把群落中的优势种去除，必然导致群落性质和环境的变化；若把非优势种去除，只会发生较小的或不显著的变化。因此，不仅要保护那些珍稀濒危物种，也要保护那些建群物种和优势物种，它们对生态系统的稳态起着重要作用。

（2）亚优势种：亚优势种是个体数量与作用都次于优势种、在决定群落性质和控制群落环境方面起着一定作用的物种。在复层群落中，它通常居于较低的亚层，如南亚热带雨林中的红鳞蒲桃和大针茅草原中的小半灌木冷蒿在有些情况下成为亚优势种。

（3）关键种：群落中有些生物种虽然生物量及丰度并不高，但对维护生物多样性群落的结构、功能、整体性和生态系统稳定性方面起着较大的作用。如果它们消失或削弱，可以导致其他一些物种的丧失，整个生态系统就可能发生根本性的变化，这样的物种称为关键种。群落中的关键捕食者、关键被捕食者、关键草食动物、关键竞争者、关键互惠共生种、关键病原体/寄生物等都是群落的关键种。例如，传粉的昆虫在维持群落稳定性中起着关键性的作用，因而传粉昆虫可被认为是关键物种。海星是潮间带的关键捕食者，主要以食贻贝和藤壶为生，如果去除海星会对潮间带群落产生很大的影响，藻类和吃藻类的种类（如蛾螺和帽贝）被排斥，贻贝种群占了优势。

（4）伴生种：伴生种为群落的常见物种，它与优势种相伴存在，但在决定群落性质和控制群落环境方面不起主要作用。如马尾松林中的乌饭树、米饭花等。

（5）偶见种或罕见种：偶见种是那些在群落中出现频率很低的物种，大多数量稀少，如常绿阔叶林或南亚热带雨林中分布的观光木，这些物种随着生境的缩小濒临灭绝，应加强保护。偶见种可能是偶然地由人们带入或随着某种条件的改变而侵入群落中，也可能是衰退中的残遗种，如某些阔叶林中的马尾松。有些偶见种的出现具有生态指示意义。

（二）群落生活型组成

不同气候和土壤条件下的植物群落，它们的生活型组成不同。类似的气候和土壤条件下的植物群落，虽地域上相隔很远，但却有着相似的生活型组成，并表现出相似的外貌。故群落的生活型组成具有指示外界环境的作用。生活型谱是分析一定地区或某一群落内各类生活型的数量对比关系，通常用生活型的百分率表示，其计算公式如下：

$$\text{某一生活型的百分率}=\frac{\text{该群落内该生活型的植物种数}}{\text{该群落内全部生活型的种数}}\times 100\% \tag{2.16}$$

分析群落的生活型谱，在一定程度上可以反映一个地区和另一个地区在气候上的差异，以及同一气候区域内各植物群落内环境的差异。植物生活型的研究较多，通常采用丹麦植物生态学家劳恩凯尔（C. Raunkiaer）于20世纪初建立的植物的生活型分类系统，该系统以植物在度过不利时期（冬季严寒、夏季干旱时）对恶劣条件的适应方式作为分类基础，以休眠或复苏所处位置的高低和保护方式为依据，把高等植物划分为五大生活型类群：高位芽植物、低位芽植物、地面芽植物、地下芽植物、一年生植物。表2.4列出了我国几种植物群落类型的生活型谱。从表2.4中可以看出每一个自然群落都由几种生活型的植物组成。凡高位芽占优势的群落，它们所在地的气候在植物生长季节里，温热多湿；地面芽占优势的群落反映所在地具有较长的严寒季节；地下芽占优势的群落其环境比较冷湿；一年生植物占优势是气候干旱地区的群落特征。热带、亚热带植物群落的高位芽植物比较多，而寒冷干燥地区的植物群落的地面芽、低位芽植物较多。

表2.4　我国几种植物群落类型的生活型谱（骆世明，2000）

生活型 / 群落名称（地点）	高位芽植物	低位芽植物	地面芽植物	地下芽植物	一年生植物
热带雨林（云南西双版纳）	94.7	5.3	0	0	0
亚热带常绿阔叶林（滇西）	74.3	7.8	18.7	0	0
暖温带落叶阔叶林（秦岭北坡）	52.0	5.0	38.0	3.7	1.3
中温带暗针叶林（长白山西坡）	25.4	4.4	36.6	26.4	3.2
温带草原（东北）	3.6	2.0	41.0	19.0	33.4
亚高山草甸（云南东北部）	6.0	0	74.0	13.0	7.0
高山冻荒漠（云南西北部）	0	30.0	54.0	16.0	0

注　表中数据为生活型的百分率。

（三）群落组成的数量特征

较为完整的群落的生物种类名录仅能说明群落中有哪些物种，如想进一步说明群落特征，还必须研究不同物种的数量变化。对物种组成进行数量分析是近代群落分析技术的基础。通常采用密度、多度、盖度、频度、高度、重量、体积等来分析群落组成数量特征。

（1）密度。密度指单位面积或单位空间内的个体数。一般对乔木、灌木和丛生草本以植株或株丛计数，根茎植物以地上枝条计数。样地内某一物种的个体数占全部物种个体数之和的百分比称为相对密度。

（2）多度。多度是对物种个体数目多少的一种估测指标，多用于群落内草本植物的调查。

（3）盖度。盖度指的是植物地上部分垂直投影面积占样地面积的百分比，即投影盖度。这一概念经延伸出现了“基盖度”，是指植物基部的覆盖面积。

（4）频度。频度即某个物种在调查范围内出现的频率，指包含该种个体的样方占全部样方数的百分比。群落中某一物种的频度占所有物种频度之和的百分比，即为相对频度。

（5）高度。高度常作为测量植物体的一个指标，测量时取其自然高度或绝对高度，藤本植物则测其长度。

（6）重量。重量是衡量种群生物量或现存量多少的指标。可分干重与鲜重。在生态系统的能量流动与物质循环研究中，这一指标特别重要。

（7）体积。体积为生物所占空间大小的度量。在森林群落研究中，这一指标特别重要。在森林经营中，通过体积的计算可以获得木材生产量（称为材积）。

三、群落的结构

（一）群落的外貌

群落的外貌是指生物群落的外部形态或表象而言。它是群落中生物与生物间、生物与环境间相互作用的综合反映。陆地群落的外貌主要取决于植被的特征。植被是整个地球表面上植物群落的总和。植物群落是植被的基本单元。水生群落的外貌主要决定于水的深度和水流特征。

群落的外貌是认识群落的基础，也是区分不同植被类型的主要标志。陆地群落常根据其外貌特征区分为森林、草原和荒漠。森林又根据外貌特征的不同区分为针叶林、落叶阔叶林、常绿阔叶林和热带雨林。水生群落一般不形成大的结构，只有海底生物群落的外貌才有明显区分，如珊瑚礁，星状、羽状、扇状的腔肠动物，棘皮动物等。

决定群落外貌的因素有：①植物的生活型；②组成物种（如优势种植物和优势种的多少对群落的外貌起决定性作用）；③植物的季相；④植物的生活期（如一年生、二年生和多年生植物组成的群落，其外貌不同）。

（二）群落的水平结构

群落的水平结构是指群落在水平方向上的配置状况或水平格局，生物种群在水平上的镶嵌性，也称作群落的二维结构。陆地群落（人工群落除外）的水平结构一般很少呈现均匀型分布，在多数情况下群落内各物种常常形成局部范围相当高密度聚集的片状分布或斑块状镶嵌。导致水平结构的复杂性有以下三方面的原因。

（1）亲代的扩散分布习性。风布植物、动物传布植物、水布植物分布可能广泛。而种子较重或无性繁殖的植物，往往在母株周围呈群聚状。同样是风布植物，在单株、疏林、密林的情况下扩散能力也不相同。

（2）环境异质性。由于成土母质、土壤质地和结构、水分条件的异质性导致动植物形成各异的水平分布格局。

（3）种间相互作用的结果。草食动物明显地依赖于它所取食的植物的分布。另外，种间的竞争、互利共生、偏利共生等相互作用均会导致水平结构的复杂性。

自然界中群落的镶嵌性是绝对的，而均匀性是相对的。镶嵌性是在二维空间中的不均匀配置，使群落在外形上表现为斑块相间，具有这种特征的群落称为镶嵌群落。每一个斑块就是一个小群落，小群落是由于环境因子在水平方向上的差异，生物种类的空间分布不相同而形成的各种不同的小型生物组合，它们彼此组合，形成了群落镶嵌性。群落内部环境因子的不均匀性（例如，小地形和微地形的变化、土壤湿度和盐渍化程度的差异以及人与动物的影响）是群落镶嵌性的主要原因。

（三）群落的垂直结构

环境的逐渐变化，导致对环境有不同需求的动、植物生活在一起，这些动、植物各有其生活型，其生态幅度和适应特点也各有差异，它们各自占据一定的空间，并排列在空间的不同高度和一定土壤深度中。群落这种垂直分化就形成了群落的层次，称为群落垂直成层现象。每一层都是由同一生活型的植物所组成。群落的垂直结构，主要指群落垂直成层现象。

陆地群落的分层与光的利用有关。森林群落的林冠层吸收了大部分光辐射，往下光照强度渐减，并依次发展为林冠层、下木层、灌木层、草本层和地被层等层次（图 2.11）。成层结构是自然选择的结果，它显著提高了植物利用环境资源的能力。例如，在发育成熟的森林中，上层乔木可以充分利用阳光，而林冠下被那些能有效地利用弱光的下木所占据。穿过乔木层的光，有时仅占到达树冠的全光照的十分之一，但林下灌木层却能利用这些微弱的、光谱组成已被改变了的光。在灌木层下的草本层能够利用更微弱的光，草本层往下还有更耐阴的地被层。

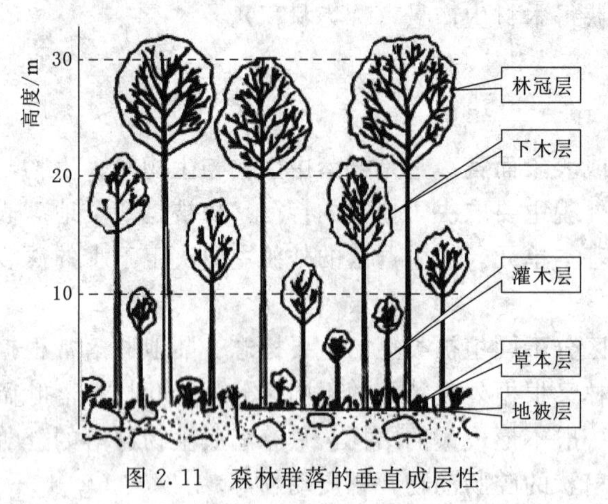

图 2.11　森林群落的垂直成层性

（R. L. Smith，1992）

群落不仅地上部分具有成层性，地下也具有成层性，植物群落的地下成层性是由不同植物的根系在土壤中达到的深度不同而形成的，最大的根系生物量集中在表层，土层越深，根量越少。这与土壤物理化学特性有关。群落层次的分化主要决定于植物的生活型，因生活型决定了该种处于地面以上不同的高度和地面以下不同的深度；换句话说，陆生群落的成层结构是不同高度的植物或不同生活型的植物在空间上的垂直排列。

生物群落中动物的分层现象也很普遍。动物之所以分层，主要是由于群落的不同层提供不同的食物，其次也与不同层的微气候条件有关。许多动物虽然可同时利用几个不同层，但总有一个最喜欢的层。例如，在欧亚大陆北方针叶林区，在地被层和草本层中，栖息着两栖类、爬行类、鸟类、兽类和各种鼠形啮齿类；在森林的灌木层和幼树层中，栖息着莺、苇莺和花鼠等；在森林的中层栖息着山雀、啄木鸟、松鼠和貂等；在树冠层则栖息着柳莺、交嘴和戴菊等。

水域中，某些水生动物也有分层现象。比如湖泊和海洋的浮游动物即表现出明显的垂直分层现象。影响浮游动物垂直分布的原因主要是阳光、温度、食物和含氧量等。多数浮游动物一般是趋向弱光的，因此，它们白天多分布在较深的水层，而在夜间则上升到表层活动，此外，在不同季节也会因光照条件的不同而引起垂直分布的变化。在淡水养殖中，通过放养生态位不同的鱼类，也能形成层次丰富的垂直结构，有利于充分利用饲料资源，提高鱼塘的生产力。广东省顺德市淡水鱼主要混养品种的特性见表 2.5。

表 2.5　广东省顺德市淡水鱼主要混养品种的特性（骆世明等，1984）

品种	生活层次	食性	作用	混养参考密度/（尾/hm^2）	混养比例
鲢鱼	上层	幼时主食浮游动物，大时主食浮游植物	使水质变清	300～450	2.7
鳙鱼	中上层	主食浮游动物	使水质变清	375	2.7

续表

品种	生活层次	食 性	作 用	混养参考密度/（尾/hm^2）	混养比例
草鱼	中层为主	草食	排泄物和吃剩的饵料有利于生物繁殖。从而有利于鲢、鳙成长	1500～3000	16.3
团头鲂	中下层	食草与昆虫	提高饵料的利用率	750	5.4
鲮鱼	下层	杂食	耐低氧浓度，利用其他鱼的剩食、饵料和排泄物，提高饵料的利用率，保持水质	9750	70.7
鲤鱼	下层	杂食	耐低氧浓度，利用其他鱼的剩食、饵料和排泄物，提高饵料的利用率，保持水质	300	2.2

农田生物群落因作物的种类、栽培条件的差异，也会形成不同的层次结构。以稻田的昆虫群落结构为例，稻田上层光照强、通风好、叶片茂绿，主要是稻苞虫、稻纵卷叶螟等食叶性害虫栖居和危害的层次；稻田中下层，光照较弱、湿度较大，为水稻的茎秆层，主要是稻飞虱、叶蝉及螟虫栖居和危害的层次；而地下层处于淹水条件，则主要是食根性害虫（如稻叶甲幼虫、双翅目幼虫等）危害的层次。

（四）群落的时间结构

光、温度和水分等很多环境因子有明显的时间节律（如昼夜节律、季节节律），受这些因子的影响，群落的组成和结构也随时间序列的变化而发生有规律的变化，这就是群落的时间结构。时间结构是群落的动态特征之一，它包括两方面的内容：一是自然环境因素的时间节律所引起的群落各物种在时间结构上相应的周期变化；二是群落在长期历史发展过程中，由一种类型转变成另一种类型的顺序变化，亦即群落的演替。关于演替的内容将在后面讨论。

群落的时间结构是一种极普遍的自然现象，也是群落中的有机体在长期的进化过程中，其生理生态上形成的与环境节律相一致的适应性结果。气候四季分明的温带、亚热带地区，植被的季节变化是时间结构最明显的反应，这种群落随气候季节交替而呈现的不同外貌称为群落的季相。例如，温带草原，冬季相一片枯黄；春季一片嫩绿；夏季很多植物开始开花结实，草原变得更加绚丽多彩；秋季转黄绿色，最后变为枯黄，向冬季过渡。植物群落季相的变化可通过物候谱来表达，如广东肇庆鼎湖区部分常见植物物候谱见图 2.12。群落中动物的季节性变化也十分明显。例如，很多鸟类在冬季向南方迁移，一些啮齿动物（如黄鼠、仓鼠等）冬季休眠。

在不同年际间，生物群落常有明显的变化。这种变化如果限于同类群落内部的变化，不产生群落的更替，一般称为群落的波动。群落的波动多数是由群落所在的地区的气候的不规则变化所引起的，其特点是群落区系成分的相对稳定性、群落数量特征变化的不定性以及变化的可逆性。在波动中，群落的生产量、各成分的数量比例、优势种的重要值以及物质和能量的平衡等都会发生相应的变化。

虽然群落的波动具有可逆性，但这种可逆性是不完全的。一个群落经过波动之后，通常不是完全地恢复到原来的状态，而只是向平衡的状态靠近。群落中的各种生命活动的产物总是一个累积过程，当量积累到一定程度就会发生质的变化，于是引起群落的演替，使群落的基本性质发生改变。

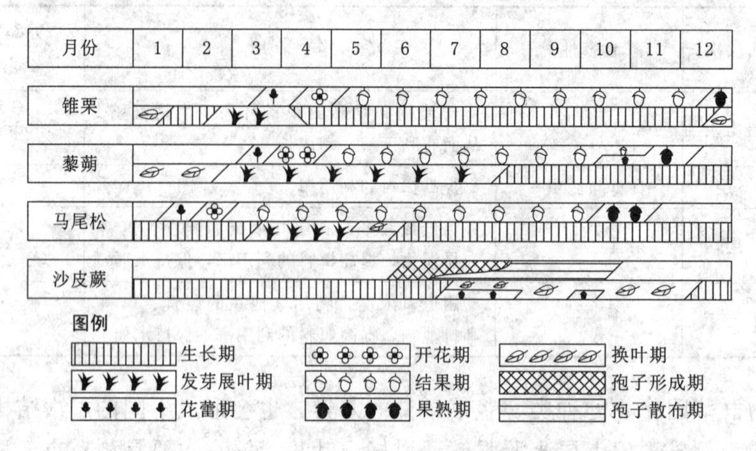

图 2.12　广东肇庆鼎湖区部分常见植物物候谱（骆世明等，1984）

（五）群落交错区与边缘效应

群落交错区是两个或多个群落或生态系统之间的过渡区域。如河岸带群落的交错区（图 2.13）。群落交错区往往包含两个或多个重叠群落中所具有的一些种及其交错区本身所特有的物种，这是由于交错区环境条件比较复杂，能适应不同类型的植物定居，从而为更多的动物提供食物、营巢和隐蔽条件。

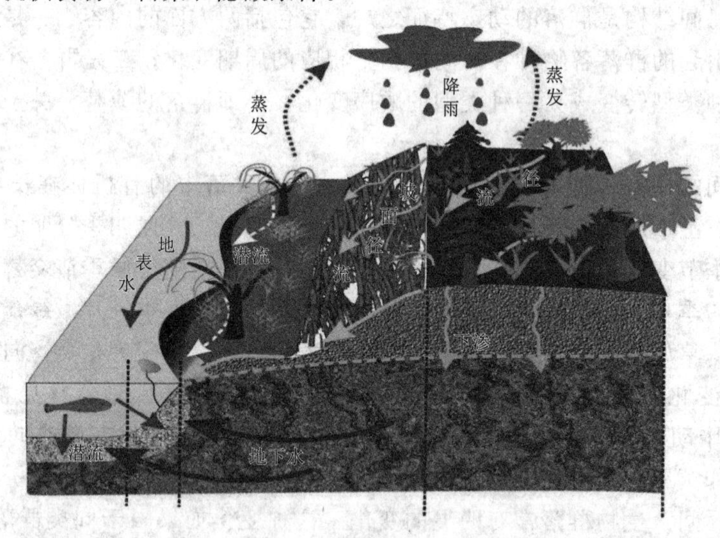

图 2.13　河岸带群落的交错区（夏继红等，2020）

群落交错区生境条件的特殊性、异质性和不稳定性，使得毗邻群落的生物可能聚集在这一生境重叠的交错区域中，不但增大了交错区中物种的多样性和种群密度，而且增大了某些生物种的活动强度和生产力，这一现象称为边缘效应（edge effect）。例如，在森林和草原的交接处所形成的林缘条件，不但能容纳那些只适应森林或只适应草原的物种，还能容纳那些既需要森林又需要草原，或只能在过渡地带生活的物种。又如，我国大兴安岭的森林边缘，具有呈窄带状分布的林缘草甸，草甸中每平方米的植物种数常达30种以上，明显高于其内侧的森林群落和外侧的草原群落。

在海洋生态系统和陆地生态系统交界的边缘部位，海湾或浅海区的海浪使海水上下层不断混合。同时，河流又把陆地上的养分带到这里，使得边缘部位发生着强烈而频繁的能量和物质交换，从而有助于提高生产力，提高结构的多样性。如海湾珊瑚礁常有较丰富的物种。这里的初级生产者不但有浮游植物，也有大型植物，如海草、海藻。蟹的一生都在海湾区生活，很多鱼虾在内河产的卵孵化后，幼苗的早期生活一般都在海湾度过。这些边缘部位具有很高的初级生产力，全世界海湾和浅海区的初级生产力每平方米为2000kcal，等于甚至超过热带雨林的初级生产力水平。在水陆交接的边缘地带，如沿河两岸、河口三角洲和近海区域，是人类居住最密集、活动最频繁的区域。这些边缘部位水、肥、气、热条件往往有利于农业结构的多样化和产量的提高。在人类主要经济活动中心（如城镇）与农村的交接边缘，由于社会条件较好，形成经济活跃、生产水平较高的城郊型农业，也是一种边缘效应。

人类也是喜欢边缘的物种。当居住在森林的时候，常开垦出小块土地种植农作物；当居住在开阔地时，则又喜欢造林种树；人类需要同时便利地享受多种资源，包括水、灌木、乔木、草本等；人类还会在自己的生活环境中设置多种边缘景观，如假山、广场等。人类还广泛利用其他生物的边缘效应，提高经济效益，促进社会发展。例如，适当增加森林和草原的交接带，以保护和增殖野生动物；通过加强水陆相互作用，建立起各种类型的基塘结构，常可获得较高的系统生产力；充分利用水陆交界处的边缘效应发展滩涂养殖，生产海带、紫菜、裙带菜、石花菜和各种贝类、鱼、虾、海珍等；利用城镇与农村交接处农业生产集约化程度较高的特点发展独具特色的城郊型农业。

边缘效应是依托边缘区产生的，因此边缘区的大小决定着边缘效应的强弱，边缘区过小，边缘效应下降；边缘过大就会失去边缘的意义，边缘效应也会下降。边缘区也可能产生负效应，例如，农田中高秆与矮秆作物间作时，高秆作物的边缘效应明显，常增产；边行的矮秆作物常减产，出现负效应。因此在高矮间作时采用“高要窄、矮要宽”的原则，以增大正效应，减少负效应。一些有害生物的边缘效应，也给人类带来负效应。例如，东亚飞蝗喜欢生活在水陆边缘、河泛区的边缘，在旱涝灾害频繁的年份，蝗虫危害就严重。

四、群落演替

（一）群落演替的概念

随时间的推移，生物群落内一些物种消失，另一些物种侵入，群落组成及其环境向一定方向产生有顺序的发展变化，称为群落演替。群落演替是由一种类型转变为另一种类型的顺序过程，或者说在一定区域内一个群落被另一个群落所替代的过程。演替是群落长期变化累积的结果，主要标志是群落在物种组成上发生质的变化，即优势种或全部物种的变化。群落演替包括以下几个基本点：①群落演替有一定方向、规律，是随时间而变化的有序过程，因而它往往是能预见的或可测的；②演替是生物和环境反复相互作用的结果，虽然物理环境在一定程度上决定着演替的类型、方向和速度，但演替是群落本身所控制的，并且正是群落的演替极大地改变着物理环境；③演替是一个漫长的过程，但演替并不是一个无休止、永恒延续的过程，当群落演替到与环境处于平衡状态时，演替就不再进行，即以相对稳定的群落为发展顶点。

（二）演替的过程

机体论认为任何一个植物群落都要经历一个从先锋阶段到相对稳定的顶极阶段的演替过程，群落像一个有机体一样，有诞生、生长、成熟和死亡的不同发育阶段。因此人们常将演替初期称为先锋期，演替中期称为发展期，而发展到最后的稳定系统称为顶极群落。

在演替过程中的不同阶段，各种过渡性群落所出现的时期，称为系列期。系列期内物种也不断更替，早期出现的物种称先锋物种，中期出现的物种称过渡种或演替种，演替发展到最后出现在顶极群落中的物种称顶极种。

群落演替的过程也是物种不断入侵、定居、进化或灭亡的过程。就某一物种而言，一般在演替中的相互关系经历以下 4 个阶段。

（1）互不干扰阶段。这是群落演替中物种从无到有的最初阶段，也是入侵阶段，此时物种数目少，种群密度低，在对自然资源的利用上没有什么竞争。

（2）相互干扰阶段。这主要是指物种间的竞争。在竞争中有的物种侵入后，能定居下来进行繁殖，而另一些物种则被排斥而趋于消失，所以也称定居阶段。

（3）共摊阶段。在这个阶段那些能很好利用自然资源而又能在物种相互作用中共存下来的物种得到发展。它们从不同的角度利用共摊自然资源，也称发展阶段。

（4）进化阶段。物种的协同进化使自然资源的利用更加合理和有效，群落结构更趋合理，物种组成及数量维持一定比例。有的物种在竞争中若不能适应改变了的环境则可能被新入侵的物种所取代。

（三）演替的类型

按起始条件不同，演替可划分为原生演替和次生演替。

按决定群落演替的主导因素不同，演替可划分为内因性演替、外因性演替。

按演替进程时间的长短不同，演替可划分为快速演替、长期演替、世纪演替。

按群落的代谢特征不同，演替可划分为自养性演替和异养性演替。

按照基质的性质不同，演替可划分为水生演替、旱生演替、中生演替。水生植物群落的演替系列如图 2.14 所示。

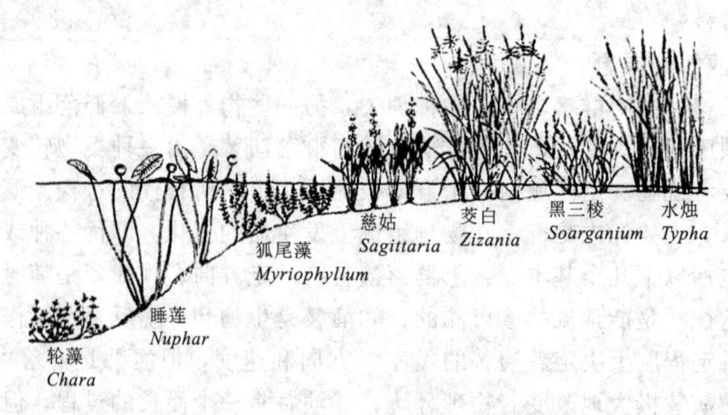

图 2.14　水生植物群落的演替系列（Smith，1998）

（四）群落演替的影响因素

生物群落的演替是群落内部关系（包括种内和种间关系）与外界环境中各种生态因子综合作用的结果。

植物繁殖体的迁移、散布和动物的活动性是群落演替的先决条件。植物繁殖体的迁移和散布普遍而经常地发生着。因此，任何一块地段都有可能接收这些扩散来的繁殖体。当植物繁殖体到达一个新环境时，植物的定居过程就开始了。植物的定居包括植物的发芽、生长和繁殖三个方面。植物的定居及种群的发展并不是件易事，观察可以发现：植物繁殖体虽到达了新的地点但不能发芽，或是发芽了但不能生长，或是生长到成熟但不能繁殖后代，都不算定居成功。只有当一个种的个体在新的地点上能繁殖时，定居才算成功。任何一块裸地上生物群落的形成和发展，或是任何一个旧的群落被新的群落所取代，都必然包含有植物的定居过程。因此，植物繁殖体的迁移和散布是群落演替的先决条件。

对于动物来说，植物群落所在地成为它们取食、营巢、繁殖的场所。当然，不同动物对这种场所的需求是不同的。当植物群落环境变得不适宜它们生存的时候，它们便迁移出去另找新的合适生境；与此同时，又会有一些动物从别的群落迁来找新的栖居地。因此，每当植物群落的性质发生变化的时候，居住在其中的动物区系实际上也在作适当的调整，使得整个生物群落内部的动物和植物又以新的联系方式统一起来。

群落内部环境的变化是演替的动力。群落内部环境的变化是由群落本身的生命活动造成的，与外界环境条件的改变没有直接的关系。有些情况下，群落内物种生命活动的结果会使微气象条件发生改变，为自己创造了不良的居住环境，从而促进其他生物的定居和加快自身的灭亡，使原来的群落解体，为另一些植物的生存提供了有利条件，引发演替。例如，在美国俄克拉荷马州的草原弃耕地恢复的第一阶段中，向日葵的分泌物对自身的幼苗具有很强的抑制作用，但对第二阶段的优势种三芒草（*Aristida oligantha*）的幼苗却不产生任何抑制作用，于是向日葵占优势的先锋群落很快为芒草群落所取代。

种内和种间关系是演替的催化剂。组成一个群落的物种在其内部以及物种之间都存在特定的相互关系。这种关系随着外部环境条件和群落内环境的改变而不断地进行调整，新物种迁入首先表现的大多是负相互作用（如捕食、竞争），物种逐渐适应，定居后出现生态位的分化。虽然物种适应定居后，表现为正相互作用的增加，但很快会由于种内矛盾加剧，或环境发生改变使实际生态位缩小，或其他种的入侵，因此会形成周而复始的更替。事实上当种群密度增加时，种群内部的关系紧张化了，竞争能力强的种群得以充分发展，而竞争能力弱的种群则逐步缩小自己的地盘，甚至被排挤到群落之外。这种情形常见于尚未发育成熟的群落。

外界环境条件的变化是演替的诱因。虽然决定群落演替的根本原因存在于群落内部，但群落之外的环境条件（诸如气候、地貌、土壤和火等）常可成为引起演替的重要条件。气候决定着群落的外貌和群落的分布，也影响到群落的结构和生产力，气候的变化，无论是长期的还是短暂的，都会成为演替的诱发因素。地表形态（地貌）的改变会使水分、热量等生态因子重新分配，反过来又影响群落本身。大规模的地壳运动（冰川、地震、火山活动等）可使地球表面的生物部分或完全毁灭，从而使演替从头开始。小范围的地表形态变化（如滑坡、洪水冲刷）也可以改造一个生物群落。土壤的理化特性与置身于其中的植物、土壤动物和微生物的生活有密切的关系，土壤性质的改变势必导致群落内部物种关系的重新调整。火也是一个重要的诱发演替的因子，火烧可以造成大面积的次生裸地，演替可以从裸地上重新开始。火也是群落发育的一种刺激因素，它可使耐火的种类更旺盛地发育，而使不耐火的种类受到抑制。

人类对生物群落演替的影响远远超过其他所有的自然因子。因为人类社会活动通常是有意识、有目的地进行的，可以对自然环境中的生态关系起着促进、抑制、改造和建设的作用。例如，放火烧山、砍伐森林、开垦土地等都可使生物群落改变面貌。人类可以经营、抚育森林，管理草原，治理沙漠，使群落演替按照不同于自然发展的道路进行。人类甚至还可以建立人工群落，将演替的方向和速度置于人为控制之下。

思 考 题

1. 简述环境与生态因子的概念。
2. 简述生态因子对生物的影响。
3. 简述水分、土壤对生物的影响及生物的适应性。
4. 简述种群的概念及数量动态特征。
5. 简述群落的概念、组成特征及数量变化。
6. 简述群落演替的概念、类型及影响因素。
7. 简述个体生态学、种群生态学、群落生态学的概念。

相 关 文 献

孙儒泳．动物生态学原理［M］．北京：北京师范大学出版社，1992.

周纪纶，郑师章，杨持．植物种群生态学［M］．北京：高等教育出版社，1993.

Putman R J，Wratten S D. Principle of Ecology［M］. London and Canberra：Croom Helm Ltd，1984.

Silvertow J W. Introduction to Plant Population Ecology［M］. New York：Longman Inc，1982.

第三章 生态系统生态学

【教学要点】

小节	知识要点	掌握程度
生态系统的概念、类型与特征	生态系统与生态系统生态学，生态系统的类型，生态系统的基本特征	掌握生态系统与生态系统生态学的概念； 熟悉生态系统的基本特征； 了解生态系统的主要类型及其相应特点
生态系统的组成与结构	生态系统的组成，生态系统的结构；食物链与食物网，营养级与生态金字塔	掌握生态系统的组成及各自的功能作用； 掌握生态系统的结构特点及一般性模型； 掌握食物链与食物网的概念； 熟悉食物链的类型及特点； 熟悉营养级的概念及特点； 了解生态金字塔的概念、类型及特点
生态系统的功能	能量流动，物质循环，信息传递	掌握能量流动的一般性模型； 掌握物质循环的一般特征； 熟悉初级生产过程及生产量计算方法； 熟悉次级生产过程及生产量计算方法； 熟悉水、碳、氮、磷循环过程； 熟悉信息的概念与种类； 了解生产效率的概念与表示方法； 了解生态系统中信息的特点、信息传递过程
生态调节与生态平衡	生态调节的基本机制和表现，生态平衡的概念，生态失衡的原因，生态系统研究的热点问题	掌握生态调节的概念及主要类型； 掌握生态平衡的概念及其特点； 掌握生态失衡的概念； 熟悉负反馈、生态系统稳定的原理和作用； 熟悉生态失衡的标志和原因； 了解生态调节的基本机制； 了解生态系统研究的热点问题

第一节 生态系统的概念、类型与特征

一、生态系统与生态系统生态学

生态系统（ecosystem）一词由英国植物生态学家坦斯利（A. G. Tansley）于1935年首先提出。后来苏联地植物学家苏卡乔夫（V. N. Sucachev）又从地植物学研究出发，提出了生物地理群落（biogeocoenosis）的概念。简单而言，生物地理群落就是由生物群落本身及其地理环境所组成的一个生态功能单位。这两个概念都把生物及其非生物环境看成

是相互影响、彼此依存的统一体。所以1965年在丹麦哥本哈根会议上决定生态系统和生物地理群落是同义语后，生态系统一词便得到了广泛的使用。

生态系统是指一定空间区域内生物群落与非生物环境之间通过物质循环、能量流动和信息传递过程而形成的相互作用和相互依存的统一整体。地球上的森林、草原、荒漠、湿地、海洋、湖泊、河流等，不仅它们的外貌各不相同，生物组成也各有其特点，并且构成了生物和非生物相互作用、物质循环、能量流动的各种各样的生态系统。研究生态系统的科学称为生态系统学或生态系统生态学。

生态系统是现代生态学的重要研究对象，20世纪60年代以来，很多生态学的国际研究计划均把焦点放在生态系统上。例如，国际生物学研究计划（International Biological Programme，IBP）的中心研究内容是全球主要生态系统（包括陆地、淡水、海洋等）的结构、功能和生物生产力；人与生物圈计划（Man and Biosphere Programme，MAB）的重点研究内容是人类活动与生物圈的关系。后来相继出现的国际地圈生物圈计划（International Geosphere Biosphere Programme，IGBP）、全球变化及陆地生态系统研究（Global Change and Terrestrial Ecosystem，GCTE）等国际合作研究计划。这些研究计划既促进了生态学从生物学中的一个分支学科发展成一门独立的生态学科，也使生态学的主流由种群生态学和群落生态学转移到生态系统生态学。

二、生态系统的类型

生态系统是生物与环境相互作用的功能整体。由于气候、土壤、基质、动植物区系不同，在地球表面又形成形形色色、多种多样的生态系统（图3.1），为了便于研究，需要对各种各样的生态系统进行科学分类。按照不同的分类标准和分类方法，生态系统有不同的类型。

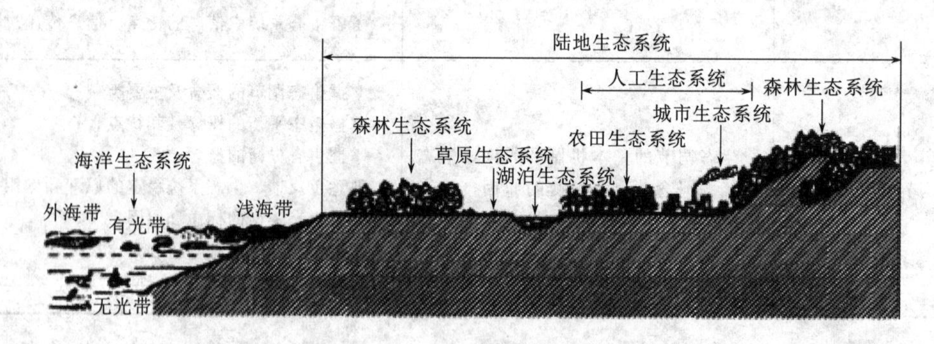

图3.1　地球上不同的生态系统类型（祝廷成，1984）

（一）按环境性质划分

根据生态系统的环境性质划分，生态系统可分为水域生态系统和陆地生态系统两大类。水域生态系统根据水体的理化性质不同，又分为淡水生态系统和海洋生态系统，每类生态系统根据水深、运动状态等特性还可进一步分为若干类型。陆地生态系统根据植被类型和地貌不同，分为森林生态系统、草原生态系统、荒漠生态系统、冻原生态系统等类型。按环境性质划分的生态系统的类型见表3.1。

表 3.1 按环境性质划分的生态系统的类型（曹凑贵，2002）

水域生态系统	淡水生态系统	流水（河、沟、渠）：急流、缓流 静水（湖、水库、池）：滨岸带、表水层、深水层
	海洋生态系统	海岸带（岩石岸、沙岸）、浅海带（大陆架）、远海带（远洋表层、远洋中层、远洋深层、远洋底层）
陆地生态系统	森林生态系统	温带针叶林、热带雨林（雨林、季雨林）
	草原生态系统	湿草原、干草原、稀树干草原
	荒漠生态系统	热荒漠、冷荒漠
	冻原生态系统	冻原、极地、高山

（二）按人类的影响程度划分

根据人类对生态系统的影响程度划分，生态系统可分为自然生态系统、半自然生态系统和人工生态系统三类（图 3.2）。

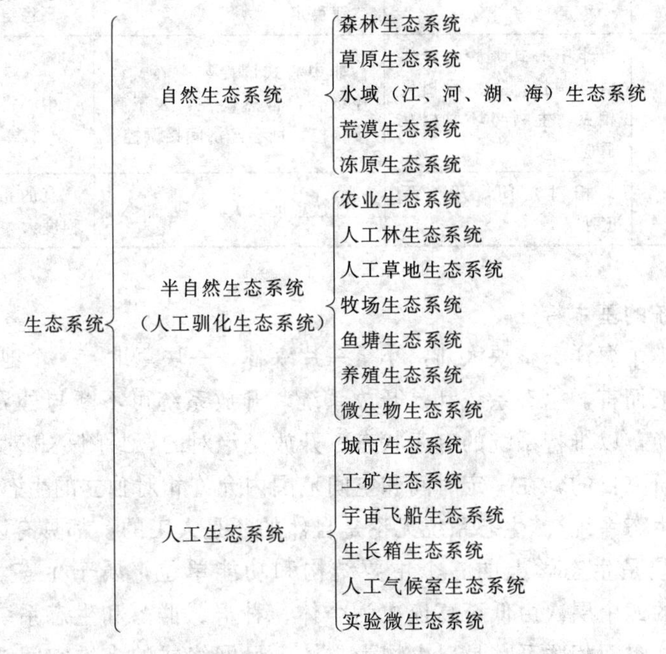

图 3.2 按人类的影响程度划分的生态系统类型（陈聿华，1984）

凡是未受人类干扰和扶持，在一定空间和时间范围内，依靠生物和环境本身的自我调节能力来维持相对稳定的生态系统为自然生态系统，如森林、荒漠、冻原、海洋等生态系统。

根据人类的需求，由人类设计制造建立起来，并受人类活动强烈干预的生态系统为人工生态系统，如城市、工矿、宇宙飞船、生长箱、人工气候室等，以及一些用于仿真模拟的生态系统，如实验微生态系统。

介于自然生态系统和人工生态系统之间，在自然生态系统的基础上，通过人工对生态系统进行调节管理，使其更好地为人类服务的生态系统为半自然生态系统。如农业生态系统、人工林生态系统、人工草地生态系统等。由于它们体现了人类对自然生态系统的驯化利用，所以又称为人工驯化生态系统。

由于人类对生态系统的干扰程度以及生态系统的原动力不同，从而使三类生态系统的组成、结构、功能等均有较大差异（表3.2）。

表3.2 不同生态系统特点比较（曹凑贵，1999）

比较内容	自然生态系统	半自然生态系统	人工生态系统
组成	组成成分复杂	生物成员简化，生产力提高，抗逆性下降，环境被改造，更有利于部分生物成员	生物成员被按特定目的所筛选，环境要素为特定生物所设计
结构	自然结构	优化结构	组装结构
系统目的及功能	稳定及繁荣	提供人类所需的产品	研究、产品、人类生活
主要能量来源	太阳能、自然辅助能	太阳能、自然辅助能、人工辅助能	工业能
稳定性	稳定	亚稳定	不稳定
稳定机制	非中心式调控，自然信息调控，生物间相生相克，生物与环境相互适应	非中心式调控与中心式调控结合，自然调控，人工直接调控，社会经济间接调控	中心式调控，人工调控
开放程度	相对封闭，开放程度小	开放程度较大	有的相对封闭，有的开放程度大

三、生态系统的基本特征

地球上大到整个海洋、整块大陆，小至一片森林、一块草地、一个池塘等，都可看成是生态系统。一般而言，生态系统都是开放系统，开放系统可不断与外界环境进行能量、物质和信息的交换，以维持系统的有序状态。开放是绝对的，封闭是相对的。有时为了一定生产、生活或研究目的，在一定时间和空间范围内允许相对独立的生态系统存在（如宇宙飞船、实验微生态系统）。生态系统无论是自然的还是人工的，都具有以下共同特征。

（1）生态系统是生态学上的一个主要结构和功能单位，属于生态学研究的最高层次（生态学研究的四个层次由低至高依次为个体、种群、群落和生态系统）。生态系统通常与一定的时间、空间相联系，是以生物为主体，呈网络式的多维空间结构的复杂系统。它是由一个多要素、多变量构成的系统，系统中不同变量会有不同组合，多种不同组合在一定变量动态之中又构成了很多亚系统。

（2）生态系统内部具有自我调节能力。生态系统的结构越复杂，物种数目越多，自我调节能力也越强。但生态系统的自我调节能力是有限度的，超过了这个限度，调节能力会减弱甚至丧失。生态系统的自我调节机能主要表现在三方面：第一是同种生物的种群密度的调节，这是在有限空间内比较普遍存在的种群变动规律；第二是异种生物种群之间的数量调节，多出现在植物与动物、动物与动物之间；第三是生物与环境之间的互相适应的调节。生物经常不断地从所在的生境中摄取所需的物质，生境亦需要对其输出进行及时的补偿，两者进行着输入与输出之间的供需调控。

(3) 能量流动、物质循环和信息传递是生态系统的三大功能。能量流动是单方向的，物质循环是循环式的，信息传递的信息则包括营养信息、化学信息、物理信息和行为信息，构成了信息网。通常，物种组成的变化、环境因素的改变和信息系统的破坏是导致自我调节失效的三个主要原因。

(4) 生态系统中营养级的数目受限于生产者所固定的最大能值和这些能量在流动过程中的巨大损失，因此生态系统营养级的数目通常不会超过5～6个。

(5) 生态系统具有动态的生命特征。生态系统也和自然界很多事物一样，具有发生、形成和发展的过程。生态系统可分为幼年期、成长期和成熟期，表现出鲜明的历史性特点，从而具有生态系统自身特有的整体演变规律。换言之，任何一个自然生态系统都是经过长期历史发展而形成的。

第二节 生态系统的组成与结构

一、生态系统的组成

(一) 非生物成分

非生物成分（abiotic environment）即无机环境，包括三部分：①气候或其他驱动整个生态系统运转的能源和热量等，主要指太阳能及其他形式的能源、温度、湿度、风等。其中来自太阳的直射辐射和散射辐射是最重要的辐射成分，通常称短波辐射。辐射成分里还有来自各种物体的热辐射，称长波辐射。②生物生长的基质和媒介，主要是指岩石、沙砾、土壤、空气、水等。其中空气中的二氧化碳和氧气与生物的光合作用和呼吸作用关系密切，空气中的氮气与生物固氮作用关系密切。而土壤是植物生长的最重要基质，也是众多微生物和小动物的栖息场所。自然环境通过其物理状况（如辐射强度、温度、湿度、压力、风速等）和化学状况（如酸碱度、氧化还原电位、阳离子、阴离子等）对生物的生命活动产生综合影响。③生物生长代谢的物质，包括无机物（如C、N、CO_2、Ca、S、P、K、Na等参加物质循环的无机元素和化合物）、有机物（如蛋白质、糖类、脂类和腐殖质等联系生物与无机物之间的成分）。

(二) 生物成分

生态系统中的生物成分按其在生态系统中的作用可划分为三大类群：生产者、消费者和分解者。由于它们是依据其在生态系统中的功能划分的，所以三大类群又被称为生态系统的三大功能类群。

1. 生产者

生产者又称初级生产者（primary producers），指能以简单无机物制造食物的自养生物，包括所有绿色植物、蓝绿藻和少数化能合成细菌等。这些生物可以通过光合作用把水和二氧化碳等无机物合成为碳水化合物、蛋白质和脂肪等有机化合物，并把太阳辐射能转化为化学能，储存在合成有机物的分子键中。生产者通过光合作用不仅为本身的生存、生长和繁殖提供营养物质和能量，而且它所制造的有机物质也是消费者和分解者唯一的能量来源。太阳能只有通过生产者的光合作用才能源源不断地输入生态系统，然后再被其他生物所利用。生产者是生态系统中最基本和最关键的生物成分。对于淡水池塘来说，生产者主要为：①有根的植物或漂浮植物，通常只生活于浅水中；②体形微小的浮游植物，主要是藻类，分布在光线能够透入的水层中，一般肉眼看不到，但对水体来讲，它比有根植物更重要，是有机物质的主要制造者，池塘中几乎一切生命都依赖于它们。对草地来说，生产者是有根的绿色植物。

2. 消费者

消费者直接或间接依赖生产者制造的有机物质为生，属于异养生物。主要是指以其他生物为食的各种动物。按营养方式不同，消费者可分为植食动物、肉食动物、大型肉食动物（顶极肉食动物）、寄生动物及杂食动物等。

植食动物是指直接以植物体为食的动物，又称草食动物、食草动物。在池塘中植食动物包括浮游动物和某些底栖动物，浮游动物以浮游植物为食。草地上的草食动物包括一些植食性昆虫和草食性哺乳动物。植食动物可统称为一级消费者（primary consumer）。

肉食动物是指以植食动物为食的动物，又称食肉动物。例如，池塘中某些以浮游动物为食的鱼类。草地上以食草动物为食的捕食性鸟、兽。以草食性动物为食的食肉动物可统称为二级消费者（secondary consumer）。

大型肉食动物或顶极肉食动物是指以食肉动物为食的动物。例如，池塘中的黑鱼或鳜鱼等凶猛鱼类，草地上的鹰、隼等猛禽。它们可统称为三级消费者（tertiary consumer）。

寄生动物是指以其他生物的组织液、营养物和分泌物为食的动物。

杂食动物是指那些既吃植物又吃动物的动物。有些鱼类既吃水藻、水草，又吃水生无脊椎动物，属于杂食动物。有些动物的食性是随季节而变化的。例如，麻雀在秋冬季以吃植物为主，在夏季生殖期间则以吃昆虫为主，也属于杂食动物。

消费者在生态系统中，不仅对初级生产者起着加工、再生产作用，而且许多消费者对其他种群数量起着重要的调控作用。消费者在生态系统的物质循环和能量流动中起着十分重要的作用。

3. 分解者

分解者又称为还原者，是指利用动植物残体及其他有机物为食的小型异养生物，主要有真菌、细菌、放线菌等微生物。其作用是把动植物残体的复杂有机物分解为生产者能重新利用的简单化合物，并释放出能量，其作用与生产者相反。分解者在生态系统中的作用是极为重要的，如果没有它们，动植物尸体将堆积成灾，物质不能循环，生态系统将毁灭。分解作用往往有一系列复杂的过程，不是一类生物所能完成的，各个阶段由不同的生物去完成。池塘中的分解者有两类：一类是细菌和真菌；另一类是蟹、软体动物和蜗虫等无脊椎动物。草地中也有生活在枯枝落叶和土壤上层的细菌和真菌，还有蚯蚓、螨等无脊椎动物。

二、生态系统的结构

生态系统的结构特征主要表现在三个方面：空间结构、时间结构和营养结构。

（一）空间结构

生态系统的空间结构可以分为垂直结构和水平结构。生态系统在形成过程中，由于环境的逐渐分化，导致对环境有不同需要的生物种各自占有一定的空间，具有明显的分层现象，构成生态系统的垂直结构。以陆地生态系统（草地）和水域生态系统（池塘）为例，分析生态系统垂直结构，如图 3.3 所示。

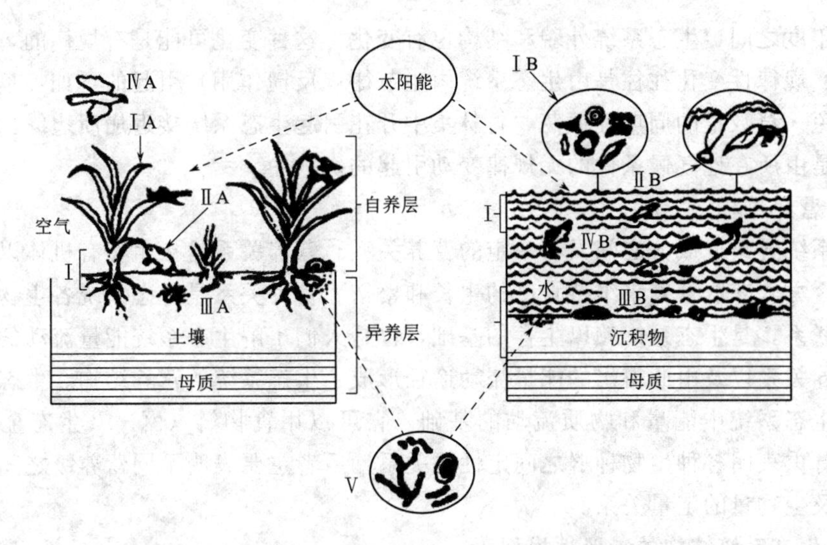

图 3.3　陆地生态系统（草地）和水域生态系统（池塘）的结构比较（杨持，2008）

Ⅰ—自养生物；ⅠA—草本植物；ⅠB—浮游植物；Ⅱ—食草动物；ⅡA—食草性昆虫和哺乳动物类；ⅡB—浮游动物；Ⅲ—食碎屑动物；ⅢA—陆地土壤无脊椎动物；ⅢB—水中底栖无脊椎动物；Ⅳ—食肉动物；ⅣA—陆地鸟类；ⅣB—水中鱼类；Ⅴ—腐食性生物、细菌和真菌

在欧亚大陆北方针叶林生态系统中，最上层（树冠层）栖息着柳莺、交嘴和戴菊等；在森林中层栖息着山雀、啄木鸟、松鼠和貂等；灌木层栖息着莺、苇莺和花鼠等；在地被层和草本层栖息着两栖类、爬行类、鸟类（丘鹬、榛鸡）、兽类（黄鼬）和各类鼠形啮齿类；最下层是蜘蛛、蚂蚁等在土层上活动；土层以下还有蚯蚓、蝼蛄等昆虫。

在池塘中，大量的浮游植物聚集在水的表层；浮游动物和鱼、虾等多生活在水中；在底层沉积的淤泥层内外有大量细菌等微生物。

可见，各生态系统在结构布局上有一致性。上层阳光充足，集中分布着绿色植物和藻类，有利于光合作用，故上层又称为绿带或光合作用层。绿带以下为异养层或分解层。生态系统生物的成层结构是协同进化和自然选择的结果，有利于生物充分利用阳光、水分、养分和空间。

生态系统水平结构也就是水平格局。生态系统中生物的种类、密度等在二维平面中的不均匀配置，使群落表现为斑块间的分布格局，称为镶嵌性。生态系统内部环境因子不均匀性是形成镶嵌的主要外因。镶嵌性提高了生物对水平空间的利用效率。

（二）时间结构

生态系统随着时间的变动，其结构也会发生变化。一般有三个时间度量：一是长时间度量，主要表现在生态系统进化上；二是中等时间度量，主要表现在群落演替上；三是昼夜、季节等短时间度量。

生态系统短时间结构的变化，反映了植物、动物等为适应环境因素变化而引起的整个生态系统外貌上的变化。随着气候季节性交替，生物群落或生态系统呈现不同的外貌就是季相。例如，热带草原地区一年中分旱季和雨季，生态系统在两季中差别较大；温带地区四季分明，生态系统的季相变化也十分显著。温带草原中一年可有 4～5 个季相。

不同年度之间，生态系统外貌和结构也有变化。这种变化可能是有规律的，也可能无规律可循。规律性变化往往是由生态系统内生节律（反馈作用）引起的，如，草原生态系统中狼—兔—草数量的周期性振荡，竹林集中开花引起生态系统接近崩溃边缘。不规律性波动往往是由所在地气候条件的无规律变动引起的。

（三）营养结构

生态系统各组成成分之间具有一定的营养关系。营养关系是指生物有机体以什么为食物，以什么方式获取营养来维持自己的生长和繁衍。营养关系是生态系统各生物成员之间最根本的联系，是生态系统赖以生存的基础，也是人们了解生态系统能量流动的核心。正是这种营养关系以及由此得出的能量流动途径形成了生态系统的营养结构。生态系统的营养结构是生态系统中能量和物质流动的基础。它可以用食物链（网）及生态金字塔来表示，前者着重表明各种生物种群之间定性的关系，后者主要表明不同营养级之间能量、个体数量以及生物量的定量关系。

（四）生态系统结构的一般性模型

地球上的生态系统虽然多样，但都具有一般特征，即一个生态系统包括生产者、消费者和分解者三个亚系统（图 3.4）。各亚系统之间相互作用，生产者通过光合作用合成复杂的有机物质，使生产者植物的生物量增加，所以称为生产过程。消费者摄食植物已经制造好的有机物质，通过消化、吸收再合成为自身所需的有机物质，增加动物的生产量，所以也是一种生产过程，所不同的是生产者是自养的，消费者是异养的。一般把自养生物的生产过程称为初级生产（primary production），或第一性生产，其提供的生产力为初级生产力（primary productivity），或第一性生产力。异养生物再生产过程称为次级生产（second production），或第二性生产，提供的生产力称为次级生产力（second productivity），或第二性生产力。分解者的主要功能与光合作用相反，把复杂的有机物分解为简单的无机物，可称为分解过程。由生产者、消费者和分解者这三个亚系统的生物成员与非生物环境成分间通过能流和物流而形成的高层次的生物组织，是一个物种间、生物与环境间协调共生、能维持持续生存和相对稳定的系统。它是地球上生物与环境、生物与生物长期

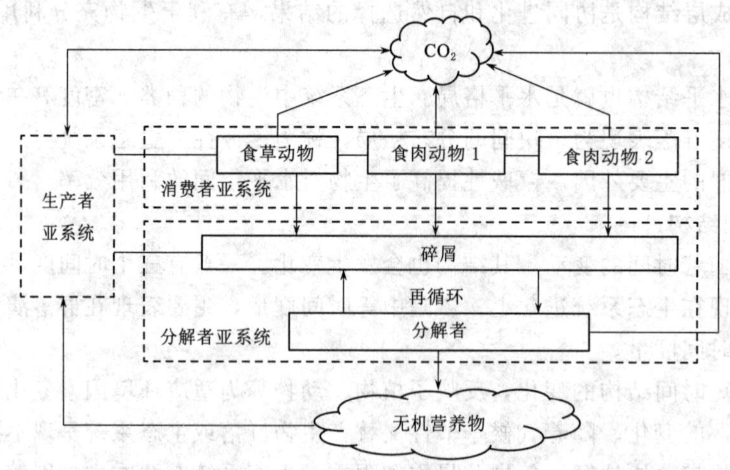

图 3.4　生态系统结构的一般性模型（李博，2000）

共同进化的结果。探究自然生态系统这些协调共生、持续生存和相对稳定的机理，能给人类科学地管理好地球以启示，达到可持续发展的目的。

三、食物链和食物网

（一）食物链和食物网的概念

生产者所固定的能量和物质通过一系列捕食和被捕食的关系在生态系统中传递，各种生物按其食物关系排列的链状顺序称为食物链，一个简单的陆地生态系统食物链如图 3.5 所示。食物链中每一个生物成员称为营养级。中国有句古话："螳螂捕蝉，黄雀在后。"从生态学角度来看，实际上就是一条食物链，即蝉→螳螂→黄雀。英国动物生态学家埃尔顿（C. S. Elton）（最早提出食物链概念的学者之一）认为由于受能、传递效率的限制，食物链的长度不可能太长，一般食物链都是由 4～5 个环节构成的。例如，浮游植物→浮游动物→小鱼→大鱼，树叶→蚜虫→瓢虫→鸟类→猛禽等食物链。

图 3.5　一个简单的陆地生态系统食物链（林文雄，2013）

生态系统中生物之间实际的营养关系并不像食物链所表达得那么简单，而是存在着错综复杂的联系。许多食物链彼此交错连接，形成一个网状结构，这就是食物网，陆地生态系统食物网和水域生态系统食物网如图 3.6 所示。食物网形象地反映了生态系统内各生物有机体间的营养位置和相互关系。生物正是通过食物网发生直接和间接的联系，保持着生态系统结构和功能的相对稳定性。一般来说，生态系统中的食物网越复杂，生态系统抵抗外力干扰的能力就越强，其中一种生物的消失不至于会引起整个系统的失调；生态系统的食物网越简单，生态系统越容易发生波动和毁灭，尤其是在生态系统功能上起关键作用的种，一旦消失或受严重危害，就可能引起这个系统的剧烈波动。也就是说，一个复杂的食物网是使生态系统保持稳定的重要条件。例如，苔原生态系统结构简单，如果构成苔原生态系统食物链基础的地衣因大气中二氧化硫含量的超标而死亡，就会导致生产力毁灭性破坏，整个系统可能崩溃。

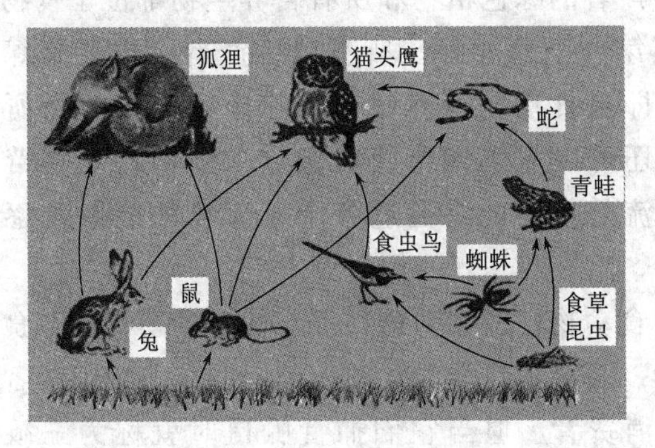

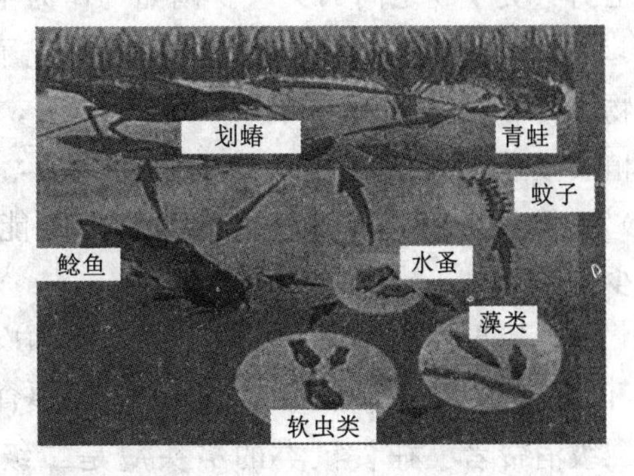

图 3.6　陆地生态系统食物网和水域生态系统食物网（林文雄，2013）

（二）食物链的类型

按照生物与生物之间的关系可将食物链分成捕食食物链、碎食食物链、寄生性食物链、腐生性食物链四种类型。生态系统中的食物链不是固定不变的，它不仅在进化历史上有改变，在短时间内也会因动物食性的变化而改变。只有在生物群落组成中成为核心的、数量上占优势的种类所组成的食物链才是稳定的。

捕食食物链是指一种活的生物取食另一种活的生物所构成的食物链。捕食食物链都以生产者为食物链的起点。如植物→植食动物→肉食动物。这种食物链既存在于水域生态系统，也存在于陆地生态系统。如草原上的青草→野兔→狐狸→狼，湖泊中的藻类→甲壳类→小鱼→大鱼。

碎食食物链是指以碎食（如植物的枯枝落叶等）为食物链的起点的食物链。碎食被别的生物所利用，分解成碎屑，然后再为多种动物所食。在森林中，有90%的净生产是以食物碎食方式被消耗的。碎食食物链的构成方式为：碎食物→碎食物消费者→小型肉食动物→大型肉食动物。

寄生性食物链由宿主和寄生生物构成。它以大型动物为食物链的起点，继之以小型动物、微型动物、细菌和病毒构成。后者与前者是寄生性关系。如哺乳动物或鸟类→跳蚤→原生动物→细菌→病毒。

腐生性食物链以动、植物的遗体为食物链的起点，腐烂的动、植物遗体被土壤或水体中的微生物分解利用，后者与前者是腐生性关系。

四、营养级与生态金字塔

（一）营养级

自然界中的食物链和食物网是物种和物种之间的营养关系，这种关系是错综复杂的。为了使生物之间复杂的营养关系变得更加简明和便于进行定量的能流分析和物质循环的研究，生态学家又在食物链和食物网概念的基础上提出了营养级（trophic level）的概念。

一个营养级是指处于食物链某一环节上的所有生物种的总和。因此，营养级之间的关系已经不是指一种生物和另一种生物之间的营养关系，而是指一类生物和处在不同营养层次上另一类生物之间的关系。例如，作为生产者的绿色植物和所有自养生物都位于食物链的起点，即食物链的第一环节，它们构成了第一个营养级。所有以生产者（主要是绿色植物）为食的动物都属于第二个营养级，即植食动物营养级。第三个营养级包括所有以植食动物为食的肉食动物。以此类推，还可以有第四个营养级（二级肉食动物营养级）和第五个营养级等。生态系统中的能流是单向的，通过各个营养级的能量是逐级减少的。

在自然界里的动物，既有草食动物和肉食动物，也有动植物都吃的杂食动物。杂食动物可以同时占有几个营养级。例如，以粮食、蔬菜和肉类为食的人类，既是一级消费者也是二级消费者。捕食鼠类的猫头鹰是二级消费者，但当它们捕食鼬鼠时就称为三级消费者。

（二）生态金字塔

定量研究食物链中各营养级之间的关系，通常可以用生态金字塔（ecological pyramid）来表示。在营养级序列上，后一个营养级总是依赖于前一个营养级。一般而言，前一个营养级只能满足后一个营养级中少数消费者的需要，随着营养级的增多，每一营养级的物质、能量和数量呈阶梯状递减。于是形成了一个底部宽、上部窄的尖塔形，称为“生态金字塔”。

生态金字塔指生态学研究中用以反映食物链各营养级之间生物个体数量、生物量和能量比例关系的图解模型。通常有能量金字塔、生物量金字塔和数量金字塔等。

(1) 能量金字塔也称为生产力金字塔。将各营养级自上而下按各营养级的能量值从小到大排列成图便成为一个能量金字塔[图 3.7(c)]。它是从能量的角度来形象地描述能量在生态系统中的转化。金字塔的每一等级都代表一个营养级，而每一等级的宽度则代表一定时期内通过该营养级的能量值。从一个营养级到下一营养级，能量的传递效率是10%～20%，因此，下一营养级的能量大约只有上一营养级的1/10～1/5。

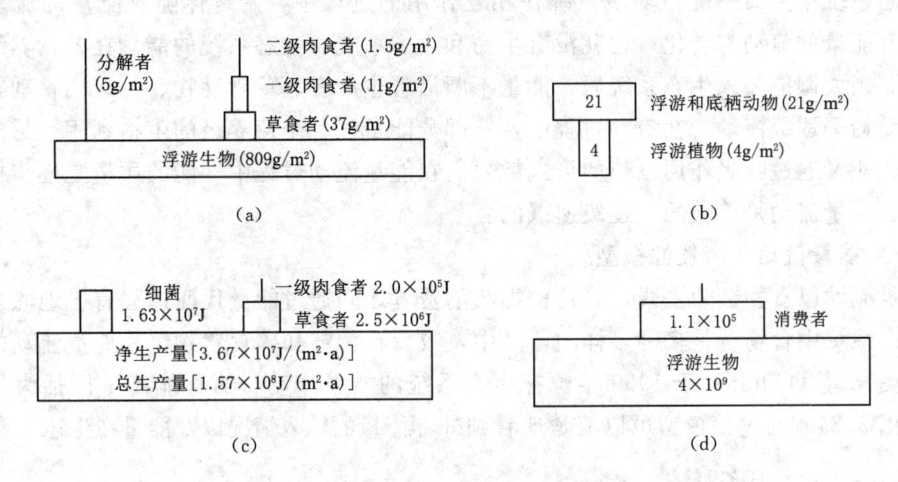

图 3.7　三种类型的生态金字塔（李博，2000）

(a) 生物量金字塔；(b) 生物量金字塔（倒置）；(c) 能量金字塔；(d) 数量金字塔

(2) 生物量金字塔是从生物量的角度描述生物量在生态系统中的变化。生产者的生物量一般大于草食动物的生物量，食草动物的生物量一般又大于肉食动物的生物量。因此，在大多数情况下生物量金字塔呈正金字塔形[图 3.7(a)]。但生物量金字塔有时也有倒置的情况[图 3.7(b)]。在湖泊和海洋生态系统中，繁殖快、寿命短的微小的单细胞藻类是主要的初级生产者，它们只能积累少量的有机物质，加上浮游动物对其取食强度较大，因此某一时刻调查得到的浮游植物的生物量常低于浮游动物的生物量，出现生物量金字塔倒置现象，如英吉利海峡浮游植物（$4g/m^2$）→浮游动物、底栖动物（$21g/m^2$）。当然，这并非从生产者环节流过的能量要比消费者环节流过的能量少，而是由于浮游植物个体小，代谢快，寿命短，某一时刻的现存量比浮游动物少，但一年的总能流量还是比浮游动物营养级多。

(3) 数量金字塔是从生物数量的角度描述生物在生态系统中的变化。一般情况下，一个生态系统中生产者的数量大于草食动物，食草动物的数量又大于肉食动物，而顶级肉食动物的数量在所有种群中通常是最小的。所以，数量金字塔一般呈上窄下宽的正锥体[图 3.7(d)]。但是由于不同营养级的生物个体大小和数量多少相差很大，致使数量金字塔的形状变化较大，也会出现倒置现象。例如，在森林中，一棵倒下的大树上可能有数以万计的蚂蚁；在湖泊和海洋中，春季藻类繁盛，浮游植物的数量必定大于浮游动物。但是实际上，生产者生产的总能量远远大于消费者消费的能量。

三类生态金字塔中，能量金字塔较好地反映了生态系统内能量流动的本质，最为客观和全面，它是表示生态系统结构的最好图解方法。数量生态金字塔可能会过高估计小型生物的作用，而生物量生态金字塔则会过高强调大型生物的作用。

第三节 生态系统的功能

一、能量流动

生态系统中生命系统与环境系统在相互作用的过程中，始终伴随着能量的流动与转化，没有能量的流动与转化，也就没有生命和生态系统。生态系统的能量在各营养级间进行流动。当太阳能输入生态系统后，能量不断沿着生产者、草食动物、一级肉食动物、二级肉食动物等逐级流动，在流动过程中，一部分能量被各个营养级的生物利用，另外，很大一部分能量通过呼吸作用以热的形式散失。在能量流动过程中，能的质量是逐步提高和浓集的。能量流动是单向的，逐级递减的。

（一）能量流动的一般性模型

能量流动以食物链为主线，绿色植物与消费者之间通过能量代谢过程有机地联系在一起。生态系统中食物链是多种多样的，其中，牧食食物链和碎食食物链是能量流动的主要渠道。奥德姆（Odum）于 1959 年曾把生态系统的能量流动（简称能流）概括为一般性模型（图 3.8）。通过该模型可以清楚地看到外部能量的输入情况以及能量在生态系统中的

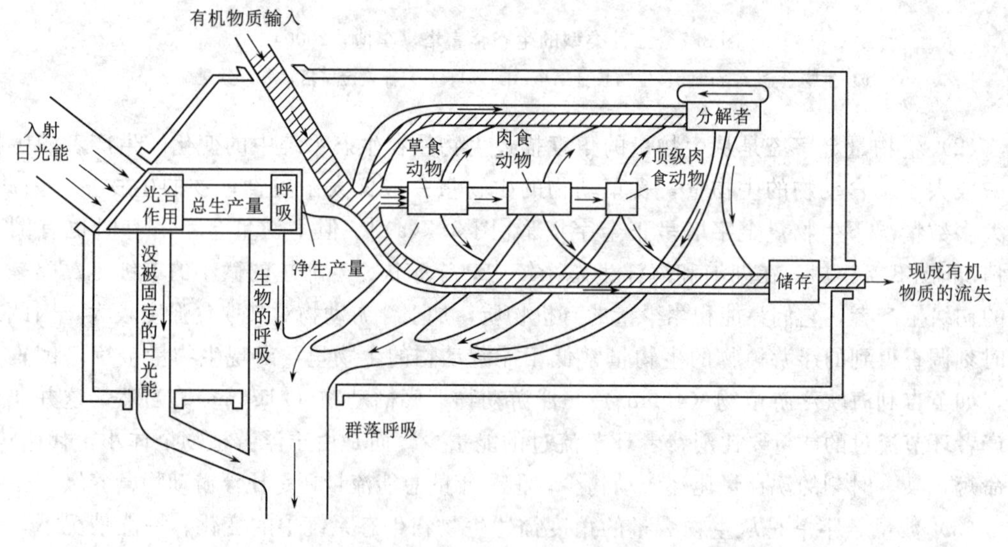

图 3.8 生态系统能流的一般性模型（Odum，1959）

流动路线及其归宿。该能流模型是以一个个隔室（即图中的方框）表示各个营养级和储存库，并用粗细不等的能流通道把这些隔室按能流的路线连接起来，能流通道的粗细代表能流量的多少，箭头表示能量流动的方向。最外面的大方框表示生态系统的边界。自外向内有两个能量输入通道，即日光能输入通道和现成有机物质输入通道。这两个能量输入通道的粗细将依具体的生态系统而有所不同，如果日光能的输入量大于有机物质的输入量则大体上属于自养生态系统；反之，如果现成有机物质的输入构成该生态系统能量来源的主流，则被认为是异养生态系统。大方框自内向外有三个能量输出通道，即在光合作用中没有被固定的日光能、生态系统中生物的呼吸以及现成有机物质的流失。

（二）初级生产过程及生产量

生态系统中的能量流动开始于绿色植物通过光合作用对太阳能的固定。因为这是生态系统中第一次能量固定，所以植物所固定的太阳能或所制造的有机物质的量称为初级生产量（或第一性生产量）。

在初级生产过程中，植物固定的能量有一部分被植物自己的呼吸消耗掉，剩下的可以用于植物生长和生殖，这部分生产量称为净初级生产量。而包括呼吸在内的全部生产量，称为总初级生产量。三者之间的关系为式（3.1）：

$$GP = NP + R \tag{3.1}$$

式中：GP 为总初级生产量；NP 为净初级生产量；R 为呼吸所消耗的能量。

净初级生产量是可供生态系统中其他生物利用的能量。生产量通常用每年每平方米所生产的有机物质干重[$g/(m^2 \cdot a)$]或每年每平方米所固定能量[$J/(m^2 \cdot a)$]表示。所以初级生产量也可称为初级生产力，它们的计算单位完全一样，但在强调“率”的概念时，应当使用生产力。但生产量和生物量是两个不同的概念，生物量是指在某一定时期调查时单位面积上积存的有机物质量，单位是 g/m^2 或 J/m^2。

对生态系统中某一营养级来说，总生物量不仅因生物呼吸而消耗，也由于受更高营养级动物的取食和生物的死亡而减少。生物量的变化与总生产量之间的关系为式（3.2）：

$$dB/dt = GP - R - H - D \tag{3.2}$$

式中：dB/dt 为某一时期内生物量的变化；GP 为总初级生产量；R 为呼吸所消耗的能量；H 为被较高营养级动物所取食的生物量；D 为因死亡而损失的生物量。

很多国家都对地球上各级生态系统的生产力和生物量进行了研究。按 Whittaker（1975）估计，地球上各种生态系统的生产力、生产量和生物量见表 3.3。全球陆地净初级生产总量的估计值为年产 115×10^9 t 干物质，全球海洋净初级生产总量为年产 55×10^9 t 干物质。海洋面积约占地球表面的 2/3，但其净初级生产量只占全球净初级生产量的 1/3。海洋中珊瑚礁和海藻床是高生产量的，年产干物质超过 $2000 g/m^2$；河口湾由于有河流的辅助能量输入，上涌流区域也能从海底带来额外营养物质，它们的净生产量比较高。但是这几类生态系统所占面积不大。占海洋面积最大的大洋区，其净生产量相对低，年平均仅 $125 g/(m^2 \cdot a)$，被称为海洋荒漠，这是海洋净初级生产总量占全球的 1/3 左右的原因。在海洋中，由河口湾向大陆架到大洋区，单位面积净初级生产量和生物量有明显降低的趋势。在陆地上，热带雨林生产量最高，平均 $2200\ g/(m^2 \cdot a)$，由热带雨林向温带常绿林、落叶林、北方针叶林、稀树草原、温带草原、寒漠和荒漠依次减少。

表 3.3　地球上各种生态系统的生产力、生产量和生物量（Whittaker, 1975）

生态系统		面积/$10^9 km^2$	净初级生产力/[g/(m^2·a)]		净初级生产量/(10^9 t/a)	生物量/(kg/m^2)		全球生物量/10^9t
			范围	平均		范围	平均	
大陆	热带雨林	17.0	1000～3500	2200	37.40	6～80	45.00	765.00
	热带季雨林	7.5	1000～2500	1600	12.00	6～60	35.00	262.50
	温带常绿林	5.0		1300	6.50	6～200	35.00	175.00
	温带落叶林	7.0	600～2500	1200	8.40	6～60	30.00	210.00
	北方落叶林	12.0	400～2000	800	9.60	6～40	20.00	240.00
	灌丛和林地	8.5	250～1200	700	6.00	2～20	6.00	51.00
	热带稀树草原	15.0	200～2000	900	13.50	6.2～15.0	4.00	60.00
	温带草原	9.0	200～1500	600	5.40	0.2～5.0	1.60	60.00
	寒漠和高山	8.0	10～400	140	1.10	0.1～3.0	0.60	5.00
	荒漠和半荒漠灌丛	18.0	10～250	90	1.60	0.1～4.0	0.70	12.60
	岩石、沙漠、荒漠和冰地	24.0	0～10	3	0.07	0～0.2	0.02	0.50
	栽培地	14.0	100～3500	650	9.10	0.40～12.0	1.00	14.00
	沼泽和沼泽湿地	2.0	800～3500	2000	4.00	3～50.0	15.00	30.00
	湖泊和河流	2.0	100～1500	250	0.50	0～0.1	0.02	0.04
海洋	大洋	332.0	2～400	125	41.50	0～0.005	0.003	1.000
	上涌流区域	0.4	400～1000	500	0.20	0.005～0.100	0.02	0.008
	大陆架	26.6	200～600	360	9.60	0.001～0.040	0.01	0.270
	海藻床或珊瑚礁	0.6	500～4000	2500	1.60	0.04～4.00	2.00	1.200
	河口湾	1.4	200～3500	1500	2.10	0.01～6.00	1.00	1.400

资料来源：Whittaker (1975)。转引自 Krebs (1978)。

（三）次级生产过程及生产量

次级生产或称第二性生产，是指消费者和还原者的生产，即消费者和还原者利用净初级生产量进行同化作用的过程，表现为动物和微生物的生长、繁殖和营养物质的储存，次级生产速率即异养生物生产新生物量的速率。

净初级生产量是生产者以上各营养级所需能量的唯一来源。从理论上讲，净初级生产量可以全部被异养生物所利用，转化为次级生产量（如动物的肉、蛋、奶、毛皮、骨骼、血液、蹄、角以及各种内脏器官等)。但实际上，任何一个生态系统中的净初级生产量都可能流失到该生态系统以外的地方去。对陆地生态系统和浅水生态系统来说，一般只有10%的净初级生产量被消费者转化为次级生产量，其余90%被分解者分解。如，阔叶林只有1.5%～2.5%的净初级生产量被昆虫和其他动物所利用，大部分留给了分解者。深水生态系统正好相反，如海洋60%～90%的净初级生产量（浮游植物）被消费者转化为次级生产量，小部分留给了分解者。

肉食动物以草食动物为食，属于第二级消费者。肉食动物吃草食动物以后，一部分用于自身的积累，这是对次级生产产品的再利用和再生产，称为三级生产。肉食动物之间弱肉强食，还会有四级生产和五级生产，由此可见，广义上次级生产是由一系列二级生产、三级生产、四级生产等组成的。

(四) 生态效率

在能量流动过程中，能量的利用效率称为生态效率。生态效率从根本上讲就是能量输出和输入之间的比率，即所生产的物质量或产量与生产这些物质所消耗的物质的比例。从能量流动来说，次一营养级的生产力与前一营养级生产力的比率就是生态效率。生态效率的表示方法很多，常用的有同化效率、生态生长效率、组织生长效率、消费效率、林德曼效率等。

同化效率（A_n/I_n）＝固定的太阳/吸收的太阳能（植物）

＝n 营养级同化的食物能/n 营养级摄取的食物能（动物）

生态生长效率（P_n/I_n）＝n 营养级的净生产量/n 营养级摄取的食物能

组织生长效率（P_n/A_n）＝n 营养级的净生产量/n 营养级同化的食物能

消费效率（I_{n+1}/P_n）＝$n+1$ 营养级摄取的食物能/n 营养级的净生产量

林德曼效率（I_{n+1}/I_n）＝$n+1$ 营养级摄取的食物能/n 营养级摄取的食物能

在营养级 n 相同的情况下：

林德曼效率（I_{n+1}/I_n）＝同化效率×组织生长效率×消费效率

根据林德曼测量结果，在湖泊生态系统中林德曼效率大约为 1/10，曾被认为是重要的生态学定律，称作十分之一定律（百分之十定律），即从一个营养级到另一个营养级的能量转换效率为 10%，也就是说，能量每通过一个营养级就损失 90%。在其他不同的生态系统中，林德曼效率变化很大，高的可达 30%，低的可能只有 1%，甚至更低。

二、物质循环

生态系统中流动着的物质是储存化学能的载体，又是维持生命活动的物质基础。研究物质在不同生态系统中的循环途径、特点、转化和影响因素，有助于更好地理解和正确处理人类当前面临的生态环境问题。

(一) 物质循环的一般特征

1. 物质循环的基本过程

生物圈是由物质构成的。据估计，生物圈约有 1.8×10^{12} t 的活物质，这些物质主要由化学元素组成。生态系统中的物质（主要是生物生命活动所必需的各种营养元素）在各个不同营养级之间传递并联合起来构成了物质流。物质从大气、水域或土壤中，通过以绿色植物为代表的生产者吸收进入食物链，然后转移到草食动物和肉食动物等消费者体内，最后被以微生物为代表的分解者分解转化回到环境中。这些释放出的物质又再一次被植物利用，重新进入食物链，参与生态系统的物质再循环。这个过程就是物质循环，又称为生物地球化学循环。

2. 物质循环的特点

物质循环可以用库（pools）和流通率（flux rates）来反映。库是由存在于生态系统某些生物或非生物成分中一定数量的某种化学物质所构成的，例如，在一个湖泊生态系统中，水体中磷的含量可以看成是一个库，浮游植物中磷的含量是第二个库。这些库借助有关物质在库与库之间的转移而彼此相互联系。物质在生态系统中单位面积（或单位体积）和单位时间内的移动量就称为流通率。营养物质在生态系统各个库之间的流通量和输入输出生态系统的流通量可以有多种表达方法。为了便于测量和使其模式化，流通量通常用单位时间单位面积（或体积）内通过的营养物质的绝对值来表达，为了表示一个特定的流通过程对有关各库的相对重要性，用周转率和周转时间来表示更为方便。周转率就是出入一个库的流通率（单位：天）除以该库中的营养物质总量，即

周转率＝流通率／库中的营养物质总量　　(3.3)

周转时间表达了移动库中全部营养物质所需要的时间，周转时间就是库中的营养物质总量除以流通率，即

周转时间＝库中的营养物质总量／流通率　　(3.4)

周转率越大，周转时间就越短。大气圈中二氧化碳的周转时间大约是一年多（主要是光合作用从大气圈中移走二氧化碳），大气圈中分子氮的周转时间约为近 100 万年（主要是某些细菌和蓝绿藻的固氮作用），而大气圈中水的周转时间只有 10.5 天，也就是说大气圈中所含的水分一年要更新约 34 次。又如海洋中主要物质的周转时间，硅元素最短，约为 8000 年；钠元素最长，约为 2.06 亿年。由于海洋存在的时间远超过这些年限，所以海洋中的各种物质都已被更新若干次了。

物质循环在受人类干扰以前，一般是处于一种稳定的平衡状态，这就意味着对主要库的物质输入必须与输出达到平衡。当然，这种平衡不能期望在短期内达到，也不能期望在一个有限的小系统内实现。但对于一个顶极生态系统、一个主要的地理区域和整个生物圈来说，各个库的输入和输出之间必须是平衡的。例如，大气中主要气体（O_2、CO_2 和 N_2）的输入和输出都是处于平衡状态的，海洋中的主要物质也是如此。

3. 物质循环的类型

物质循环主要包括水循环、气体型循环和沉积型循环三大类型。

生态系统中所有的物质循环都是在水循环的推动下完成的，因此，没有水循环，也就没有生态系统的功能，生命也将难以维持。水循环是物质循环的核心。

在气体型循环中，大气和海洋是物质的主要储存库，气体型循环把大气和海洋联系起来，具有明显的全球性，循环性能最为完善。凡属于气体型循环的物质，其分子或某些化合物常以气体形式参与循环过程，属于这类循环的物质有氧、二氧化碳、氮、氯、溴和氟等。元素或化合物可以转化为气体形式，通过大气进行扩散，弥漫于陆地或海洋上空，在很短的时间内可以为植物重新利用，循环比较迅速，如 CO_2、N_2、O_2 等。水实际上也属于这种类型。由于有巨大的储存库，故大气可对干扰进行相当快地进行自我调节（但大气的这种自我调节是有限的）。值得提出的是，气体型循环与全球性环境问题（温室效应、酸雨、酸雾、臭氧层破坏）密切相关。

沉积型循环的主要储存库与岩石、土壤和水相联系，如磷、硫循环。沉积型循环速度比较慢，参与沉积型循环的物质，其分子或化合物主要是通过岩石的风化和沉积物的溶解转变为可被生态系统利用的营养物质。经过自然风化和人类的开采冶炼，从陆地岩石中释放出来，为植物所吸收，参与生命物质的形成，并沿食物链转移。然后，由动植物残体或

排泄物经微生物的分解作用，将元素返回环境。除一部分保留在土壤中供植物吸收利用外，一部分以溶液或沉积物状态随流水进入江河，汇入海洋，经过沉降、淀积和成岩作用变成岩石，当岩石被抬升并遭受风化作用时，该循环才算完成。这类循环是缓慢的，并且容易受到干扰，成为“不完全”的循环。属于沉积型循环的物质有磷、钙、钾、钠、镁、锰、铁、铜和硅等，其中磷是典型的沉积型循环物质，它从岩石中释放出来最终又沉积在海底转化为新的岩石。沉积型循环一般情况下没有气体出现，因此，这类循环的全球性不如气体型循环，循环性能也很不完善。气体型循环和沉积型循环虽然各有特点，但都受到能流的驱动，并都依赖于水循环。

（二）水循环过程

1. 全球水循环

全球水循环是由太阳能推动的，它通过蒸发、冷凝、降水和径流等过程，联系大气、海洋和陆地，共同形成一个全球性水循环系统（图 3.9），称为地球上各种物质循环的中心。

海洋是水的主要储存库。在太阳能的作用下通过蒸发把海水转化为水汽，进入大气。在大气中，水汽遇冷凝结、迁移，又以雨的形式回到地面或海洋。当降水到达地面时，有的直接落到地面上，有的落在植物群落中，并被截留大部分，有的落在城市的街道和建筑物上，很快流失，有些直接落入江河湖泊和海洋。河流、湖泊、海洋表层的水及土壤中的水则通过不断蒸发进入大气。

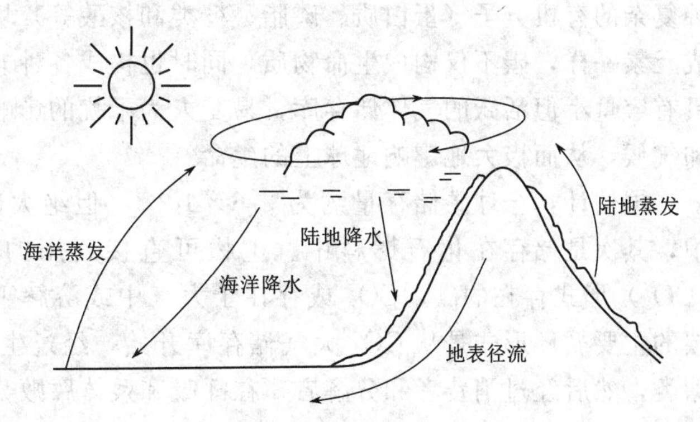

图 3.9 全球水循环（Smith，1974）

生物圈中水的循环平衡是靠世界范围的蒸发与降水来调节的。由于地球表面的差异和距太阳远近的不同，水的分布不仅存在着地域上的差异，还存在着季节上的差异。一个区域的水分平衡受降水量、径流量、蒸发量和植被截留量以及自然蓄水量的影响。降水量、蒸发量的大小又受地形、太阳辐射和大气环流的影响。地面的蒸发和植物的蒸腾与农作制度有关。土地裸露不仅土壤蒸发量增大，并由于缺少植被的截留，使地面径流量增大。因此，保护森林和草地植被，在调节水分平衡上有着重要作用。

总的来说，地球上的降水量和蒸发量是相等的。也就是说，通过降水和蒸发这两种形式，地球上的水分达到平衡状态。但在不同表面、不同地区的降水量和蒸发量是不同的。就海洋和陆地来说，海洋的蒸发量约占总蒸发量的 84%，陆地只有 16%，海洋中的降水占总降水的 77%，陆地占 23%。海洋和陆地的水量差异是通过江河源源不断送水到海洋，以弥补海洋每年因蒸发量大于降水量而产生的亏损，达到全球水循环的平衡。

2. 生态系统中的水循环

生态系统中的水循环包括降水、蒸发、蒸腾和地表径流等。植物在水循环中起着重要作用，植物通过根吸收土壤中的水分。与其他物质不同的是，进入植物体的水分，只有

1%～3%参与植物体的建造并进入食物链，由其他营养级所利用，97%～99%通过叶面蒸腾返回大气中，参与水分的再循环。例如，生长茂盛的水稻，一天大约吸收 $70t/hm^2$ 的水，这些被吸收的水分仅有 5%用于维持原生质的功能和光合作用，其余大部分成为水蒸气从气孔排出。

不同的植被类型，蒸腾作用是不同的，而以森林植被的蒸腾最大，它在水循环中作用最为重要。丰茂的森林可截留夏季降水量的 20%～30%，草地可截留降水量的 5%～13%，林冠的强大蒸腾作用，可使林区比无林、少林区降水量多 30%左右。而土表裸露不仅土壤蒸发量增大，并由于缺乏植被的截留，使地面径流量增大。在林地内地表径流量比无林地少 10%。因此，保护森林、草地植被在调节水分平衡中有重要作用。

（三）碳循环

碳是仅次于水的对生物和生态系统具有重要意义的物质，是所有有机物的基本成分，有机体干重的 45%以上是碳。碳分子所形成一个长长的碳链具有独一无二的特性，而各种复杂的有机分子（蛋白质、磷脂、糖类和核酸等）均以此碳链为骨架。同生物的其他构成元素一样，碳不仅构成生命物质，同时也构成各种非生命化合物。碳循环和水循环一样具有容量小但活跃的气体储存库，易受人为干扰的影响，而这种干扰本身也能够改变天气和气候，从而极大地影响地球上的生命。

据估计，全球碳储存量约为 2.6×10^{16} t，但绝大部分以碳酸盐的形式禁锢在岩石圈中，其次是储存在化石燃料中。生物可直接利用的碳是水圈和大气圈中以二氧化碳（CO_2）形式存在的碳，CO_2 或存在于大气中或溶解于水中，所有生命的碳源均是 CO_2。碳的主要循环形式是从 CO_2 大气储存库开始，经过生产者的光合作用，把碳固定，生成糖类，然后经过消费者和分解者，在呼吸和残体腐败分解后，再回到 CO_2 大气储存库中。

碳的主要循环是在空气和水（以溶解的 CO_2 和碳酸盐两种形式）与生物体之间进行的。在这种循环中，碳迅速地周转着，但若与碳酸盐沉积物和有机化石沉积中的含碳量相比，碳周转一次的总量是很小的。空气和水中的 CO_2 容易交换。水中的 CO_2 是溶解态的或与水结合成 H_2CO_3，H_2CO_3 则电离成 H^+ 和 HCO_3^-。大气中每年约有 1000 亿 t 的 CO_2 进入水中，同时水中每年有相当数量的 CO_2 进入大气。碳循环的主要过程有：①碳的同化过程和异化过程，主要是光合作用和呼吸作用；②大气和海洋之间的 CO_2 交换；③碳酸盐的沉淀作用。图 3.10 表示生态系统中的碳循环。

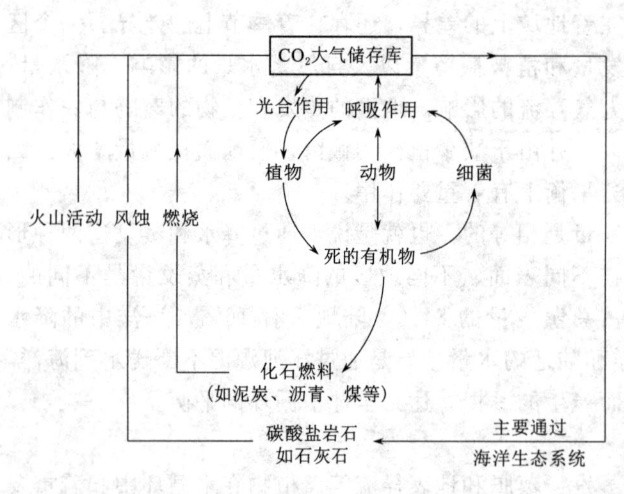

图 3.10　生态系统中的碳循环（杨持，2008）

植物通过光合作用吸收大气中的 CO_2 和 H_2O，将 CO_2 合成多糖、脂肪和蛋白质等，固定在植物体内。草食动物吃了植物后经消化合成，通过一个一个营养级，再消化再合成。在这个过程中，一部分碳通过呼吸作用回到大气，另一部分碳成为动物体的组分，动物排泄物和动植物残体中的碳则由微生物分解为 CO_2，再回到大气中。

除了大气，碳的另一个储存库是海洋，它的含碳量是大气的 50 倍，并且海洋对调节大气中的含碳量起着重要作用。在水体中，水生植物将大气中扩散到水面上层的 CO_2 固定转化为糖类，通过食物链和消化合成、再消化再合成，各种水生动植物的呼吸作用又将 CO_2 释放到大气中。动植物残体埋入水底后，其中的碳都暂时脱离循环。但是，经过地质年代，又以石灰岩或珊瑚礁的形式重新显露于地表；岩石圈中的部分碳也可以借助于岩石的风化和溶解、火山爆发等重返大气圈。也有一部分碳则转化为化石燃料，燃料燃烧会使大气中的 CO_2 含量增加。

CO_2 在大气圈和水圈之间的界面上通过扩散相互交换。在土壤和水域生态系统中，溶解的 CO_2 可以和水结合成碳酸，该反应是可逆的。如果大气中（或水圈）的 CO_2 发生局部短缺，就会引起一系列补偿反应，水圈（或大气圈）中 CO_2 就会更多地进入大气圈（或水圈）。总之，碳在生态系统中的含量过高或过低，都会通过碳循环的自我调节机制，尽可能达到平衡。我国国家林业和草原局公布的《2021 中国林草资源及生态状况》显示：2021 年我国森林面积 34.6 亿亩，森林覆盖率 24.02%，森林蓄积量 194.93 亿 m^3，草地面积 39.68 亿亩，草原综合植被盖度 50.32%，鲜草年总产量 5.95 亿 t，林草植被总碳储量 114.43 亿 t。草地从空气中吸收并储存 CO_2 的能力称为草地的碳汇功能。草地生态系统碳储量绝大部分集中于土壤中，地上生物量中仅为 10%。作为主要碳储存库的地下部分，由于草地所处的特殊地理位置和气候特征，地下部分分解普遍较慢，草地作为碳汇的作用更为明显。因此，生态环境良好和完整的生物多样性系统是碳汇的基础。

生态系统碳循环速度是很快的，最快的几分钟或几小时就可完成。一般来说，大气中的 CO_2 浓度基本上是恒定的。但是，近百年来，由于人类活动对碳循环的影响，森林大量砍伐、工业发展使得大气中 CO_2 含量呈上升趋势。由于 CO_2 对来自太阳的短波辐射有高度的透射性，而对地球反射出来的长波辐射有高度的吸收性，这就有可能导致大气层低处的对流层变暖，而高处的平流层变冷，这一现象称为温室效应。温室效应导致地球气温逐渐上升，引起全球气候改变。大气中 CO_2 浓度不断增大，也对地球上生物具有不可忽视的影响，CO_2 对地球气温影响问题还有很多不明之处，需开展深入研究。

（四）氮循环

氮也是构成生命物质的重要元素之一，氮是蛋白质和核酸的基本组成成分，是一切生物结构的原料。大气中氮气的含量占 79%。但氮气是惰性的气体，气态氮不能被绿色植物直接利用，必须通过固氮作用将氮与氧结合成为硝酸盐和亚硝酸盐，或者与氢结合形成铵盐以后，植物才能利用。在生态系统的非生物环境中，有三个含氮的库：大气、土壤和水。大气含氮量为 3.9×10^{21} g，土壤和水的氮库比较小。

氮循环过程非常复杂。氮循环的基本路线是：一些具有固氮能力的微生物（细菌和藻类）将大气圈储存库中的氮固定为无机氮（NH_4^+、NO_2^- 和 NO_3^-），并转移到土壤中而被绿色植物吸收。之后，在生产者、消费者和分解者的同化过程中，将无机形式的氮合成蛋白质、核酸及其他复杂分子的有机氮形式。经过捕食摄取，氮进入到动物体内，在动物代谢过程中，一部分蛋白质分解为含氮的排泄物（尿素、尿酸），经过细菌作用，分解释放出氮；另一部分则和动植物死亡后的残体一起被微生物等分解者所分解，使有机态氮转化为无机态氮，形成硝酸盐。硝酸盐可再为植物所利用，继续参与循环。最后通过硝化细菌的脱氮作用，成为气态氮（N_2）返回大气圈，从而完成循环过程，生态系统中的氮循环如图 3.11 所示。

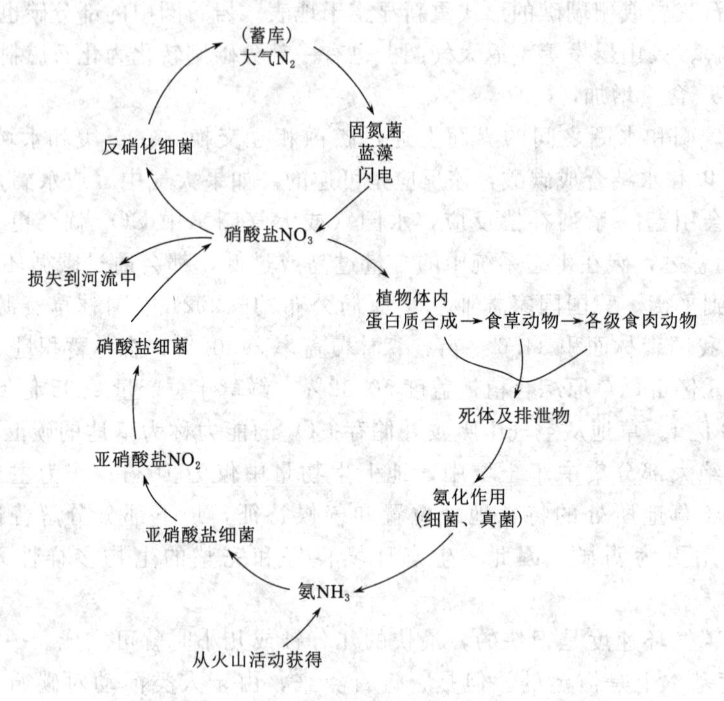

图 3.11　生态系统中的氮循环（杨持，2008）

（1）固氮作用。大气中的氮只有被固定为无机氮化合物（主要是硝酸盐和氨）以后，才能被生物所利用。固氮作用的途径有以下 3 种。

1）生物固氮。这是最重要的固氮途径，属于天然固氮方式。生物固氮量每年大约为 140×10^{12}g，大约占全球固氮量的 90%，能够进行固氮作用的生物主要是共生固氮生物（如固氮菌、与豆科植物共生的根瘤菌和蓝藻等）和自由生活的固氮生物（如细菌、藻类和其他一些微生物）。在共生固氮生物中，根瘤菌是最重要的，也是人类了解最清楚的。根瘤菌对宿主植物（如豌豆、三叶草和菜豆等豆科植物）有高度的特异性，一定种类的根瘤菌只同一定种类的豆科植物发生共生关系，这些根瘤菌可潜入豆科植物的根毛，然后进行繁殖。已知有 10 多种高等植物（如鼠李、杨梅和桤木等）具有根瘤菌。由于豆科植物与根瘤菌之间已经形成了密切的共生关系，所以豆科植物离开了根瘤菌就不能固氮，而把根瘤菌接种在其他植物上也不能固氮。

2）高能固氮。通过闪电、宇宙射线、陨石、火山爆发等所释放的能量进行固氮，形成的氨或硝酸盐随着降雨到达地球表面，也属于天然固氮方式。固氮量接近于 3×

10^{12} gN/a。

3）工业固氮。随着工农业的发展，工业固氮能力越来越大。20 世纪 80 年代初全世界工业固氮能力为 3×10^{13} gN/a，20 世纪末约为 1×10^{14} gN/a，包括氮肥生产（约为 8×10^{13} gN/a）和使用化石燃料释放量（约为 2×10^{13} gN/a）。工业固氮已对生态系统中的氮循环产生了重要的影响。

（2）氨化作用。当无机氮经由蛋白质和核酸合成过程而形成有机化合物（主要是胺类）以后，这些含氮的有机化合物通过生物的新陈代谢又会使氮以代谢产物（尿素和尿酸）的形式重返氮的循环圈。土壤和水中的很多异养细菌、放线菌和真菌都能利用这种富含氮的有机化合物。这些简单的含氮有机化合物在上述生物的代谢活动中可转变为无机化合物（氨）并把它释放出来，这个过程就称为氨化作用，也称矿化作用。实际上，这些微生物是在排泄它们体内过剩的氮。有些具有氨化作用的微生物只能利用胨而不能利用简单的氨基酸，或者只能利用尿素而不能利用尿酸。相反，其他的微生物则能利用多种多样的含氮有机化合物。氨化过程是一个释放能量的过程，或者说是一种放热反应。例如，如果蛋白质的基本构成物是甘氨酸，那么 1mol 的这种蛋白质经过氨化就可释放出 736×10^3 J 的热能。这些能量将被细菌用来维持它们的生命过程。

（3）硝化作用。硝化作用是氨的氧化过程，这个过程分为两步：第一步是把氨或铵盐转变为亚硝酸盐（$NH_4^+ \rightarrow NO_2^-$）；第二步是把亚硝酸盐转变为硝酸盐（$NO_2^- \rightarrow NO_3^-$）。亚硝化细菌可使氮转化为亚硝酸盐，而硝化细菌则能把亚硝酸盐转化为硝酸盐。这些细菌全都是具有化能合成作用的自养细菌。它们能从这一过程中获得自己所需要的能量。亚硝酸盐和硝酸盐能直接供植物吸收利用，或在土壤中转变为腐殖质的成分，或被雨水冲洗携带，经河流到达海洋，为水生生物所利用。硝酸盐和亚硝酸盐很容易通过淋溶作用从土壤中流失，特别是在酸性条件下，更容易发生淋溶过程。

（4）反硝化作用。反硝化作用是指把硝酸盐等较复杂的含氮化合物转化为 N_2、NO 和 N_2O 的过程，这个过程是由细菌（如假单孢菌属）和真菌参与的。这些细菌和真菌在有葡萄糖和磷酸盐存在时可把硝酸盐作为氧源加以利用。大多数有反硝化作用的微生物都只能把硝酸盐还原为亚硝酸盐，但是，另一些微生物却可以把亚硝酸盐还原为氨。由于反硝化作用是在无氧或缺氧条件下进行的，所以这一过程通常是在透气性较差的土壤中进行的。依据同样的道理，在氧气含量很丰富的湖泊和海洋表层，反硝化作用很难发生。但是在水生生态系统缺氧的时期，分子氮就可以通过反硝化过程而产生。研究表明：湖底水样中的反硝化过程约比湖面附近快 6 倍，反硝化作用最重要的终结产物是分子氮，但没有 NO 和 N_2O，分子氮如果未在固氮活动中被重新利用，则会返回大气圈库。

（五）磷循环

虽然生物有机体的磷含量仅占体重的 1%左右，但磷是生物不可缺少的重要元素。生物的代谢过程都需要磷的参与。磷是构成核酸、细胞膜和骨骼的重要成分，特别是生物体内一切生化反应所需能量的转化过程都离不开磷。

磷不存在任何气体形式的化合物，所以，磷循环是典型的沉积型循环。磷以不活跃的地壳作为主要储存库。岩石经风化释放的磷酸盐和农田中施用的磷肥，被植物吸收进入植物体内，含磷有机物沿两条循环支路循环：一是沿食物链传递，并以粪便、残体归还土壤；二是以枯枝落叶、秸秆归还土壤。各种含磷有机化合物经土壤微生物分解，转变为可溶性磷酸盐，可再次供给植物吸收利用，这是磷的生物小循环。在磷的生物小循环过程中，一部分磷脱离生物小循环进入地质大循环，其支路也有两条：一是动植物遗体在陆地表面的磷矿化；二是磷受水的冲蚀进入江河，流入海洋。

磷在环境中的整体循环可以被划分为三个子循环：一个无机循环和陆地生物循环、水域生物循环两个生物循环。生态系统中的磷循环如图 3.12 所示。

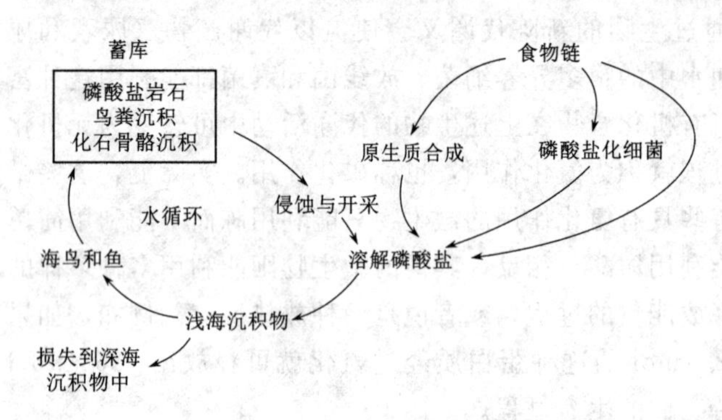

图 3.12　生态系统中的磷循环（杨持，2008）

无机循环的速度很慢，其周期以 10 亿年计。磷的主要储存库是天然磷矿，以岩石态存在。由于风化、侵蚀作用和人类的开采活动，磷才以可溶磷酸根（PO_4^{3-}）形态被释放出来。磷主要是由岩石经土壤、河流转入海洋。由于海水偏碱性且含大量的 Ca^{2+}，所以多数磷又以磷酸钙形式沉积于海底。在深海沉积物中，这些磷酸盐几乎被永久封闭而不易复出。一些磷只有经过人类采掘活动或海底鱼类的食用（再经食物链）才有可能少量地重返陆地。沉积在内陆海或大陆架中的磷酸盐则可通过地面隆起等地质过程再次成为新陆地的组成部分。

在陆地生态系统中，磷的有机化合物被细菌分解为磷酸盐，其中部分又被植物吸收，另一部分则转化为不能被植物利用的化合物。陆地上的一部分磷则随水流进入湖泊和海洋。

在淡水和海洋生态系统中，浮游植物能够迅速将磷酸盐吸收，而后磷又被转移到浮游动物和其他动物体内。浮游动物每天的排磷量与其所储存的磷量大致相等，从而保证磷循环的持续进行。浮游动物排出的磷有一半以上是无机磷酸盐，可被浮游植物所吸收。水体中的细菌可利用其他的有机磷，而这类细菌又被一些小动物取食，这些小动物同时还可以排泄磷酸盐。磷有一部分沉积在浅海，另一部分则沉积在深海。沉积在深海的一些磷又可以被上涌海水带到光合作用带并被浮游植物利用。

由于动植物残体下沉，常使得水表层的磷被耗尽而深水中的磷积累过多。磷是可溶性的，但由于磷没有挥发性，所以，除了鸟捕捞海鱼，然后以鸟粪的形式将磷元素带到陆地上之外，磷没有再次回到陆地的有效途径。在深海处的磷沉积，只有在发生海陆变迁，海底变为陆地后，才有可能因风化而再次释放出磷，否则就将永远脱离循环。正是由于这个原因，陆地的磷损失越来越大。因此，磷的循环为不完全循环，现存量越来越少，特别是随着工业的发展而大量开采磷矿增加了这种损失。磷将成为人类和陆地生命活动的限制因子。

三、信息传递

生态系统除了能量流动、物质循环外，还存在着众多的信息联系。信息就是指能引起生物生理、生化和行为变化的信号。各种信息在生态系统的组分之间和组分内部交换和流动，这种在生态系统中所有层次、所有组分及其内部都具有的特殊信息联系称为生态系统的信息传递。通过信息传递使生态系统中的生物与环境及生物与生物之间取得联系，并使生物在信息的作用下做出相应的响应和行为变化。在信息的影响下，生态系统中各要素各居其位、各司其职，从而使整个生态系统有条不紊地运转，并维持着生态平衡。正是由于这种信息流动，使得生态系统具有自动调节功能，从而赋予生态系统新的特点。

（一）生态系统中信息的种类

生态系统中信息通常可以分为物理信息、化学信息、行为信息和营养信息 4 种类型。

1. 物理信息

生态系统中以物理过程为传递形式的信息均属于物理信息，如光、颜色、声、热、电、磁等。光信息的主要初级信源是太阳，动物有专门的光信息接收器官（视觉器官），因此动物对光信息的传递称为视觉通信。声信息对于动物来说更为重要，特别是在某些特殊环境下，视觉系统不能很好地发挥作用时，声信息显得尤为重要。磁信息是指生物对磁的感受，生物都生活在太阳和地球的磁场内，不同生物对磁具有不同的感受能力，常称之为生物的第六感觉，许多研究证明磁场对动物识别方向起着重要的作用。

2. 化学信息

生态系统的各个层次都有化学物质参与信息传递，协调生物个体或群体的各种功能，这些化学物质传递的信息称为化学信息。在个体内，生物通过激素或神经体液系统协调各器官的活动；在种群内部，生物通过种内信息素（又称外激素）协调个体之间的活动，以调节生物的发育、繁殖及行为。在群落内部，生物通过种间信息素（又称异种外激素）调节种群之间的活动。

3. 行为信息

许多植物的异常表现和动物异常行动传递了某种信息，可统称为行为信息。例如，蜜蜂发现蜜源时，以不同的舞蹈动作来表示蜜源的方向和距离。

4. 营养信息

营养信息是指环境中的食物及营养状况。在生态系统中，环境中的食物及营养状况会引起生物的生理、生化及行为的变化。食物链就是一个生物的营养信息系统，各种生物通过营养信息关系联系成一个相互依存和相互制约的整体。

（二）生态系统中信息的特点

（1）生态系统信息的多样性。生态系统中生物的种类多，信息的种类也多。从信息性质上讲，有物理的、化学的和生物的等不同性质的信息；从信息存在状态上讲，有液态的、气态的和固态的等不同状态的信息；从信息来源上讲，有来自植物、动物、微生物和人类不同生物类群及非生物环境等不同来源的信息。

（2）信息通信方式的复杂性。生态系统中的生物以不同方式进行信息的传递。有的生物以外部形态的变化来传递信息，如动物的警戒色、人类的形体语言等；有的生物则以内部生理或生化方面的改变来传递信息，如昆虫信息素、植物次生物质的产生；有的则从行为方面进行信息传递，如动物为食物而进行的格斗、人类对弱势群体的关爱等。

（3）生物物种的信息储存量大。大量的研究证明，生物物种的信息储存量很大，每种微生物、动物和植物的遗传密码中都含有 100 万～100 亿 bit 的信息。

（4）大量信息有待开发。生态系统中信息的研究尚处于积累阶段，大量信息有待研究开发，信息的重要性有待进一步证实。例如，在保护生物学研究中，某些物种的灭绝究竟会给生态系统、给人类造成多大的影响，现在还处于推测阶段，需要通过对生态系统中有关物种的信息进行深入研究，才能具体地、完整地回答这些问题。

（三）生态系统中的信息传递

生态系统的信息在传递过程中，伴随着一定的物质转换和能量消耗，但信息传递不像物质流那样是循环的，也不像能量流那样是单向的，而往往是双向的，有从输入到输出的信息传递，也有从输出到输入的信息反馈，生态系统信息流模型如图3.13所示。

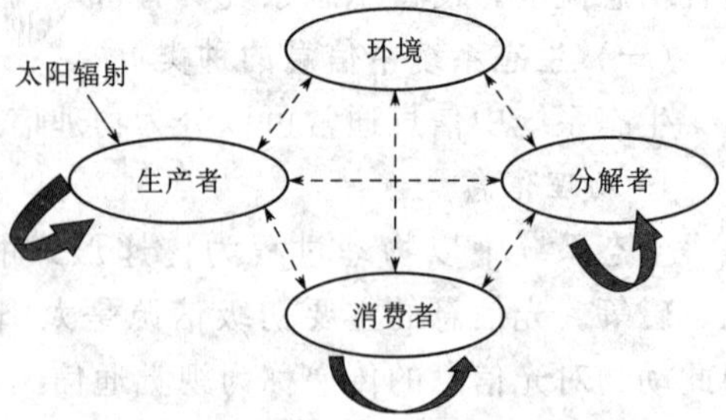

图3.13　生态系统信息流模型

（曹凑贵，2002）

1. 阳光与植物之间的信息联系

阳光是生态系统重要的生态因素之一，它发出的信息对各类生物都会产生深远的影响。植物的生长和发育受到阳光信息的影响。光信息对植物的影响具有双重性，既有促进作用，又有抑制作用。光的性质、光的强度、光照长度等均可作为信息。

2. 植物间的化学信息传递

植物通过向周围环境中释放化学物质影响邻近植物生长发育的现象称为化感作用。植物的化感作用广泛存在于植物群落中，如群落的结构、演替、生物多样性等均与化感作用有关。化感作用是植物影响其他植物生长发育的重要机制之一，它与植物对光、温、水、营养等必需资源的竞争具有同等的重要性。在资源充沛的条件下，很多植物可能通过迅速生长，增大生物量，来增强自身的竞争能力。但在恶劣的环境条件下，有限的资源使自身的迅速生长受到限制，加上有限的资源又往往会成为竞争者争夺的焦点，这时，植物的化感作用显得更加重要。

3. 植物与微生物间的信息传递

植物产生的化感物质通过根分泌、残体分解、水分淋溶和气体挥发等途径释放到周围环境中，影响邻近植物的生长发育，同时，也会对土壤中存在的微生物产生重要影响。植物体内的很多次生代谢物质能有效地抵御病原菌的侵染。因此，掌握植物体内的抑菌物质和诱导产生的植保素在抗病中的作用机制，对抗病品种的筛选和利用至关重要。土壤微生物也会产生许多对植物有害的物质，如抗生素、酚、脂肪酸、氨基酸等。

4. 植物与动物间的信息传递

植物虽然不会走动，但绝不是处于完全被动受害的地位，而是通过形态、生理生化等多种行之有效的方式来保护自己。研究表明，植物体内的次生物质数量远远比动物的多，现已鉴定出化学结构的次生物质就有5万种以上。植物体内的每一种次生物质都可能产生特定的信号，成为植物与动物（尤其是昆虫）间相互作用的联系。这些次生物质有的可用于植物的防御，有的则可以用于植物的生长、发育和繁殖。

5. 动物与动物间的信息传递

动物间的信息传递常常表现为一个动物借助本身行为信号或自身标志作用于同种或异

种动物的感觉器官，从而“唤起”后者的行为。常见的信号形式有视觉信号、声音信号、接触信号、舞蹈信号、生物电信号和化学信号等。动物之间的信息传递是通过其神经系统和内分泌系统进行的，决定着生物的取食、居住、社会行为、防卫、性行为等一切过程。

第四节　生态调节与生态平衡

一、生态调节

生态系统在与环境因素之间进行物质和能量的交换过程中，也会不断受到外界环境的干扰和负影响。然而，一切生态系统对于环境的干扰所带来的影响和破坏都有一种自我调节、自我修复和自我延续的能力。例如，对森林的适当采伐、草原的合理放牧、海洋的适当捕捞，系统都会通过自我修复能力来保持木材、饲草和鱼虾产品产量的相对稳定，这种生态系统抵抗变化和保持平衡的倾向称为生态系统的稳定性或“稳态”。

生态系统保持自身稳定的能力被称为生态系统的自我调节能力。生态系统的自我调节能力是由调整方式决定的，生物成分多样、能量流动和物质循环途径复杂的生态系统自我调节能力强；反之，结构与成分单一的生态系统自我调节能力就相对更弱。生态系统通常以反馈方式进行调节。当生态系统中某一成分发生变化的时候，它必然会引起其他成分出现系列的相应变化，这些变化最终又反过来影响最初发生变化的那种成分，这个过程称为反馈调节。反馈调节有两种类型，即负反馈调节和正反馈调节。

负反馈调节是生态系统自我调节的基础，它是生态系统中普遍存在的一种抑制性调节机制，它的作用是能够使生态系统达到和保持平衡或稳态，反馈的结果是抑制和减弱最初发生变化的那种成分所发生的变化。例如，如果草原上的食草动物因为迁入而增加，植物就会因为受到过度啃食而减少，植物数量减少以后，反过来就会抑制动物数量。

兔种群和植物种群之间的负反馈见图 3.14，两个负反馈之间的相互作用见图 3.15。

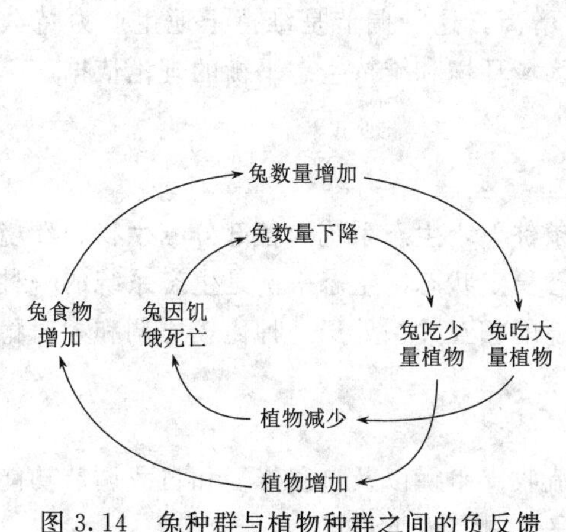

图 3.14　兔种群与植物种群之间的负反馈

（尚玉昌，2002）

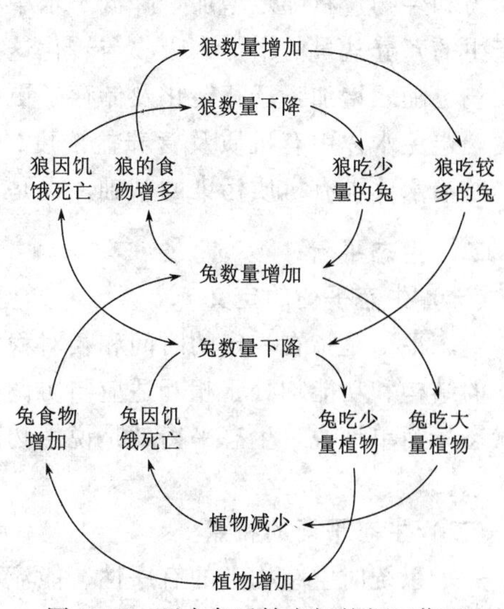

图 3.15　两个负反馈之间的相互作用

（尚玉昌，2002）

正反馈调节是比较少见的，它的作用刚好与负反馈相反，即生态系统中某一成分的变化所引起的其他一系列变化，反过来不是抑制而是加速最初发生变化的成分所发生的变化，因此正反馈的作用常常使生态系统远离平衡状态或稳态。在自然生态系统中正反馈的实例不多，下面举例加以说明：如果一个湖泊受到了污染，鱼类的数量就会因为死亡而减少，鱼体死亡腐烂后又会进一步加重污染并引起更多鱼类死亡。因此，由于正反馈的作用，污染会越来越重，鱼类死亡速度也会越来越快。从这个例子中可以看出，正反馈往往具有极大的破坏作用，但是它常常是暴发性的，所经历的时间也很短。从长远看，生态系统中的负反馈自我调节起主要作用。

生态系统的自我调节主要表现在以下三个方面：

(1) 同种生物种群间密度的自我调节。逻辑斯谛增长就是对种群内自我调节的定量描述。

(2) 异种种群间的数量调节。在不同种动物与动物之间、植物与植物之间，以及植物、动物和微生物三者之间普遍存在异种生物种群之间数量调节。有食物链联结的类群或需要相似生态环境的类群，在它们的关系中存在相生相克作用，如互利共生、化感作用、竞争排斥等，因而存在着合理的数量比例问题。农业中的轮作、间作、套种，森林（包括防护林）的树种结构及草本、灌木和乔木的结合，养殖生产中混养不同类群生物的搭配，富营养化水体中藻类的防除等均以此项原理为依据。在荷兰，应用食物链中类群间关系，在富营养湖中放养一些肉食性鱼类，从而摄食并降低了食浮游动物的鱼类和幼鱼，导致浮游动物数量增加，这些浮游动物是浮游藻类的摄食者，随着浮游动物数量的增加，被摄食浮游藻类量增多，从而抑制了水体中浮游藻类数量，从而控制了水体富营养化。

(3) 生物与环境之间的相互适应调节。生物要经常从所在的生境中摄取需要的养分，生境则需对其输出的物质进行补偿，二者之间进行物质输出与输入的供需适应性调节。例如，在水体中输入较多量的有机质及营养元素，则水体中分解这些有机质微生物的菌株、生产力和生物量将随之增加，降低了水中有机质浓度增加的幅度。由于输入的及有机质分解产生的营养盐量的增加，吸收与转化这些营养盐的植物（水草或浮游藻类）的生产量及生物量也随之增加，迁移转化及储存了更多营养元素，自我调节与控制了水中这些营养盐浓度，避免水体中有机质及营养盐浓度的过度增高。这种调节是维持土地生产力持久不衰、防治水体被有机质污染的基础，也是设计区域环境和维持生态平衡的理论依据。

二、生态平衡

(一) 生态平衡的定义

生态平衡是指在一定的时间和相对稳定的条件下，生态系统内各部分（生物、环境和人）的结构和功能均处于相互适应与协调的动态稳定状态。生态平衡是生态系统的一种良好状态。简单地说，生态平衡就是说生物与环境的相互关系处于一种比较协调和相对稳定的状态。

(二) 生态平衡的特点

一个系统时空结构上的有序性、能流和物流收支平衡以及自我修复和自我调节功能的保持是生态平衡的三个基本要素。因此，生态平衡具有以下特点。

(1) 时空结构上的有序性。时间有序性就是生命过程和生态系统演替发展的阶段性、功能的延续性和节奏性；空间有序性是指结构有规则地排列组合，小至生物个体的各器官的排列，大至宏观生物圈内各级生态系统的排列，以及生态系统内各种成分的排列都是有序的。

（2）能流、物流的收支平衡。系统既不能入不敷出，造成系统亏空，又不应入多出少，导致污染和浪费。

（3）系统自我修复、自我调节功能的保持。生态系统的抗逆、抗干扰、缓冲能力强。

综上所述，生态平衡状态是生物与环境高度相互适应、环境质量良好、整个系统处于协调和统一的状态。

（三）生态平衡失调

1. 生态平衡失调的概念

当外界施加的压力（自然的或人为的）超过了生态系统自身调节能力或代偿功能后，都将造成各类生态系统结构破坏、功能受阻、正常的生态关系被打乱以及反馈自控能力下降等，这种状态称为生态平衡失调，或生态平衡破坏。

2. 生态平衡失调的标志

无论是生态系统结构的破坏或是生态系统功能受阻均能引起生态平衡失调，因此生态平衡失调的基本标志可以从结构和功能两个方面进行度量。

（1）生态平衡失调的结构标志。生态系统的结构可以划分两级结构水平：一级结构水平是指生态系统的生物成分，即生产者、消费者和分解者；二级结构水平是指组成一级结构的成分及其特征，如生物的种类组成、种群和群落层次及其变化特征等。平衡失调的生态系统在结构上出现了缺损或变异。当外部干扰巨大时，可造成生态系统一个或几个组分的缺损而出现一级结构的不完整。例如，大面积的森林采伐不仅使原有生产者层次的主要种类从系统中消失，而且各级消费者也因栖息地的破坏而被迫迁移或消失，系统内的变化也非常激烈。当外部干扰不太严重时（如林业中的砍伐、轻度污染的水体等），可使生态系统的二级结构产生变化。二级结构的变化包括物种组成比例的改变、种群数量的丰度变化、群落垂直分层结构减少等。这些变化又会直接造成营养关系的破坏，包括分解者种群结构的改变，进而引起生态系统的功能受阻或功能下降。二级结构水平的改变虽不如一级结构破坏的影响剧烈，但结果也是生态多样性减少，系统趋于“生态单一化”，干扰若进一步加重也同样会造成生态系统的崩溃。

（2）生态平衡失调的功能标志。生态系统平衡失调在功能上的反应就是能量流动在系统内的某一个营养层次上受阻或物质循环正常途径的中断。能流受阻表现为初级生产者第一性生产力下降和能量转化效率降低或“无效能”增加。营养物质循环受阻则表现为库与库之间的输入与输出的比例失调。例如，水域生态系统中悬浮物的增加，可影响水体藻类的光合作用；重金属污染可抑制藻类的某些生理功能。有些污染虽不能使生产者第一性生产量减少，但却会因生境的不适宜或饵料价值的降低使消费者的种类或数量减少，造成营养层次间能量转化和利用效率的降低。例如，热污染水体因增温影响，蓝藻、绿藻种类和数量明显增加，初级生产力［除极端情况（高温季节）外］均有所提高，但因鱼类对高温的回避或饵料质量的下降，鱼产量并不增高，在局部时空出现了大量的“无效能”，这是食物链关系被打乱的结果。物质循环途径的中断是目前许多生态系统平衡失调的主要原因。这种中断有的是由于分解者的生境被污染而使其大部分丧失了其分解功能，更多的则是由于破坏了正常的循环过程。物质输入输出比例的失调是使生态系统物质循环功能失调的重要因素。如某些污染物的排放超过了水体的自净能力而积累于系统之中。这些物质的不断释放又反过来危害着系统正常结构的恢复，汞污染就是一个很典型的例子。

3. 生态平衡失调的原因

（1）生态系统内部的原因。自然生态系统是一个开放系统。由绿色植物把外界环境中的太阳光和可溶态营养吸纳到体内，通过物质循环和能量转换过程不仅使可溶态养分积聚在土壤表层，而且还把部分能量以有机质的形态储存于土壤中，从而不断地改造土壤环境。而改造后的环境为生物群落的演替准备了条件，群落的不断演替实质上就是不断地打破旧的生态平衡。可见，物质和能量在表土中的积累，其本质就是对原稳定的破坏。生物群落的演替可以是正向演替，也可以是逆行、退化演替。如果是逆行演替，则是打破原来的生态平衡后建立更低一级的生态平衡，本身意味着稳态的削弱。

（2）生态系统外部的原因。自然因素（如火山爆发、台风、地震、海啸、暴风雨、洪水、泥石流、大气环流变迁等）可能造成局部或大区域的环境系统或生物系统的破坏或毁灭，导致生态系统的破坏或崩溃。如果自然灾害是偶发性的，或者是短暂的，尤其是在自然条件比较优越的地区，灾变后靠生物系统的自我恢复、发展，即使是从最低级的生态演替阶段开始，经过相当长时期的繁衍生息，还是可以恢复到破坏前的状态的。如果自然灾害持续时间较长，而自然环境又比较恶劣，则可能造成自然生态系统的彻底毁灭，甚至不可逆转的（如沙漠和荒漠的形成）。然而综观全局，自然因素所造成的生态平衡的破坏，多数是局部的、短暂的、偶发的，常常是可以恢复的。

（3）人类活动的影响。当前，人为因素对生态平衡的破坏而导致的生态平衡失调是最常见、最主要的。这些影响并非人类对生态系统的故意“虐待”，通常是在伴随着人类生产和社会活动而同时产生的。例如，农业生产上为防治害虫而施用了大量农药，工厂在产品生产的同时排放了大量的各类污染物，森林的大面积开采，牧业发展带来的过度放牧所导致的草场退化，大型水利工程兴建在获得防洪安全、经济效益的同时可能产生的生态影响等。人为因素的影响往往是渐进的、长效应的、破坏性程度与作用时间及作用强度紧密相关的。

三、生态系统研究的热点问题

生态系统研究的对象可以是自然界的任何一个部分。自然界的每一部分又是一种自然整体，例如森林、草地、冻原、湖泊、河流、海洋、河口、农田等，都是不同的生态系统。目前有关生态系统的热点问题主要集中在五个方面。

1. 自然生态系统的保护和利用

自然生态系统经历了数十亿年的演化而形成，它作为一个整体使废物降至最少，由一种生物产生的废物，均能作为另一种生物有用的材料或能源。各种各样的自然生态系统有和谐、高效和健康的共同特点。一些研究表明，自然生态系统中具有较高的物种多样性和群落稳定性。一个健康的生态系统比一个退化的生态系统更有价值，它具有较高的生产力，能满足人类物质的需求，还给人类提供生存的优良环境。因此，研究自然生态系统的形成和发展过程、合理性机制以及人类活动对自然生态系统的影响，对于有效利用和保护自然生态系统均有较大的意义。

2. 生态系统的内在机理与调控机制

自然生态系统几乎都属于开放系统，只有人工建立的、完全封闭的实验室或宇宙舱生态系统才可能属于封闭系统。生态系统是一个自我调控的系统，所以在通常情况下，生态系统会保持自身的生态平衡。理论上，一个生态系统对外界干扰在一定程度和阈值内是具有自动适应和自调控能力的。只有加强对自然、半自然和人工等不同生态系统自调控阈值的研究，了解自然和人类活动引起的环境变化所带来的一系列生态效应，理解生物多样性保护的深远意义，深入对群落和生态系统与外部限制因素间的作用效应及其机制的探讨，才能掌握调控和维持生态系统正常运行的机制。

3. 生态系统退化的机制与恢复措施

在人为干扰和其他因素的影响下，有大量的生态系统处于不良状态，承载着超负荷的人口和环境负担、水资源枯竭、荒漠化和水土流失加重等，脆弱、低效和衰退已成为这类生态系统的明显特征。这方面的研究主要有：因人类活动而造成逆向演替的动态机制或对生态系统结构退化的影响机制；重要生物资源退化机理及其恢复途径；人类与环境关系失调的防治和恢复措施；自然资源的综合利用以及污染物处理技术等。

4. 生态系统可持续发展

过去以破坏环境为代价来发展经济的道路使人类社会走进了死胡同，人类要摆脱这种困境，必须从根本上改变人与自然的关系，把经济发展和环境保护协调一致，建立可持续发展的生态系统。研究的重点是：生态系统资源的分类、配置、替代及其自我维持模型；发展生态工程和高新技术的农业工厂化；探索自然资源的利用途径，不断增加全球物质的现存量；研究生态系统科学管理的原理和方法，把生态设计和生态规划结合起来；加强生态系统管理、保持生态系统健康和维持生态系统服务功能。

5. 全球性生态问题

近几十年来，许多全球性的生态问题严重威胁着人类的生存和发展，是要靠全球人类共同努力才能解决的问题，如臭氧层破坏、温室效应、全球气候变化等。这方面的研究重点为：全球气候变化对生物多样性和生态系统的影响及其反应；敏感地带和生态系统对气候变化的反应；气候与生态系统相互作用的模拟；建立全球气候变化的生态系统发展模型；提出全球气候变化中应采取的对策和措施等。全球性生态问题的解决要依靠全人类共同努力。

思　考　题

1. 简述生态系统与生态系统生态学的概念。
2. 简述生态系统的结构特点及一般性模型。
3. 简述食物链、食物网、营养级的概念与特点。
4. 简述能量流动的过程和一般性模型。
5. 简述初级生产过程、次级生产过程及生产量的计算方法。
6. 简述生态金字塔的概念和特点。

7. 简述物质循环的一般特征。

8. 简述碳循环、水循环、氮循环、磷循环过程。

9. 简述生态系统中信息传递的概念、类型与过程。

10. 简述生态调节、负反馈、生态平衡的概念。

11. 简述生态系统研究的热点问题。

相关文献

蔡晓明．生态系统生态学［M］．北京：科学出版社，2000.

卓正大，张宏建．生态系统［M］．广州：广东高等教育出版社，1991.

Begon M，Townsend C R，Harper J L. Ecology：Individuals to Ecosystems［M］. Houston：Blackwell Publishing，2005.

第四章　典型生态系统生态学

【教学要点】

小　节	知 识 要 点	掌 握 程 度
淡水生态系统生态学	淡水生态系统，河流生态系统，湖泊生态系统	掌握淡水生态系统的主要类型和基本特点； 掌握河流生态系统的类型及结构特点； 掌握湖泊生态系统的类型及结构特点； 熟悉河流生态系统的组成、物质循环与能量流动； 熟悉河流生态系统的功能； 熟悉湖泊生态系统的组成与功能； 了解人类活动对河流生态系统的影响； 了解人类活动对湖泊生态系统的影响
海洋生态系统生态学	海洋生态系统的结构，河口生态系统，浅海生态系统，大洋生态系统，海洋的生态功能，人类活动对海洋生态系统的影响	掌握海洋生态系统的结构特点； 掌握河口、浅海、大洋生态系统的生境特征； 熟悉河口、浅海、大洋生态系统的生物群落； 熟悉海洋生态系统的功能； 了解人类对海洋生态系统的影响
湿地生态系统生态学	湿地生态系统的概念、类型与功能，滨海湿地生态系统，沼泽湿地生态系统，人工湿地生态系统，人类活动对湿地生态系统的影响	掌握湿地生态系统的概念、分类和功能； 掌握人工湿地的生态功能； 熟悉红树林湿地生态系统的生境与生物群落； 熟悉沼泽湿地生态系统的生境生物群落； 了解人类活动对湿地生态系统的影响
农业生态系统生态学	农业生态系统的概念，农业生态系统的组成，农业生态系统的特点，人类活动对农业生态系统的影响	掌握农业生态系统的概念； 掌握农业生态系统的组成； 熟悉农业生态系统的特点； 了解人类活动对农业生态系统的影响
城市生态系统生态学	城市生态系统的概念，城市生态系统的组成，城市生态系统的主要特点，城市生态系统的基本功能	掌握城市生态系统的概念； 掌握城市生态系统的组成； 熟悉城市生态系统的主要特点； 熟悉城市生态系统的生产功能； 了解城市生态系统的能量流动与信息传递

第一节　淡水生态系统生态学

一、淡水生态系统

淡水生态系统是指在淡水中由生物群落及其环境相互作用所构成的一类生态系统。按照水流流动性不同，淡水生态系统分为流水生态系统和静水生态系统两大类型。

（一）流水生态系统

流水生态系统是指由流动水体构成的淡水生态系统，如江河生态系统、溪流生态系统、沟渠生态系统等。流水生态系统一般发源于山区，纵横交错的各级支流汇合成江河，最后多注入大海。按水流流速不同，流水生态系统可分为急流生态系统和缓流生态系统。一般来说，急流生态系统上游落差较大，水面较窄，水流流速大于50cm/s，床面多由石砾构成。在急流生态系统中，初级生产者多为由藻类等构成的附着于石砾上的植物类群；初级消费者多为具有特殊附着器官的昆虫；次级消费者多为鱼类，一般体型较小。缓流生态系统上下游落差小水面较宽阔，水流流速低于50cm/s，床面多由泥沙和淤泥构成。在缓流生态系统中，初级生产者多为藻类、高等植物等；消费者多为穴居昆虫幼虫和鱼类等。

（二）静水生态系统

静水生态系统是指由相对静止水体构成的淡水生态系统，如湖泊生态系统、水库生态系统、池塘生态系统等。静水生态系统中水体并非绝对静止，只是水的流动缓慢，没有一定方向，水体更换也很缓慢。静水生态系统的滨岸区因水深不同，初级生产者的种类也不相同，从滨岸向水体中心方向依次分布着：湿生树种（如柳树、水松等）——挺水植物（如芦苇、香蒲、莲等）——浮叶植物（如菱、睡莲等）——沉水植物（如苦草、狐尾藻、金鱼藻等）。消费者为浮游动物、虾、鱼类、蛙、蛇和水鸟等。静水生态系统的表水层因光照充足、温度较高，硅藻、绿藻、蓝藻等浮游植物占优势，氧气含量也比较充足，故吸引了许多消费者（如浮游动物和多种鱼类）。深水层由于光线微弱，不能满足绿色植物的需要，故以底栖动物和嫌气性细菌为主，底栖动物靠下沉的有机碎屑为生。

淡水生态系统有多种类型生态系统。其中河流生态系统与湖泊生态系统分别是流水生态系统和静水生态系统的最典型代表。同时，河流生态系统与湖泊生态系统也是最为常见的、与人们生产生活具有直接影响的、对社会生产极为重要的淡水生态系统，因此，本书重点介绍河流生态系统与湖泊生态系统的生态学内容。

二、河流生态系统

（一）河流生态系统的类型

河流是由溪流汇集而成的，源头河流是无分支的小溪流，为1级河流，它属于最小的河流；当两个或更多的一级河流汇合后就会形成稍大的2级河流，两个2级河流汇合就会形成更大的3级河流。河流等级的提高只能靠两个同级河流的汇合来实现，级别较低河流的汇入并不能提高河流的级别。一般而言，源头区的河流属于1～3级，中等大小的河流属于4～6级。世界上流域面积最大的河流是亚马孙河，长度最长的河流是尼罗河。我国河流众多，水系庞大而复杂，流域面积大于100km^{2}的河流有50000多条，其中流域面积

超过 $1000km^2$ 的河流有 1500 多条。我国内陆水域的总面积约占国土总面积的 2.8%。在内陆水域面积中，江河面积约占 45%。从不同角度分，河流生态系统的类型有多种不同的划分方法。按照河流汇流特征划分，河流生态系统可以分为干流生态系统、支流生态系统。干流生态系统是水系中主要的或最大的、汇集全流域径流的并注入另一水体（海洋、湖泊或其他河流）的河流生态系统。干流通常比较粗。支流生态系统通常指直接或间接流入干流的河流生态系统。直接流入干流的河流称为一级支流；汇入一级支流的为二级支流；以此类推，为三级支流、四级支流等。按照人口集聚程度划分，河流生态系统可以分为城市河流生态系统、农村河流生态系统。按照地貌形态特征划分，河流生态系统可以分为平原性河流生态系统和山丘性河流生态系统。按照受潮汐影响状况划分，河流生态系统可以分为沿海河流生态系统和内陆河流生态系统。

（二）河流生态系统的结构特点

自然界的河流都是蜿蜒曲折的，河流的蜿蜒性使得河流形成干流、支流、河湾、沼泽、深潭和浅滩等丰富多样的生境，形成了河流生态系统的连续性结构特征。这一连续性既体现在地理空间上的连续性，也体现在生物学过程以及环境上的连续性。总体而言，河流生态系统的结构具有四维连续性结构特征，包括纵向连续性、横向连续性、垂向连续性和时间连续性（Ward et al.，1989）。

（1）纵向连续性。1980 年，Vannote 等将由源头区的第 1 级河流起，流经各级河流或流域所形成一个连续的、流动的、独特而完整的系统，称为河流连续体（river continuum concept，RCC）（Vannote et al.，1980）。这一连续体表现为由上游的诸多小溪直至下游河口的河流生态系统纵向上的连续性，因此也称为河流生态系统的纵向连续体（图 4.1）。其典型特征主要表现在：①在河流廊道尺度上，河流大多发源于高山，流经丘陵，穿过平原，最终到达河口。上游、中游、下游所流经地区的气候、水文、地貌和地质条件等有很大差异，上游河流较窄、坡降大、流速快，形成了上游河流生态系统的急流生境；中、下游河流变宽，坡降减小，流速变缓，形成了中下游河流生态系统中河漫滩及岸边湿地发育较好的多样性生境；河口区域由于受到河流淡水和海洋咸水的双重影响而形成了不同于上游、中游、下游河流生态系统的特殊生境条件。生物物种和群落随着生境条件的连续变化而不断进行调整和适应。②在河段尺度上，由于河流纵向形态的蜿蜒性，导致了河道中浅滩和深潭交替出现，浅滩处水深较浅，流速较大，溶解氧含量充足，是很多水生动物的主要栖息地和觅食场所；深潭处水深较深，流速较小，通常是鱼类良好的越冬场和避难所，同时还是缓慢释放到河流中有机物的储存区。

（2）横向连续性。在横向上，河流生态系统由河道、河漫滩区以及高地边缘过渡带等组成，形成了从陆域到水域的河流生态系统横向上的连续性，构成了河流生态系统的横向连续体（图 4.2）。河道是水流通道，是汇集和容纳地表和地下径流的主要场所，是河流生态系统的主体。河道及附属的浅水湖泊和湿地按区域可划分为沿岸带、敞水带和深水带，分别分布有挺水植物、浮水植物、沉水植物、浮游植物、浮游动物及鱼类等。河漫滩区是河道两侧受洪水影响、周期性淹没的区域，包括一些滩地、浅水湖泊和湿地。洪水脉冲发生时，河道与河漫滩区连通，河漫滩区储存洪水、截留泥沙、降低洪峰流量、为一些鱼类提供繁育场所和避难所。洪水退去时，洪泛区逐渐干涸，由于光照和土壤条件优越，

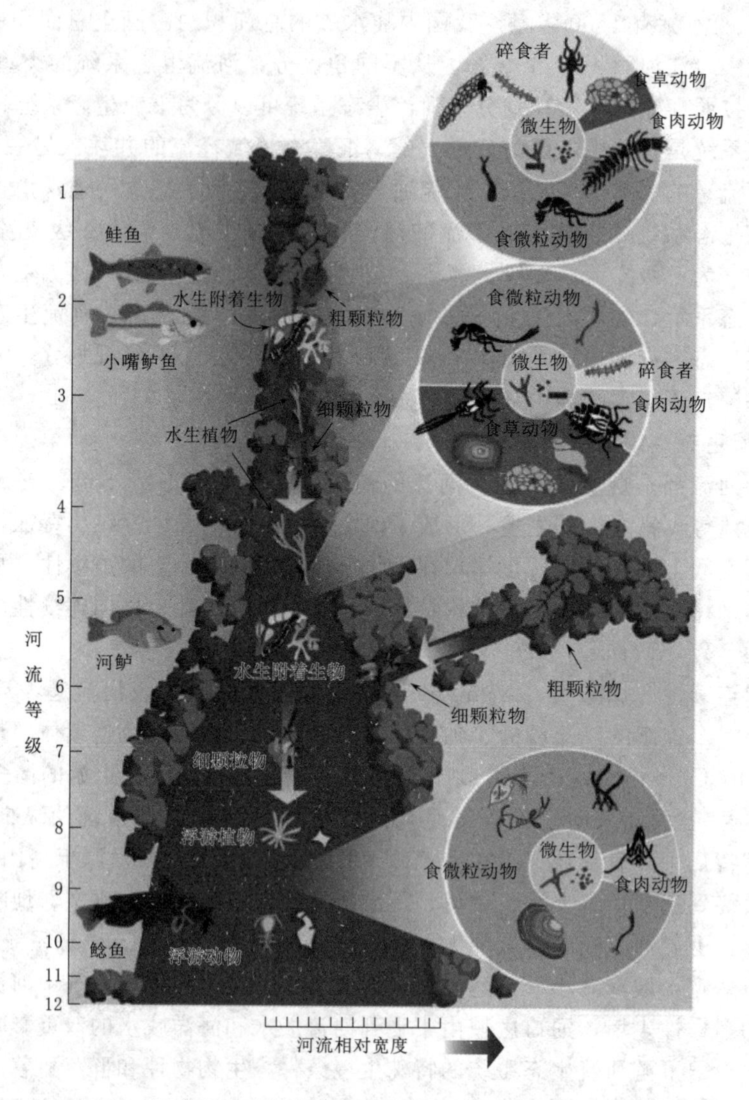

图 4.1　河流生态系统的纵向连续体（Vannote et al.，1980）

是鸟类、两栖类动物和昆虫的重要栖息地。同时，河漫滩区适于各种湿生植物和大型水生植物的生长，可降低入河径流的污染物含量，富集或吸收径流中的有机物，起过滤或屏障作用。高地边缘过渡带（通常称为河岸带）是河漫滩区和陆地间的过渡带，常生长有丰富的乔木、灌木，形成了植被缓冲带。河岸带的植物美化了环境，并且起着调节水温、光线、径流、泥沙运动和营养物输入的作用。

(3) 垂向连续性。在垂向上，河流可分为表层、中层、底层和基底，如图 4.3 所示。在表层，由于河水与大气接触的面积大，水气交换良好，特别在急流和瀑布河段，曝气作用更为明显，因而表层中溶解氧含量较高，有利于喜氧性水生生物的生存和好氧性微生物的分解作用。另外，表层光照充足，利于植物的光合作用，因而表层分布有丰富的浮游植物，是河流初级生产的最主要水层。在中层和底层，太阳光的辐射作用随着水深加大而减

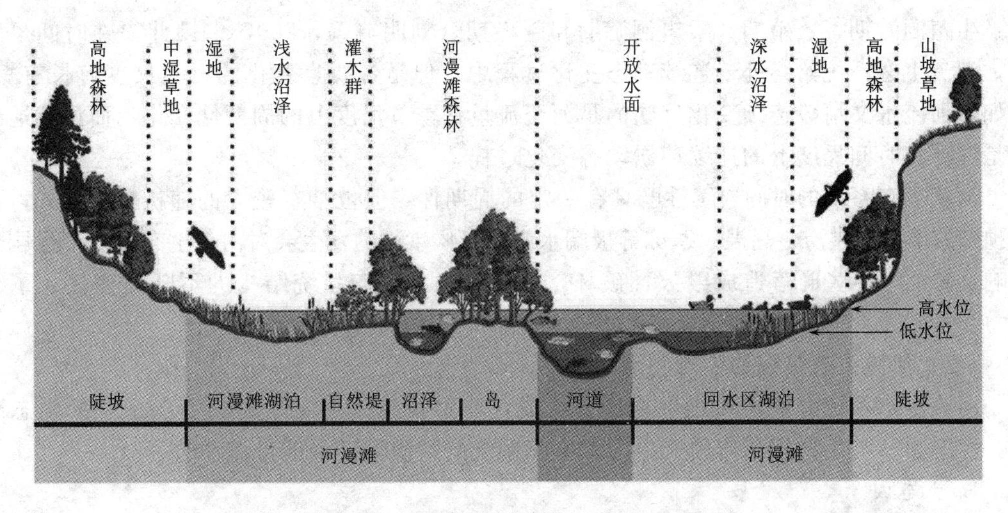

图 4.2　河流生态系统的横向连续体（董哲仁等，2007）

弱，溶解氧含量下降，浮游生物随着水深的增加而逐渐减少。河流中的鱼类有营表层生活的，还有大量营中、底层生活的。基底的结构、组成、稳定性、含有的营养物质性质和数量等，都直接影响着水生生物的分布。大部分河流的基底由卵石、砾石、泥沙、黏土、淤泥等构成，具有多孔性和透水性，是连接地表水和地下水的通道，适合底栖生物和周丛生物的生存，又为一些鱼类提供了产卵场和孵化场。基底对许多生物起着支持、屏蔽、提供固着点和营养供给等作用。另外，基底中存在着地表水、地下水的相互作用地带，称为潜流带（hyporheic zone），该区域也是河流生态系统的重要组成部分，具有重要的生态功能（夏继红等，2020）。

（4）时间连续性。河流的生境要素具有随时间变化的特点，并呈现出一定的周期性变化规律，如光照、水文情势、水温、溶解氧、营养盐、pH 值等具有昼夜变化和季节变化的特性。水生生物的生命活动及群落演替会对生境条件的昼夜、季节、年际变化做出动态响应。例如，浮游动物易受光照、水温、营养盐等生境条件昼夜变化的影响，表现出昼夜垂直迁移的现象：①大多数种类白天在河流的中、底层，晚上上升到表层；②有的种类傍晚和拂晓在河流表层，其他时间在中、底层；③少数种类白天在表层，晚上在中底层（张武昌，2000）。浮游植物的季节演替现象也非常显著。以长江流域的沅江为例，浮游植物生物量和多样性指数冬季最高、夏季最小；种类组成和密度秋季最高、夏季最小，鱼类的生命活动也具有明显的季节性变化的特点。长江中游的四大家鱼成鱼一年内的生命活动分

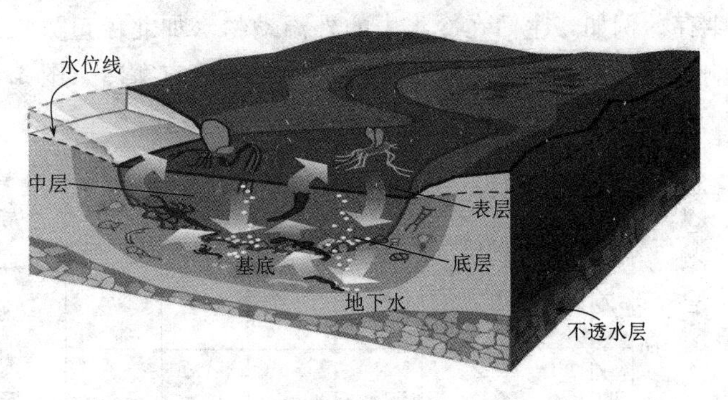

图 4.3　河流的垂向结构（Ward，1988）

为：生殖洄游期、繁殖期、索饵洄游期和越冬期（刘明典等，2007）。因此，在时间尺度上，河流生态系统始终处于连续动态变化过程中。但是各要素变化的时间尺度有长有短。例如，河流水文情势连续变化反映的是河流流量在季节尺度上的周期性变化，而河流地貌则是在更长时间尺度上的连续冲淤动态变化过程。

河流生态系统的时间连续性既具有一定的周期性，但也带有较大的随机性。例如，不可预知的干旱、洪涝、高温、寒冻等极端水文、气候事件的发生会对河流生态系统产生剧烈影响，甚至对某些群落造成毁灭性破坏，但同时也给生态系统结构的不断演变注入了新动力。

（三）河流生态系统的生态特点

河流生态系统由生物和非生物成分组成，非生物成分主要是河流生态系统的生态因子。生态因子与生物相互作用完成河流生态系统的物质循环和能量流动过程。

1. 生态因子

（1）光。河流光照条件主要包括到达水表的光线强度和光线透射的深度。河流中的光线强度决定于两个因素：一是阳光穿透水体的深度，二是阳光照射水面的面积大小。源头区河流常常被河岸植物所遮阴。在某些情况下，遮阴几乎可以完全阻止水中的光合作用。中下游河流随着宽度增加，遮阴程度随之减弱，光线强度增强。另外，通常因为河流周围多陆地景观，各种有机物及无机物易落入河流中，造成河水浑浊，影响光线穿透深度。

（2）温度。河流温度是可变的，与气温紧密相关，通常随季节的变化而升温或降温，但稍有滞后，也不会达到陆地温度的最高值和最低值。位于高海拔或高纬度最冷区域的河流温度可以低到0℃。最热的流经沙漠的河流温度也很少超过30℃。河流温度也受光照的影响，能长时间大面积受阳光照射的河流，则水温较高，受到树木、灌木和高岸遮掩的河流，则水温较低。温度会影响河流中生物群落和生理功能，尤其会影响喜冷或喜温生物的生存。例如，生活在冷水中的外温动物（如北极鱼类）的代谢率最大值会受环境温度的影响，在低温条件下，需依赖激活代谢来适应寒冷（图4.4）。

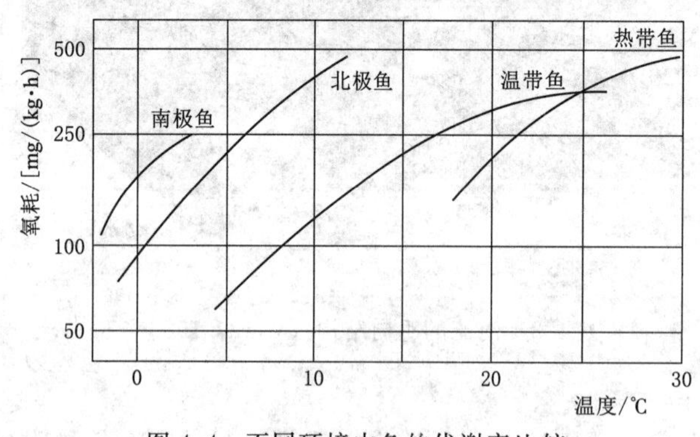

图4.4　不同环境中鱼的代谢率比较

(Ricklefs et al.，2000)

（3）水流。河流最显著的特征是水流的不断流动。水流运动特征常用流速、水位、流量等来反映，其中流速是最直接的反映变量。河流不同位置，流速差别较大。深潭中的水流流速可以低到每秒几毫米，而洪水使急流中的流速可以达到6m/s。同时，流速与河流糙率、坡降、宽度、水位差等相互影响。例如，高水位差可增加流速并能搬运河底的石块和卵砾石，对河床和河岸有很强的冲刷作用。河流不是简单的水流运动，而是在运动中运送食物、去除废物、更新氧气、影响河流生物的大小及行为。随着河流加深加宽，流速降低、水量增加，河流基底会积累一些淤泥和腐败的有机物质，河流中的生物组成也会发生相应的变化。

(4) 盐度。河流在陆地景观中穿越，往往易携带泥土及其他物质。水流经土壤进入河流前总是捕获溶解性物质。河水中溶解性盐量反映了流域的土壤类型。在降雨量丰富的热带地区，泥土中的可溶解物质（如盐分）早已被雨水淋洗，因此河水盐度一般很低。相反，温带（尤其是沙漠）河流盐度常常很高，两者的差异可以达几十倍甚至几百倍。

(5) 溶解氧。一般而言，河流水体中均有一定的溶解氧，供生物生存所需。河流水体溶解氧含量与多个因素相关。温度是影响流水中溶解氧高低的重要因素。当温度较低时，河流中的溶解氧含量大。在寒冷且因水流扰动产生的复氧作用强的源头区河流溶解氧含量最高，而在温度较高的河流下游溶解氧含量会降低。自然条件下，由于水流不断扰动复氧，溶解氧含量一般不会限制河流生物的分布。但随着社会经济发展，进入河流的污染量增大，河流溶解氧含量显著降低，这里只有耐低氧浓度的生物存在。

2. 生物群落

在河流生态系统中，水流速度的差异性造就了不同的生境条件，影响了生物群落的分布。根据河流所在地的生境条件的差异，通常将河流生物群落分为急流带群落、缓流带群落及滞水带群落。

(1) 急流带群落。一般来说，上游落差较大，水的流速大于 50cm/s，河床多石砾，为急流。在急流中，初级生产者多为由藻类构成的附着于石砾上的植物类群，初级消费者多为具有特殊附着器官的昆虫；次级消费者为鱼类，一般体型较小。这些生物都具有特化的形态结构，以适应流水环境。

(2) 缓流带群落。一般而言，上下游落差小，水面较宽阔，水流流速低于 50cm/s，河床多泥沙或淤泥，称为缓流带。在缓流带中，初级生产者除藻类外，还有高等水生植物；消费者多为穴居昆虫幼虫和鱼类，它们的食物来源，除了水生植物外，还有陆地输入的各种有机腐屑。

(3) 滞水带群落。一般而言，流速很小、近似静水的区域称为滞水带，如水塘、深潭。在滞水带中，生物群落结构类似于静水生物群落。除河流生物外还可见到很多静水生物。但由于河床底质的不均匀性，底栖动物通常以成团的形式分布。

3. 生态系统

在河流生态系统中，生产者是浮游植物、藻类以及高等水生植物。生产者通过光合作用将水体和空气中的二氧化碳转变为有机物质并释放氧气。消费者是浮游动物、昆虫、虾、鱼类、底栖生物等。微生物作为分解者，可以将有机物分解为基本元素和化合物，作为浮游植物的营养成分；各营养级的生物在新陈代谢过程中将摄取的有机物质氧化而获得热量，供给各种生命活动并合成生物量；同时将产生的二氧化碳送回空气中。这样，浮游植物→浮游动物→鱼类，构成了一个食物链；其中除了浮游植物为生产者外，其余都是消费者。浮游动物是低级消费者，属于食草动物，鱼类是高级消费者，属于食肉动物。

1957 年，奥德姆（Odum）对美国佛罗里达州的银泉（Sliver Spring）能量流动进行了分析，结果表明：当能量从一个营养级流向另一个营养级，其数量急剧减少，原因是生物呼吸的能量消耗和有相当数量的净初级生产量（57%）没有被消费者利用，而是通向分解者被分解了。由于能量在流动过程中急剧减少，以至到第Ⅳ个营养级的能量已经很少了，该营养级只有少量的鱼和龟，它们的数量已经不足以再维持第Ⅴ个营养级的存在了。通向分解

者的总能量是 2.1185×10^{7} J/(cm² · a)。银泉生态系统的能流分析如图 4.5 所示。

(四) 河流生态系统的功能

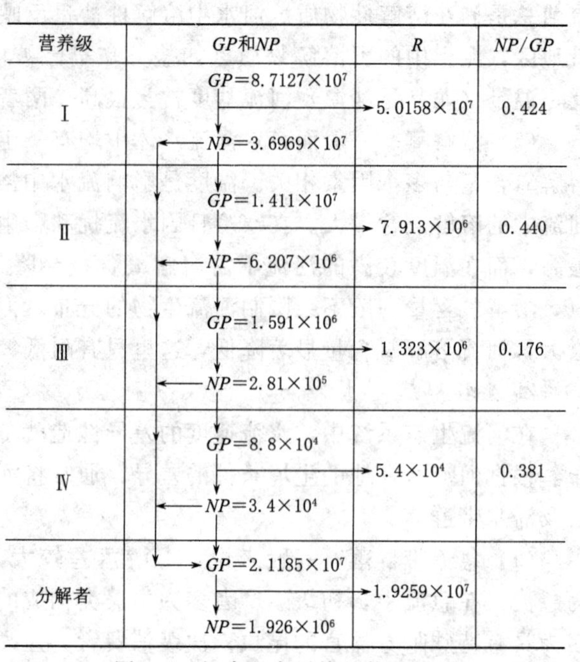

图 4.5　银泉生态系统的能流分析

[Odum，1957，单位为 J/(cm² · a)]

河流生态系统的功能由其结构决定，各结构组成相互作用，协调运行。河流生态系统正是依靠其结构特点，才能保持其相对稳定性，在受到外界的干扰时能产生恢复力，维持生态系统的可持续性。河流生态系统的功能主要包括自然调节功能、生态服务功能和社会服务功能。

1. 自然调节功能

在水流的作用下，河流在自然演变、发展过程中起着调节洪水运行、调整河道结构形态、调节气候等方面的作用，这即是河流生态系统的自然调节功能，归纳起来，主要包括水文调蓄功能、输送物质与能量功能、塑造地形地貌功能、调节周边气候功能。

(1) 水文调蓄功能。河流是水流的主要宣泄通道，在洪水期，河流能蓄滞一定的水量，减少洪涝灾害，起到调蓄分洪功能。河岸的植被可以调节地表和地下水文状况，使水循环途径发生一定的变化。在洪水期时，河岸带植被可以减小洪水流速，削弱洪峰，延滞径流，从而起到储蓄和抵御洪水的作用。而在枯水期时，河流可以汇集源头和两岸的地下水，使河道中保持一定的径流量，也使不同地区间的水量得以调剂，同时能够补给地下水。河岸带植被可以涵养水源，保持土壤水分，保持地表与地下水的动态平衡。

(2) 输送物质与能量功能。河流生命的核心是水，命脉是流动，河水的流动形成了一个个天然线形廊道。河道可以为收集、转运河水和沉积物服务。许多物质、生物群落通过水流运动进行地域移动。河中流水沿河床流动，其流速和流量会产生动能，并借助多变的河道和水流将流水侵蚀而来的泥土、砂石等各种物质进行输移搬运。在这个物质输送搬移的过程中，河道和水体成为重要的运输载体和传送媒介，实现物质和能量交换的目的。

(3) 塑造地形地貌功能。由于径流流速和落差，形成的水动力切割地表岩石层，搬移风化物，通过河水的冲刷、挟带和沉积作用，形成并不断扩大流域内的沟壑水系和支干河道，也相应形成各种规模的冲积平原，并填海成陆。河流在冲积平原上蜿蜒游荡，不断变换流路，相邻河流时分时合，形成冲积平原上的特殊地貌，也不断改变与河流有关的自然环境。

(4) 调节周边气候功能。河流的蒸发、输水作用能够调节周边空气的湿度和温度。

2. 生态服务功能

河流是自然界物质循环和能量流量的重要通道，在生物圈的物质循环中起着主要作用，没有河流的纽带作用，各种生态系统无法交流。河流为河流内以至流域内和近海地区的生物提供营养物，为它们运送种子，排走和分解废弃物，并以各种形态为它们提供栖息地，使河流成为多种生物生存和演化的基本保证条件。这就是河流生态系统的生态服务功能。河流生态系统的生态服务功能主要包括栖息地功能、通道作用、过滤和屏障作用、源汇功能等。

（1）栖息地功能。栖息地功能是指河流为植物和动物的正常生活、生长、觅食、繁殖等提供必需空间以及庇护所。河道通常会为很多物种提供非常适合生存的条件，它们利用河道来进行生活、觅食、饮水、繁殖，并形成重要的生物群落。通常情况下，宽阔的、互相连通的河道比狭窄的、分散不连通的河道具有更高的生物多样性。河流为一些生物提供了良好的栖息地和繁育场所，近岸区较平缓的水流为幼种提供了较好的生存与活动环境。例如，许多鱼类喜欢将卵产在水边的草丛中，适宜的环境结构和水流条件为鱼卵的孵化、幼鱼的生长以及鱼类躲避捕食提供了良好的环境。

（2）通道作用。通道作用是指河道系统可以作为能量、物质和生物流动的通路，河道中流动的水体，为收集和转运河水和沉积物服务，很多物质和生物群系通过该系统进行运移。河道既可以作为横向通道也可以作为纵向通道，生物和非生物物质向各个方向移动和运动。对于迁徙性野生动物和运动频繁的野生动物来说，河道既是栖息地又是通道。河流通常也是植物分布和植物在新的地区扎根生长的重要通道。流动的水体可以长距离地输移和沉积植物种子；在洪水泛滥时期，一些成熟的植物可能会被连根拔起、移位，会在新的地区重新沉积下来存活生长。野生动物也会在整个河道系统内的各个部分通过摄食植物种子或是携带植物种子而造成植物的重新分布。生物的迁徙促进了水生动物与水域发生相互作用，因此，连通性对于水生物种的移动是非常重要的。

（3）过滤和屏障作用。河道可以吸纳、过滤、稀释污染，减少污染物对河流系统的毒性，保持水体环境和土壤环境的良好质量。河岸带在农田与河道之间起着一定的缓冲作用，它可以减缓径流、截留污染物。河流两岸一定宽度的河岸带可以过滤、渗透、吸收、滞留、沉积物质和能量，减弱进入地表和地下水的污染物毒性，降低污染程度。

（4）源汇功能。河流的源作用是为其周围流域提供生物、能量和物质。河流的汇作用是不断从周围吸收生物、能量和物质。不同区域的环境、气候条件以及交替出现的水涨和水落，使河流在不同时间和地点具有很强的不均一性和差异性，这种不均一性和差异性形成了众多的小环境，为种间竞争创造了条件，使物种的组成和结构也具有很大的分异性。尤其是在生态系统的边缘区、交错区（如河岸带）中生物的差异性显著，众多的植物、动物物种能在这一交错区内持续生存繁衍，如一些珍稀物种会生活在河岸带中。因此，河流生态系统可以看作是重要的物种基因库。

3. 社会服务功能

河流生态系统的社会服务功能是指河流在社会的持续发展中所发挥的功能和作用。这种功能和作用可以分为两个方面：一是物质层面，包括河流生态系统为生产、生活所提供的物质资源，治水活动所产生的各种治河科学技术，水利工程以及由此带来的生活上的方便和社会经济效益等；二是精神层面，包括文化历史、文学艺术、审美观念、伦理道德、哲学思维、社风民俗、休闲娱乐等。主要表现在以下几方面。

(1) 淡水供应。众多河流中蓄积了丰富的淡水资源，为人们生活饮水、农业灌溉用水、工业生产用水以及生态环境用水等提供了淡水资源保障。

(2) 水能提供。很多山丘区河流，上下游落差较大，河流储蓄了丰富的水能，为社会生产提供了清洁的电力资源。

(3) 水上航运。在水网密集的水乡，水上交通是人们生产、生活中必不可少的交通方式；在流域中下游，水面开阔的水域，水上航运是很重要的运输方式，这对发展生产、对外交往，并最终从内陆走向海洋起着很重要的作用。

(4) 物质生产。河流拥有丰富的水资源、土地资源、生物资源、矿产资源，这些资源为生物生存、社会生产和人们生活提供必需品和原材料。

(5) 文化服务。河流所承载的深厚文化可以为人们精神生活提供服务和影响，主要包括：以河流为题材的各类文学艺术，由河流运动规律引发的哲学思考，关于河流的法律法规，由河流引发的社风民俗，河流自然表象为人类提供的休闲旅游等。

(6) 休闲娱乐。大部分城市河流或农村集镇区河流沿岸均设置了休闲娱乐设施，其独特景观特征，可满足人们远足、露营、摄影、游泳、滑水、漂流、渔猎等有助于身体健康、享受美好生活的活动，具有很好的休闲娱乐功能。

(五) 人类活动对河流生态系统的影响

1. 拦河工程对河流生态系统的影响

(1) 改变河流水文、水动力条件。拦河工程（如大坝）建成后直接拦断了河流，显著改变了天然河流的水文情势。通过蓄水调节河流流量，人为改变了河流的水文节律，使下游河流的水文模式发生变化，包括改变河流低流量、高流量频率，增加枯水期流量，减少丰水期流量，削减洪峰强度与发生频率等。一些研究还显示，不合理的水电开发，将导致一些河流多年平均流量下降，在枯水期甚至会出现断流现象（杨意明等，1999）。水库清水下泄，破坏了原有河流的水沙平衡，导致下游河床与河岸受到不同程度的侵蚀，改变了河流的地形地貌，进而影响了河流栖息地的局地水动力条件。而河流水文、水动力条件的改变将对河流水生生物的正常生长、繁殖行为产生负面影响。例如，涨水过程变缓将减少对四大家鱼产卵的刺激，影响家鱼的正常繁殖行为（余志堂等，1981）；库区回水淹没鱼类产卵场；坝前流速减缓，导致上游鱼类所产的漂流性卵沉底死亡。

(2) 改变水温分布特性。拦河工程会改变天然河流的温度特性。天然河流中水深相对较浅，且受紊流混掺作用，水体温差较小。而工程建成蓄水后，水深增加，流速减缓，垂向水温呈现出分层现象，上层为温度较高的表温层，水温较均匀且接近气温，下层为温度较低的深水层，常年维持在较稳定的低温状态，中间的过渡段则为温跃层。高坝大水库中这种水温分层现象更为显著。水温是影响鱼类繁殖的重要因素，水库低温水下泄会导致鱼类繁殖期缩短、繁殖季节推迟（Webb et al.，1996）。例如，美国科罗拉多河流域在格伦峡大坝建成蓄水后，水温基本降至9℃左右，导致3种本地鱼种灭绝，60多个物种受到威胁（邹淑珍，2011）。另外，低温水下泄还将降低鱼类新陈代谢能力，减缓幼鱼生长速度，缩短其生长期，导致鱼类个体变小。研究表明，我国丹江口水利枢纽建成后，由于大坝下游江段水温降低，草鱼当年幼鱼的体长和体重分别从建坝前的345mm和790g下降至建坝后的297mm和475g（周春生等，1980）。

（3）改变水质。拦河工程建成后，大量泥沙被拦截在上游，导致下泄到下游河段的水体含沙量降低，水体透明度增大，氮、磷等营养物质和有机物浓度增加，会引起浮游生物快速生长。与此同时，鱼类饵料生物的组成和数量也随之发生巨大变化，引起鱼类种群结构更替，局部水域的鱼类丰度上升。例如，丹江口水利枢纽兴建后，坝下江段着生丝状藻类和淡水壳菜大量繁殖，以它们为食的鱼类（如铜鱼、鲂、吻鮈等）数量不断增加，渔获物中摄食着生藻类和底栖无脊椎动物的鱼类分别占总渔获量的38%和34%左右（余志堂等，1981）。三峡水库蓄水后，库区江段的浮游植物种类和数量发生较大变化，部分断面浮游植物数量显著增加（韩德举等，2005）。同时，库区支流江段浮游藻类的种类、数量也发生了变化，如香溪河的藻类组成、丰度与蓄水前相比，蓄水仅半年绿藻种类数量就明显增加，约为蓄水前的3倍，这些藻类数量的变化也必然会引起库区江段鱼类群落的变化（周广杰等，2006）。

（4）阻隔鱼类洄游通道。鱼类繁殖场、索饵场和越冬场往往分布在不同水域，鱼类要完成整个生活史过程需要在不同的水域进行周期性迁徙。拦河工程建设阻隔了鱼类的洄游迁徙路径，分隔了索饵区与生殖区之间的洄游通道，使其不能有效完成整个生活史过程，这将导致鱼类资源量下降，甚至导致有些物种灭绝。例如，法国境内河海洄游鱼类资源持续衰退，其主要原因就是大坝阻隔了鱼类溯河洄游的通道，这些阻隔对溯河产卵鱼类（尤其是大西洋鲑和欧洲西鲱）的负面影响比水污染、过度捕捞及生境破坏所带来的负面影响严重。拦河工程的阻隔导致莱茵河、塞纳河及加龙河等河流中鲑鱼被封闭在非常有限的区域内，几近灭绝（Porcher et al.，1992）。在美国东海岸，修建的大坝被认为是康涅狄格河、梅里马克河、佩洛布斯科特河中洄游鱼类（如鲑、美洲西鲱）灭绝或衰退的主要原因。在我国长江流域，大坝阻隔改变了中华鲟原有的繁殖生态条件，可供繁殖的江段长度大幅缩短，导致中华鲟资源量持续下降（危起伟，2005）。

（5）导致生境破碎化。自然流淌的河流，不仅是连续的水流通道，还是物质和能量输移的通道。大坝的修建，使原有连续的河流生态系统被分割成不连续的多个环境单元，造成了生境的破碎化。研究表明，生境破碎化是影响生物多样性最重要的“瓶颈”之一（Fahrig，2003）。如，三峡大坝建成后，鱼类栖息地面积缩小了1/5～1/4，其种群数量也发生了相应比例的减少（蒋固政，2002）。生境破碎化导致原生境的总面积减小，产生隔离的异质种群，从而影响个体行为特征、种群间的基因交换、物种间的相互作用及生态过程（Davies et al.，1998；Debinski et al.，2000）。生境破碎化的影响，从个体行为开始，作用于生态系统的各个环节（Debinski et al.，2000；Fahrig，2003）。关于生境破碎导致鱼类种群遗传多样性丧失的问题，目前已经逐步引起国际上的广泛关注，但其影响程度和机理目前尚无可靠结论（黄亮，2006）。三峡大坝建成后，鱼类栖息地面积缩小了1/5～1/4，其种群数量也发生了相应比例的减少（蒋固政，2002）。

2. 传统护岸方式对河流生态系统的影响

传统护岸主要有浆砌或干砌块石、现浇混凝土、预制混凝土块等。这些护岸方式主要从满足河道岸坡稳定性和河道行洪排涝功能的角度考虑，很少考虑到对环境和生态的影响。

（1）对生物生境的影响。传统护岸方式会将整个河道岸坡表面封闭，使土壤和水体中的生物失去了赖以生存的环境，隔绝了土壤与水体之间的物质交换通道，原先生长在岸坡上的生物无法继续生存。这种影响主要反映在：其一，在以水泥石料修葺的河道中，具有净水功能的水生生物生长非常困难。长此以往，河水自净能力大幅降低，水质可能恶化；其二，如果砍掉两岸树木，会导致河水受阳光直照而水温变化过大，不利于水中生态平衡的建立。特别是高温季节来临时，容易使传染病菌滋生；其三，随着水流流速的增大，水中一些生物会被水流冲走，使水中生物减少，岸上又缺乏天然植物，直接影响沿河野生生物种类，比如水鸟。据统计，目前城市河道衬砌后，岸边的生物种类减少了70%以上，而水生物也只有原来的一半。

(2) 加剧了水土流失。河流岸坡采用混凝土护砌后，岸坡的糙率减小，降雨径流对岸坡水体侵蚀能力增强，加剧了岸坡水土流失量，引起河床淤积。另外，无植被河流中水流的流速会增大，增强了对河床的冲刷，造成河流水沙运动失衡，导致流失的泥沙一部分被带入大海，一部分会淤积到下游河道，使下游河道河床抬高，从而影响河道的行洪排涝能力。

(3) 加速了居民生活环境的恶化。传统的混凝土护坡在施工中均不同程度地使用了一些添加剂，如早强剂、抗冻剂、膨胀剂等，这些添加剂在水中发生反应，对水环境产生不利的影响。而且岸坡没有天然植物作为屏障，会使岸边的垃圾轻易入水，造成污染。这些虽然不能确定是水环境恶化的主要原因，但可以肯定它们对水环境的恶化起到了促进作用。这种环境不仅仅影响了人们的居住环境，还威胁着人们的身心健康。

(4) 与城市景观环境不协调。没有绿色的灰白色混凝土护坡使河道失去了原有的生机，这与现代人们追求回归自然的要求不相一致，与现代城市河道周边的现代或古典建筑景观不相协调，更与现代城市的人文景观不相和谐。当这些护岸结构破损后，景观协调性会更差。

(5) 阻碍城市的可持续发展。遭破坏的生态系统对城市汽车尾气、工业排污以及生活污水的自我净化、自我调节能力大大降低，越来越严重的污染又会破坏整个生态系统，从而导致一种恶性循环。另外，如果黑臭的河水用于农业灌溉，生长出的农产品将会是有毒的，如果人们食用了该类农产品，将会危害人的身心健康。所以，水体环境的恶化，使工农业生产均受到一定的限制，阻碍了经济发展和社会进步，从而阻碍了社会经济可持续发展。

3. 生产方式对河流生态系统的影响

随着人类生产力水平的提高，人类活动对河流生态系统的影响程度逐年增加。人类活动改变了流域水化学的自然循环，导致水质恶化。例如，农田的化学物质是最为广泛的非点源污染，生活和工业废水排放的污染是最常见的点源污染；从河流、水库中超量引水，使得河流本身的流量无法满足生态用水的最低需求；土地利用方式的改变，农业开发和城市化进程改变了河流水文循环的调节，对河流滩地的围垦挤占了水域面积；上游毁林开荒加剧了水土流失，导致下游河道淤塞、萎缩；植被的破坏、外来物种的入侵，干扰了河流生态系统中生物群落的平衡。河流中浅滩和深潭是水生生物不同生命周期所需的生存环境，而河流的渠化和分水工程常常会破坏这些地带。河道断面的均一化和衬砌等河道整治工程，破坏生活在泥沙中的生物的生境。河流分水工程对生态环境的影响不仅取决于分洪的时间和分水量，而且与分水工程的位置、结构和运行制度有关。

全球范围内的河流危机为人类反思与自然的关系提供了重要契机。人们开始重新审视自己的价值观，反思过去对待河流生态系统的态度和方式。通过重新思考，人们认识到河流具有的自我修复功能和抗干预能力并不是无限的，一旦人类的干扰超过某一阈值，河流生态系统就会与人类无法和谐共处。而这个生命阈值就是河流生态系统的健康。

三、湖泊生态系统

（一）湖泊生态系统的类型

湖泊生态系统是典型的静水生态系统，地球上可利用的淡水大部分储存在湖泊中。我国现有湖泊约 2 万个，水面面积大于 1km^2 的天然湖泊接近 2700 个，其中大于 10km^2 的湖泊 600 多个。同时，我国还有 8 万余座水库，总库容 4130 亿 m^3。我国湖泊（水库）水资源总量约 6380 亿 m^3，可开发利用量是地下水的 2.2 倍，占全国城镇饮用水水源的 50%以上，湖泊和水库为我国城市提供了大部分的用水。我国面积大于 1km^2 的湖泊数量和面积统计见表 4.1。

表 4.1　　我国面积大于 1km^2 的湖泊数量和面积统计

地　区	数　量/个							面积合计/km^2
	面积＞1000km^2	面积为500～1000km^2	面积为100～500km^2	面积为50～100km^2	面积为10～50km^2	面积为1～10km^2	合计	
西藏自治区	2	5	50	57	185	534	833	28616.9
青海省	1	5	18	13	53	132	222	13214.9
内蒙古自治区	1	1	6	3	31	353	395	6151.2
新疆维吾尔自治区	1	3	7	5	24	68	108	6236.4
宁夏回族自治区					2	3	5	38.7
甘肃省					2	1	3	49.1
陕西省					1	1	2	44.2
山西省				1			1	70.3
云南省			3	2	6	20	31	1115.2
贵州省					1		1	24.3
四川省					1	32	33	100.7
黑龙江省	1		3	4	35	200	243	3241.3
吉林省			2	1	18	160	181	1402.8
辽宁省				1			1	55.6
北京市						1	1	2.0
上海市				1		1	2	60.6
天津市					2	1	3	66.4
河南省					1		1	11.7
河北省					3	16	19	146.7
江西省	1		1	3	9	41	55	3882.7

续表

地区	数量/个							面积合计/km²
	面积＞1000km²	面积为500～1000km²	面积为100～500km²	面积为50～100km²	面积为10～50km²	面积为1～10km²	合计	
安徽省		1	9	4	16	74	104	3426.1
湖南省	1			2	14	100	117	3355.0
湖北省			4	2	39	143	188	2527.2
山东省		1	1			7	9	1105.8
江苏省	2	1	5	2	12	77	99	6372.8
浙江省					1	31	32	80.2
广东省						1	1	5.5
台湾省						3	3	10.3
数量合计/个	10	17	109	101	456	2000	2693	
面积合计/km²	22711.8	11807.6	22989.4	7243.6	10297.8	6364.4		81414.6

在一定地质、物理、化学和生物过程的共同作用下，湖泊经历了形成、演化、成熟直至最终死亡的过程。不同湖泊的成因不同，根据其成因可分为构造湖、冰川湖、火山湖、堰塞湖、水库、由筑坝拦截形成的大型人工湖泊、河成湖、风成湖、溶解湖、海湾湖等类型，不同类型的湖泊往往具有不同的底质和形态特征。其中，最为常见的是构造湖、冰川湖、火山湖、堰塞湖、河成湖等。构造湖是地壳活动形成的构造断陷湖，规模和水深通常较大，如洱海。冰川湖是冰川作用形成的湖泊。火山湖是火山活动形成的湖泊，规模相对较小，但水深较大，如我国的五大连池。堰塞湖是断陷构造与地震滑坡共同形成的。河成湖的亚种比较多，主要又分侧缘湖、泛滥平原湖、三角洲湖和瀑布湖等，我国长江中下游的大量湖泊均属于此类。水库是指在山沟或河流的狭口处建造拦河坝形成的人工湖泊，是拦洪蓄水和调节水流的一种水利工程，可以用来灌溉、发电、防洪和养鱼等。

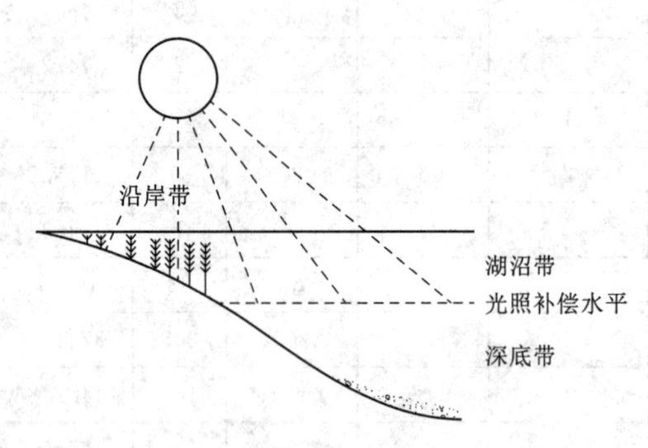

图 4.6 湖泊的三个主要带（孙儒泳等，1993）

（二）湖泊生态系统的结构特点

湖泊生态系统具有明显的分带和分层结构特点。依据光的穿透程度和植物光合作用，湖泊可分为沿岸带（littoral zone）、湖沼带（limnetic zone）和深底带（profundal zone）（图 4.6）。沿岸带和深底带都有垂直分层的底栖带（benthic zone）。按照水深不同，湖泊具有明显的分层特点，可分为湖上层、湖下层、变温层。

（三）湖泊生态系统的生态特点

1. 生态因子

湖泊水流速度较小，水体更换周期长，底部沉积较多。在湖泊的沿岸带，阳光能穿透到底，常有有根植物生长，加之阳光透入，能有效地进行光合作用，故生长有大量的浮游生物。湖泊生态系统中的物种与群落的生长，是湖泊环境与生态因子共同作用的结果。影响湖泊生态系统的生态因子主要有：水流、光、温度、盐度、溶解氧等。不同湖泊生态系统由于其位置、成因等诸多方面的差异，各生态因子的作用往往有不同的表现，同一湖泊的不同位置其生态因子的作用也存在一定的差异。

(1) 水流。湖泊中最重要的水流运动是风引起的湖水运动。湖水的运动有助于湖水更新氧气与营养物质。但不同季节，湖水运动有较大差异。夏季，风使表层湖水与湖沼带湖水相互混掺与交换；当冬季湖水结冰时，冰层将阻碍湖水的混掺与交换运动。

(2) 光。湖水的颜色有深蓝、黄色、棕色甚至红色，这取决于湖泊吸收的光线。影响湖泊吸收光线的因素很多，主要有化学因素与生物因素。例如，当湖泊中的营养物质含量较大时，生物会减少光线的穿透。所以这样的湖泊多呈现出深蓝色。

(3) 温度。太阳辐射热是湖水的主要热量来源。水汽凝结潜热、有机物分解产生的热和地表传导热也是热量收入的组成部分。在气温较高的季节，湖水表层温度高于湖沼带。在冬季，当湖水结冰时，冰层下的水温接近0℃，而底部的水温大约为4℃。

(4) 盐度。世界上湖水平均盐度是0.120‰，远远小于海洋平均盐度。但不同地区湖水盐度差异较大。例如，美国大盐湖优势盐度高达200‰，远高于其他地区湖水盐度。不同地区湖水盐度变化大于不同海域盐度变化。

(5) 溶解氧。湖水运动与生物作用对湖水溶解氧大小有明显影响。湖水混合充分而生物耗氧小的湖泊溶解氧含量大。另外，溶解氧含量还会随着水热条件的变化而变化。在冬季，湖水的溶解氧含量较低，尤其是结冰的湖泊。

2. *生物群落*

湖泊生态系统的生物群落丰富多样，并有明显分层与分带现象。水生植物丰富，有挺水、漂浮、沉水植物及植物上生活的各种水生昆虫及肺螺类等。在水体中生活有各种浮游生物及鱼类等，底泥中生活着各种需氧量少的摇蚊幼虫、螺、蚌类、水蚯蚓及虾、蟹等。此外，湖泊的各部分还广泛分布着各种微生物。各类水生生物群落之间及其与水环境之间维持着特定的物质循环和能量流动，构成一个完整的生态单元。

依据光的穿透程度和植物的光合作用，湖泊包括沿岸带、湖沼带和深底带。沿岸带和深底带都有垂直分层的底栖带。各区域具有不同的生物群落组成。

(1) 沿岸带。沿岸带有根植物较多，包括沉水植物、浮水植物、挺水植物等亚带，并逐渐过渡到陆生群落。这里的优势植物是挺水植物，植物的数量及分布依水深变化和水位波动而变化。浅水处有灯芯草和苔草，稍深处有香蒲和芦苇、慈姑和海寿属植物等。再向内就形成一个浮叶根生植物带，主要植物有眼子菜和百合。这些浮叶根生植物大都根系不发达但有很发达的通气组织。水再深一些当浮叶根生植物无法生长的时候就会出现沉水植物，常见的有轮藻。沉水植物缺乏角质膜，叶多裂成丝状可从水中直接吸收气体和营养物质。

沿岸带的消费者种类极其丰富，主要有螺类、某些昆虫幼虫、原生动物、水螅、轮虫、各种蠕虫、苔藓虫等。一些消费者（尤其是附生生活的动物）常呈现出与有根植物分布相平行的水平成带分布；另一些消费者则会分布在整个沿岸带，且垂直成带现象比水平成带现象更为明显。

(2) 湖沼带。湖沼带的主要生物是浮游植物和浮游动物。鼓藻、硅藻和丝藻等浮游植物是整个湖沼带食物链的基础，这些藻类个体小，但生产力相当高。消费者主要包括浮游动物和各种鱼类。浮游动物主要为桡足类、枝角类和轮虫，它们以原生动物为食，是湖沼带能量流动的一个重要环节。湖沼带的鱼类的分布主要受食物、含氧量和水温的影响。例如，大嘴鲈鱼和狗鱼等在夏季食物丰富，常分布在温暖的表层水中，冬季它们则回到深水中。

(3) 深底带。深底带的生物种类取决于营养物、能量、氧气含量和水温。深底带中的生物主要是鱼类、浮游生物和生活在湖底的一些枝角类。

容易分解的物质在通过深底带向下沉降的过程中常常有一部分会被矿化，而其余的生物残体或有机碎屑则会沉到湖底，它们与被冲刷进来的大量有机物一起构成了湖底沉积物。

(4) 底栖带。底栖带沉积物中氧气含量极低，生活在那里的优势生物是厌氧细菌。但在无氧条件下，分解很难进行到最终的无机产物。当沉到湖底的有机物数量超过底栖生物所能利用的数量时，它们就会转化为富含硫化氢和甲烷的腐泥。所以当沿岸带和湖沼带的生产力很高时，底栖带的生物区系就会比较贫乏。

如果湖水变浅，底栖生物也会发生变化。一般而言，随着湖水变浅，水中含氧量、透光性和食物含量都会增加，底栖生物种类也会增加。

3. 物质循环与能量流动

湖泊生态系统是被陆地生态系统包围的水生生态系统，因此来自周围生态系统的输入物对其有着重要的影响，各种营养物和其他物质可沿着气象通道、生物通道、地理通道、水文通道穿越湖泊生态系统边界进出系统。

气象通道的输入物包括风中的颗粒物、雨雪中的溶解物和大气中的各种气态物质，而沿着这一通道输出的则主要是小的浪花飞沫和各种气体，如二氧化碳和甲烷等。地理通道的输入物包括地下水、溪流中的各种溶解物和从周围分水岭流入湖盆的各种颗粒物质，输出物则包括随水流带走的各种颗粒物和深层沉积物在长期循环过程中所损失的各种营养物质。生物通道的输出物和输入物相对较少，主要是动物（如鱼类）的进出。水文通道的输入物主要靠降水，输出物则靠湖盆壁的渗漏、地下水流和蒸发。

各类水生生物群落之间及其与环境之间维持着特定的物质循环和能量流动。湖泊生态系统中能量和各种营养物的传递是靠捕食食物链和碎屑食物链进行的，能量沿着食物链传递。以美国赛达伯格湖（Cedar Bog）为例说明能量在湖泊生态系统中的流动过程（图 4.7）。这个湖的总初级生产量是 464.7J/(cm^2·a)，能量的固定效率大约是 0.1%。在生产者所固定的能量中有 96.3J/(cm^2·a)被生产者自己的呼吸作用消耗，被草食动物吃掉的有 62.8J/(cm^2·a)，被分解者分解的有 12.5J/(cm^2·a)。其余未利用的净初级生产量为 293.1J/(cm^2·a)，这些未被利用的生产量最终沉到湖底形成了植物有机沉淀物。

在被草食动物吃掉的 62.8J/(cm^2·a)能量中，大约有 18.8J/(cm^2·a)（占草食动物次级生产量的 30%）的能量用在草食动物自身呼吸代谢，其余的 44J/(cm^2·a)从理论上讲都是可以被肉食动物所利用的，但实际上肉食动物只利用了 12.6J/(cm^2·a)，约占可利用能量的28.6%（可利用能量是指草食动物在呼吸代谢后剩下的能量）。这个利用率虽然比净初级生产量的利用率高，但还是相当低。

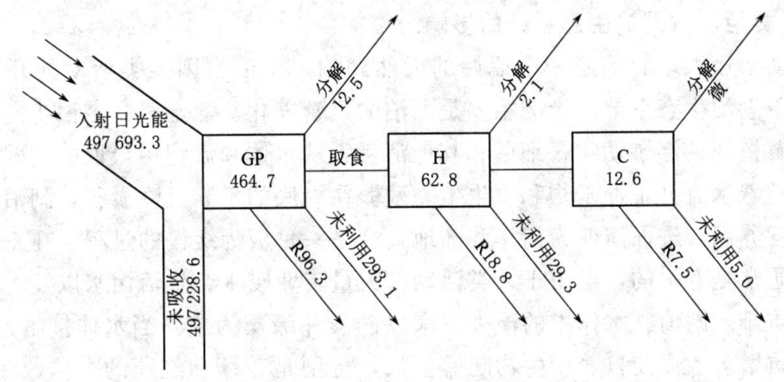

图4.7　赛达伯格湖能量流动的定量分析（Lindeman，1942）[单位：J/(cm^2·a)]

GP—总初级生产量；H—草食动物；C—肉食动物；R—呼吸

在肉食动物的总次级生产量中，呼吸代谢活动大约消耗掉7.5 J/(cm^2·a)，这种消耗比同一生态系统中草食动物（30%）和植物（21%）的同类消耗要高得多。其余的能量中被分解者分解掉的微乎其微，基本没被更高位的肉食动物所利用，所以绝大部分都作为动物有机体沉积到了湖底。

(四) 湖泊生态系统的功能

敞水带的初级生产主要靠浮游植物，而沿岸带的初级生产则主要靠大型植物。水中营养物的含量是影响浮游植物生产量的主要因素。浮游生物的生物量和浮游生物生产量之间存在一种线性关系：即当营养物不受限制、呼吸又是唯一损失时，净光合作用率就会很高，生物累积量也会随之增加；当营养不足时，生物呼吸率和死亡率都会增加，这样就会使净光合作用和生物量减少。但在生物量积累不多、营养物也不充足的情况下，只有浮游动物的取食强度很大，细菌分解活动很活跃，净光合作用率才会很高。

大型水生生物对湖泊的生物生产量也具有重大贡献。浮游动物、浮游植物、细菌和其他消费者通常是从底泥和水体中摄取营养的，春季浮游植物会将湖沼带里的氮、磷耗尽，它们死后沉积于湖底，同时分解作用将会减少颗粒状态的氮、磷物质，增加溶解态氮、磷的含量。随着夏季浮游植物数量的下降，颗粒态和溶解态的氮、磷物质的含量均会增加。但磷会主要存在于湖下滞水层中，因而浮游植物无法利用，直到秋季湖水开始对流，上述情况才会被打破。大型植物也可使以上情况有所改变，它们能使磷从沉积物进入水体，再被浮游植物利用。沉积物中73%的磷被大型植物吸收利用，其中很多最终都转化为可被浮游植物利用的磷。

此外，以浮游植物为食的浮游动物对营养物的再循环也起着十分重要的作用，营养物主要为氮和磷。各种不同大小的浮游动物所取食浮游植物的大小也不同，浮游植物群落的组成成分和大小结构取决于优势浮游植物的大小。反过来，其他动物又以浮游动物为食，如昆虫幼虫、甲壳动物和小刺鱼等。脊椎动物和无脊椎动物均以浮游生物为食，但前者可以捕食后者，同时前者也会成为食鱼动物的食物。

可见，湖泊食物网中每一个营养级的生物生产力受制于湖泊各物种之间的相互关系。就整个湖泊食物网而言，通常在种群密度适中时，才能达到最大生产值。

（五）人类活动对湖泊生态系统的影响

人类活动会极大地影响着一个原始的天然湖泊。湖泊会因人类活动的开展而发生演变。人类对于湖泊生态系统的影响主要是湖泊的富营养化。氮与磷是湖泊生态系统中的大型植物、浮游植物、浮游动物、细菌和其他消费者从水体和淤泥中摄取的营养元素。在自然条件下，随着水流夹带冲击物和水生生物残骸在湖底的不断沉降淤积，湖泊会从贫营养湖过渡为富营养湖，进而演变为沼泽和陆地，这是一种极为缓慢的过程。在正常的淡水系统中磷含量通常是有限的，但由于人类活动，大量工业废水、生活污水以及农田径流中的植物营养物质排入湖泊。水体中的藻类本来以硅藻和绿藻为主。当水体接纳这些废水后，水中营养物质增多，促使自养型生物旺盛生长，特别是蓝藻和红藻的个体数量迅速增加，而其他藻类的种类则逐渐减少。水体中的藻类本来以硅藻和绿藻为主，蓝藻的大量出现是富营养化的征兆，随着富营养化的发展，最后变为以蓝藻为主。藻类繁殖迅速，生长周期短。藻类及其他浮游生物死亡后被需氧微生物分解，不断消耗水中的溶解氧，或被厌氧微生物分解，不断产生硫化氢等气体，从而使水质恶化，造成鱼类和其他水生生物大量死亡。藻类及其他浮游生物残体在腐烂过程中，又把大量的氮、磷等营养物质释放入水中，供新的一代藻类等生物利用。因此，发生富营养化的水体，即使切断外界营养物质的来源，水体也很难自净和恢复到正常状态。

水体富营养化常导致水生生态系统紊乱，水生生物种类减少，多样性受到破坏。例如，2000 年太湖流域水质按省界水体 82 个监测断面评价，全年期仅 15%的断面未受污染，其余 85%的断面受到不同程度的污染，以富营养化为主。监测表明，全年平均 29%的断面达中富营养水平，71%的断面达富营养水平，年均高锰酸盐指数达 5.28mg/L，总磷达 0.10mg/L。

第二节　海洋生态系统生态学

一、海洋生态系统的结构

全球海洋总面积约 3.6 亿 km^2，占地球表面的 70%以上，平均水深 2750m，占全球水量的 97%。从海岸线到远洋，从表层到深层，随着水的深度、温度、光照和营养物质状况的变化，生物的种类、活动能力和生产水平等差异很大，从而形成了不同区域的亚系统。大洋远离大陆，面积广阔，较少受大陆影响，具有独立的洋流系统和潮汐系统，物理化学物质也较稳定。大洋的边缘因为接近或伸入陆地而或多或少与大洋主体相分离的部分称为海。世界上的主要大洋（北冰洋、太平洋、印度洋和大西洋）及其连接和延伸区域涵盖了大约 70%的地球表面。我国东邻太平洋，东部和东南部被一系列边缘海（渤海、黄海、东海和南海）所环绕，总面积约为 473 万 km^2，其中渤海是我国的内海。我国海岸线长约 1.8 万 km，历经热带、亚热带和温带三个气候带，分布有平原型、山地丘陵型和生物型等多种类型的海岸。我国海域内岛屿星罗棋布，约 5000 个，岛屿海岸线长达 1.4 万 km。

我国浅海滩涂面积（含水深 15m 以内的水域）约为 13.4 万 km^2，沿岸全部江河多年平均入海径流量约为 $18000km^3$，带入无机盐和有机物质约 4.2 万 t，为海洋生物的生存、繁衍提供了良好的物质条件。

海洋是生物圈内面积最大、层次最厚的生态系统。海洋对全球气候和天气有重要作用，这不仅因为海洋是一个巨大的"热量存储库"，同时还由于海洋生物群落对大气圈中的气体、底层沉积物和海水溶液有显著影响。阳光照射的海洋洋面与海水总量相比很小，海水中营养物含量不多，这就大大限制了海洋的初级生产量。海水含有盐分，海水中各类盐类的总含量为 30%～35%，其中以 NaCl 为主，约占 78%，$MgCl_2$、$MgSO_4$、KCl 等共占 22%。海水盐度可低至 1‰～2‰。我国渤海近岸的盐度为 25‰～28‰，黄海和东海为 30‰～32‰，南海为 34‰。波浪、潮汐、洋流、盐度、温度、压力和光强在很大程度上决定了生物群落的组成。不同的海域，其环境特征是不一样的，影响的生态因子也有所不同。

海洋可以从垂直与水平方向分成几个带。从水平方向上划分，沿海岸线的浅水带称为海岸带（littoral zone）或潮间带（intertidal zone），受潮汐起伏涨落的影响；从海岸延伸至大陆架的边缘称为浅海带（neritic zone），水深大约 200m；大陆架向下延伸是远洋带（oceanic zone）。从垂直方向大致划分为：从大洋表层至 200m 深度为上层带（epipelagic zone），从上层底部至 1000m 水深称为中层带（mesopelagic zone），中层底部至 4000m 水深称为深层带（bathypelagic zone），从大洋 4000～6000m 深的水层叫深渊带（abyssopelagic zone），大洋最深的部分属于深海带（hadalpelagic zone）。人们将栖息于海底或水底部的生物称为底栖类（benthic），而把脱离水底以及与水深无关的生物称作浮游类（pelagic）。对于每个划分的带区和水层，生物群落都有各自的特征。海洋水平方向结构如图 4.8 所示。

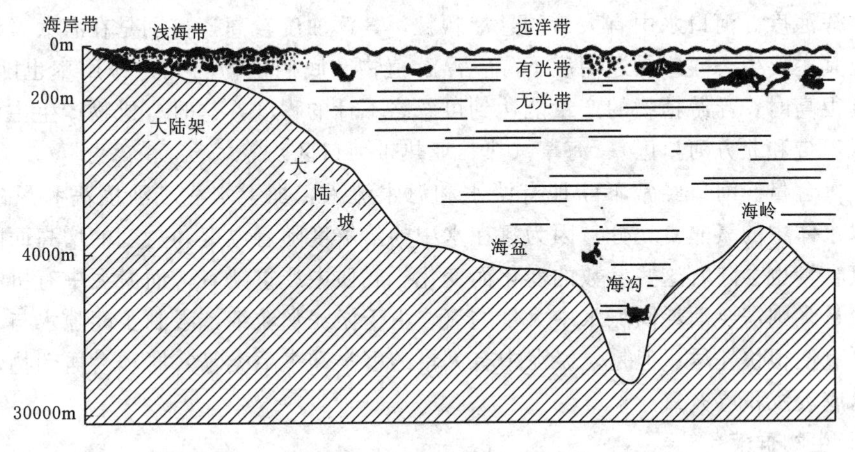

图 4.8 海洋水平方向结构图（祝廷成等，1983）

二、河口生态系统

河口生态系统是指地球上陆海两类生态系统之间的交替区。河口区即是海水和淡水交汇和混合的部分封闭的沿岸海湾。这一定义的含义是海水和淡水的自由连接，至少一年中有一部分时间是如此。因此，该定义排除了那些永远隔离的坝堤围住的近岸水域，也排除了像里海、亚速海和大盐湖之类孤立的半咸水水域或咸水水域。

（一）生态因子

（1）盐度。河口环境的一个重要特点是盐度的周期性和季节性变化。周期性变化与潮汐有密切的关系。在潮差很大的地方，高潮时把海水推向河口上游，移动了那里的等盐线；相反，低潮时移动了下游的等盐线。盐度的季节性变化与降雨、蒸发有关，在热带和亚热带海区，通常低盐出现在春、夏的雨季，高盐出现在秋、冬的旱季。在温带海区，由于冰雪融化时产生的淡水，低盐可能出现在冬春季。盐度的季节变化也与蒸发有关。

（2）底质。大多数河口区的底质是松软的泥质，它们是由海水和淡水带入河口的泥沙沉积而成。实际上，海洋很多泥岸是位于河口附近。在河口区沉积下来的颗粒含有丰富的有机物，因此，河口底质的又一个特点是富含有机质，这些物质可作为河口生物的重要食物来源。体积小的颗粒其表面积相对来说比较大，这意味着细菌有非常大的栖息场所。因此河口底质中的细菌数量也很多。

（3）温度。河口的水温比附近沿岸水域的水温变化大。主要原因是河口的水容量较小，而表面积却比较大。温带河水冬冷夏暖，当这些淡水进入口与海水混合时，将使水温发生变化。一般来说，河口水比周围沿岸水冬天更冷，夏天更暖。表层水比底层水温度变化范围大。

（4）波浪作用和水流。河口三面被陆地包围，这样，由风产生的波浪较小，因而相对来说，是个较平静的区域。河口区的水流主要受由潮汐产生的海潮和入海河流的影响。河流水流流速有时每小时可达数千米，在河流中央流速最大。大部分河口区有淡水的连续注入，与海水进行不同程度的混合，某给定体积的淡水从河口排出的时间称为冲洗时间（flushing time）。这个时间同时可作为河口系统稳定性的一个测度。较长时间的冲洗对维持河口浮游生物是很重要的。

（5）浑浊度。河口水中有大量的悬浮颗粒，其浑浊度较高，特别是在有大量河水注入的时期，其主要生态效应是透明度下降，浮游植物和底栖植物的光合作用率也随之下降。在浑浊度很高时，浮游植物的产量能达到可忽略不计的程度，这时有机物产生主要来自盐沼植物（温带和北方河口区）、海草（热、亚热带河口区）等。

（6）氧含量。河口经常不断地有淡水和海水流入，加上水浅、浊度高和风的混合作用，所以水体中的氧非常充分。因为氧在水中的溶解度随着温度和盐度的增高而降低，故水中的氧含量也会随着这些参数的变化而变化。底质中严重缺氧，而淤泥中有机物含量高和细菌数量多则需要消耗间隙水中大量的氧。由于淤泥颗粒细，限制了间隙水与上面水体的交换，氧便很快耗尽。但是，淤泥中有大量的蟹类和多毛类等穴居和潜居动物，它们的活动会给底表沉积层充氧。

（二）生物群落

河口环境条件比较恶劣，所以生物种类组成较贫乏，多样性较低，而某些种群的丰度却很大。广温性、广盐性和耐低氧是河口生物的重要生态特征。河口区的生物组成主要有3种类型：①海洋动物，来自海洋入侵种类，占主要成分；②淡水动物，由广盐性水生生物移入，仅占少数；③半咸水动物，是已适应于低盐条件的特有种类。

河口有利于各种各样的植物在整年内都能进行光合作用，它们包括浮游植物、小型底栖硅藻类和海草、盐沼草类和大型海藻等。其中，小型底栖藻类常被人们所忽视。另外，河口生态系统和其他富营养系统一样，有时候会由于一些甲藻突然大量繁殖而形成“赤潮”。

浮游动物的特点是阶段性浮游动物种类较多，而终生浮游生物的种类较少。

栖息在河口区的底栖动物多是广盐性种类，能忍受盐度较大范围的变化。例如，泥蚶、牡蛎和蟹等都是完全营河口湾生活的。许多端足类和多毛类是半咸水种类。由于河口区底部有大量有机碎屑，因而也有较多的碎屑食性和滤食性底栖动物和捕食性动物。

游泳生物终生生活在河口区的只有鲻鱼等少数种类，而绝大部分都是阶段性生活在河口区的种类。主要是因为很多浅海种类在洄游过程中常以河口作为索饵育肥的过渡场所，特别是许多海洋经济动物的产卵场和幼年期的索饵育肥均都在河口附近水域，如鳗鲡、梭鱼和大黄鱼、小黄鱼等。河口生物群落的特征之一是种类多样性较低，而某些种群的丰度却很大。

三、浅海生态系统

浅海区域介于海滨低潮带以下的潮下带至深度 200m 左右大陆架边缘之间，属海滨浅水地区。

（一）生态因子

（1）波浪。波浪作用是浅海区一个重要因素。长期的海洋涌浪和风暴潮的作用能够一直影响到这些浅海水域的底部。如果是松软海底，波浪经过之处会引起海底很大波动，从而影响到基质的稳定，使基质颗粒向四处运动，重新悬浮于水中。

（2）盐度。浅海区的盐度比大洋或深海更容易发生变化。这主要原因是经常有大量的淡水从大河注入。

（3）温度。浅海水域的温度也多变。温带地区的温度变化有季节性，这种温度变化可能影响到生物开始或结束各种生命活动，如繁殖活动。

（4）透明度。与大洋区域相比，浅海区域的透光度是低的。有从陆地上来的大量碎屑，也有支离破碎的大型海藻和海草，加上由于营养物丰富而密度很高的浮游生物，它们使光的透射减少至只达几米的深度。

（5）底质。浅海区域的底质大部分由松软沉积物、沙和泥构成，硬基质区比较少。盐度、温度和光照变化程度从近岸向外海方向逐渐减弱。

（二）生物群落

1. 浮游生物

浮游植物的主要类别是硅藻和腰鞭毛藻（甲藻），此外，分类系统尚未确定的微型鞭毛藻混合类群也是很重要的。近岸浮游植物（至少在温带地区）的数量有季节周期性变化。在浮游动物中，一个重要的组分是季节性浮游动物，这是由于大多数底栖生物和很多自游生物幼体阶段是营浮游生活的，从而参与浮游生物的组合。如藤壶的腺介幼虫，腔肠动物的浮浪幼虫，软体动物的面盘幼虫、担轮幼虫以及鱼卵或仔鱼等。由于它们亲体的产卵季节不同，从而保证各季度都有大量的季节性浮游动物。

终生浮游动物主要是桡足类、磷虾类等甲壳动物，其他浮游动物还有原生动物（孔虫类、放射虫类和砂壳纤毛虫等）、软体动物（翼足类和异足类等）、小型水母类和栉水母，浮游被囊类（如纽鳃樽）、浮游多毛类和毛颚类等。

2. 底栖生物

在植物方面，底栖硅藻和大型海藻是最重要的，后者主要分布在浅水的岩石或其他硬质底部，包括绿藻类、褐藻类和红藻类等。在浅海底部，有时生长着繁盛的海草或大型海藻，构成海草场或海草甸。

构成潮下带松软海底大型动物区系的主要生物有四类：多毛类、甲壳类、棘皮动物和软体动物。多毛类蠕虫的代表是数量众多的筑管和钻洞动物。甲壳类动物主要有较大的介形类、端足类、等足类、原足类、糠虾和十足类等，它们主要栖息在泥沙表面。软体动物的代表主要是各种掘穴的双壳类和少量的腹足类。潮下带常见的棘皮动物有海蛇尾和海胆（心形海胆和扁形海胆等）。

在海底垂直方向上有底上动物和底内动物的分带现象。前者包括那些营固着生活或比较不活动的动物，还有一些特化的鱼类，如鲽类和鳐类，它们的身体与沙质、淤泥的颜色混在一起。后者如多毛类、甲壳类、双壳类和其他无脊椎动物，数量也是很多的。在近岸水深较深处，底栖生物组成常形成混杂的或镶嵌状的分布，不同的底质种类组成有差别。

3. *游泳生物*

浅海区的游泳生物包括鱼类、大型甲壳类、爬行类（龟、鳖）、哺乳类（鲸、海豹等）和海鸟组成的主动游泳者和表层居住者。其中主要是各种鱼类，食浮游生物的鲱鱼类（包括鲱鱼、沙丁鱼、鲲鱼等）特别重要，世界主要渔场几乎全部位于大陆架或大陆架附近。大部分鱼类有集群洄游的习性，虽然许多鱼类都有一定的经济价值，但世界渔业大量捕获的只有少数几种鱼类。世界海洋鱼类产量较大的有鳀鱼、大西洋鲱、大西洋普鳕、鲭鱼、阿拉斯加狭鳕、南非沙丁鱼、比目鱼（鲆、鲽等）、鲑鱼、金枪鱼（包括东方狐鲣和圆蛇鲣）。海鸟和海龟、海豹等是陆地上繁殖，而其食物则来源于海洋。它们是海洋与陆地的联系环节，其中鸟类多集中于近岸富有生产力的区域。

我国近海主要的经济鱼类是大黄鱼、小黄鱼、带鱼、墨鱼（软体动物）等“四大海鱼”以及鲱鱼、马面鲀等。自20世纪60年代以后，各海区的主要捕捞对象有较大变化，这与过度捕捞有关。

四、大洋生态系统

地球上生物最广泛的栖息场所显然是永远寒冷和黑暗的深海水域以及与之相连的海底。世界大陆和岛的边缘的浅海水域还不到世界大洋总面积的1/10，而有光照的世界大洋上层水域则更是生命的空间总体积的极小的一部分。因此，在地球表面的水域中也许有85%或90%是称为深海的黑暗而寒冷的区域。这里所指的大洋生态系统是大陆架之外的整个水体和海底。

（一）生态因子

（1）光照。大洋表层的阳光充足，浮游植物可以在那里进行光合作用。透光层一般处于200m以上水域。透光层以下的水域要么是一片漆黑，要么光照强度极低，光合作用不能进行。

（2）温度。大洋区表层水和深层水之间常有温跃层存在，其厚度从几百米至上千米。在温跃层的下方，水温低，变化小，1500m以下的水温基本上是恒定的低温。

（3）压力。在对深海生物起作用的所有环境因素中，以压力的影响程度最大。每隔10m深度，压力就增加1个大气压。深海的深度从几百米到海沟底部的1万余米不等，压力范围可达20～1000个大气压以上。深海压力约为200～600个大气压。

（4）溶解氧。表层溶解氧含量很高，接近饱和状态，在500～1000m之间，溶解氧含量最小，这主要是由于生物呼吸消耗和缺少与富营养水交换的机会。大洋更深的水体是由北极和南极富氧表层冷水下沉而来的，且深水区生物数量少，氧的消耗较小，所以深水区溶解氧含量增高。到了深海底部，生物栖息密度相对高一些，溶解氧含量又有所下降。

（5）盐度。大洋区的盐度基本上是稳定的。

（6）食物。除了大洋表层以外，深海区既没有光合作用，也没有初级生产力。但却发现有化能合成菌。深海中所有生物的食物是靠别处光合作用产生，尔后转移至深海。因此，在世界上的生态系统中，深海是唯一没有初级生产力的地区。

（7）底质。深海底部的广大面积都覆盖有微细的沉积物，通常称为"软泥"（soft ooze)。在北方主要是硅藻类的外壳；在其他水域主要是含钙质的外壳，特别是原生动物的球房虫属。

（二）生物群落

大洋上层浮游植物以"微型浮游生物"占优势，在贫营养大洋区，蓝细菌和固氮蓝藻是重要的自养型浮游生物。浮游动物基本上是"终生浮游生物"。大洋上层的动物最为丰富，经济价值比较大的有乌贼、金枪鱼、鲸等。大洋中层（200～1000m）的浮游动物主要是大型磷虾类，它是重要的食物链环节，常与鱼类（主要是有鳔鱼类）结成大群，形成深散射层，白天深散射层能深达600m甚至1000m。

深海中各类底栖动物实际上都有代表，但是各类动物的相对丰度却不一样。甲壳类（尤其是等足类、端足类、异足类和涟虫）在深海很普遍。在大西洋的深海区，它们构成动物区系的30%～50%。多毛类的数量也比较多，占大西洋动物区系的40%～80%。深海区尤为常见的是海参类，它们通常个体很大，还有海蛇尾类。海参类往往是深海照片中最露头角的生物，在某些拖网渔获的生物中，它们占30%～80%。这说明它们是深海底栖动物群落的主要组成部分。由于它们是食底泥动物，深海软泥是其绝佳的食物来源。深海鱼类有角鮟鱇、宽咽鱼、深海鳗和其他多种鱼类。

1977—1979年，美国深潜器"阿尔文"号在加拉帕戈斯群岛附近深海的中央海脊的火山口周围首次发现热泉，温度比周围高200℃，在热泉喷出的海水中富有硫化氢和硫酸盐。近20年，在深海不断发现热泉形成特殊的生物群落。在热泉周围这一特殊环境中，硫化细菌十分丰富，密度高达10^6个/mL。这些细菌以化学合成作用进行有机物的初级生产，为滤食性动物提供食料。该群落的动物有的是滤食有机物和细菌的双壳类、铠甲虾，以及与细菌共生的巨型管栖动物和小蟹、管水母、某些腹足类和红色的鱼类等热泉生物。它们构成了特殊的生物群落，被称为"深海绿洲"。

热泉生物的食物来源都是硫化细菌通过氧化硫化物和还原CO_2而制造的有机物和生产的腺苷三磷酸，这与认为地球上一切生物都依存于日光和绿色植物的规律性不同。这些细菌竟能在200℃高温下生长生殖（在深海高压条件下，200℃的水仍为液态），显然，这些生物的蛋白质、核酸和其他大分子化合物都有耐受高温和高压的特殊结构，尚待人们去深入研究。据报道，热泉喷口有20年或30年的活动期限，随后它们会被地球内部深处的熔岩和热水的流动封住、截断。那么，热泉生物如何从一个喷口转移到另一个喷口，怎样在新的喷口周围开始新的生活，也是值得研究的课题。还有，热泉生物群落中的微生物如何将喷口环境中的硫化物转化为维持鱼类等动物生存所需要的氧气等。可见有关热泉生物群落的研究课题很多。

特别值得提出的是，有一些科学家认为热泉喷口的环境可能类似于前寒武纪早期生命所处的环境，因而推论地球上的生命可能来源于并进化于与热泉喷口状况相似的条件，从而为地球生命起源提出新的研究方向。

五、海洋的生态功能

(1) 调节物质循环与能量流动。海洋生态系统中的物质循环如水循环，可以维持地球上水循环的平衡。在太阳辐射的作用下，地球上的水不断地进行循环。江河径流是海洋水分的重要补偿来源。海洋生态系统中的能量流动如图 4.9 所示。

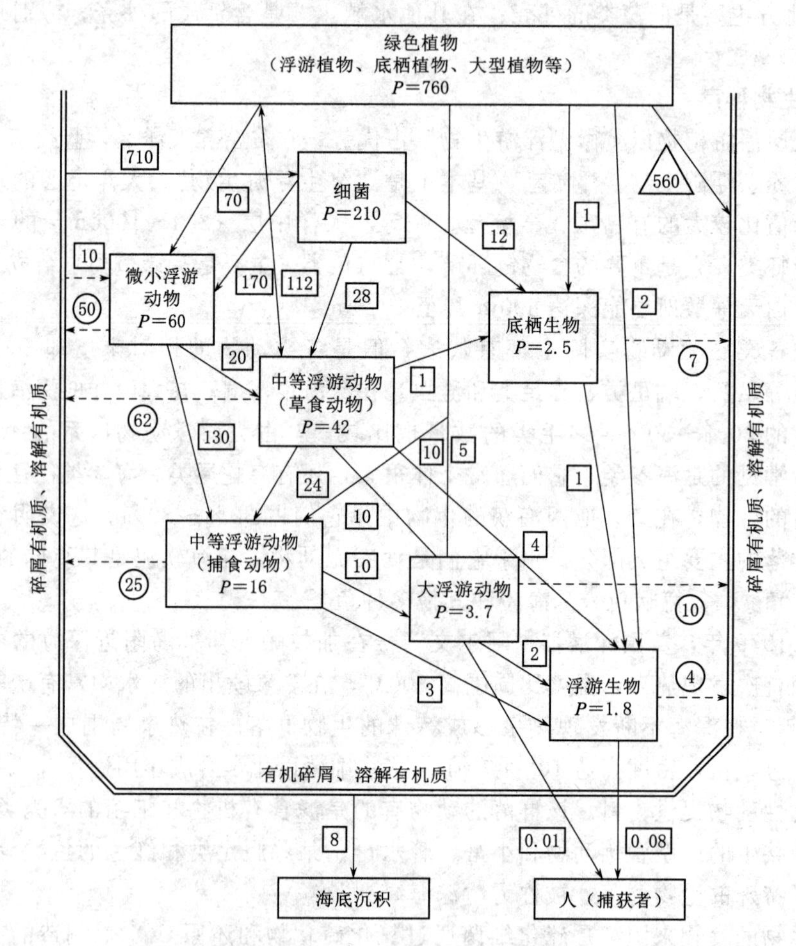

图 4.9　海洋生态系统中的能量流动（蔡晓明，2000）

数据单位：4.184×1016kJ/a。方框中数字是食物网连线的比例或者是进入次级营养级的数字；圆圈中数字为未消化食物量；三角形中数字为未取食的生产量。

(2) 影响与调节气候。海洋和大气是相互联系的，地球上的气候受海洋状况影响。自然界的风、雨、云、台风、海浪、大洋环境主要是由于海洋和大气层相互作用产生的。河流、湖泊的蒸发作用可保持当地的湿度和降水，并且控制热量的流动，调节气候环境，利于人的居住、农作物的生长。

(3) 汇集污染物，降解环境污染。江、河的径流可以汇集地表径流溶解和携带的大量污染物质，使这些污染物在流域中被搬运、沉积、滞留、吸收、利用。陆地的河川径流最后都要汇入大海。海洋在接纳河川径流的同时也容纳了径流运送的各种污染物，对陆地环境起到净化作用。

(4) 重要的动物基因。地球动物的80%生活在海洋中，海洋生物种类繁多，在地球的生物生产力中海洋占了87%。海洋生物资源丰富，能供人们进行医学研究，获得防病、治病的良药，为人类健康服务。

六、人类活动对海洋的影响

伴随着科技的发展，人类与海洋的关系已越来越密切。从远洋航海、运输到海洋水产，海洋在人类生产与生活中扮演着十分重要的角色。但长期以来，人类毫无约束地大量消耗资源和排放污染物，导致世界经济实现增长的同时也对全球海洋环境产生了严重的负面影响。人类正在摧毁自己赖以生存的系统，而且付出代价的速度已远远超出了人类的预期。

人类对海洋生态系统的影响分成四大类：气候变化、渔业、污染和海运，其中气候变化对海洋的影响最大，尤其是海洋温度上升以及海洋酸化。渔业对海洋的影响仅次于气候变化，拖网捕鱼对珊瑚礁的破坏以及过度捕捞对渔业资源的损耗最为严重。海洋污染也十分严重，石油开采和利用、农业使用化肥及农药等对海洋的污染等都不容忽视。例如，海洋输油管因锈蚀而漏油、油轮触礁沉没、沿海钻塔石油泄漏等，造成海洋油污染。由于海洋深度和广度极大，成为人类排放污水、污泥、工业废弃物、垃圾和放射性废物等各类污染物的理想场所。从美国南加州城排放到海水中的污水已经污染了3640km^2的大陆架海底，杀死了大量底栖无脊椎动物和大型海藻，并引发了人类疾病。而海运往往把一个海域的生物随船底带到另外一个海域，造成生物入侵现象。

目前，随着海洋环境显著恶化，世界各国都面临着压力和挑战。各国政府希望兼顾经济增长与海洋生态保护，但在实践中缘于利益而不能有效执行，使得多年积累的海洋生态问题至今难以解决。海洋生态影响着整个世界。无论是一个国家还是一个地区，谁都无法独善其身。保护海洋生态系统、合理开发利用海洋，是全人类共同的课题和责任。

第三节　湿地生态系统生态学

一、概述

1. 湿地的概念

“湿地”一词源自英文 wetland。由于湿地和水域、陆地之间没有明显边界，造成湿地的定义一直有分歧。1971 年《湿地公约》对湿地的定义是：“湿地是指天然或人工、长久或暂时之沼泽地、泥炭地或水域地带，带有或静止、或流动、或为淡水、半咸水或咸水水体者，包括低潮时水深不超过 6m 的水域。”1979 年，《美国的湿地深水栖息地的分类》一文将湿地的定义为：“陆地和水域的交汇处，水位接近或处于地表面或有浅层积水的区域。”该文认为湿地至少有以下特征之一：至少周期性地以水生植物为植物优势种；底层土主要是湿土；在每年的生长季节，底层有时被水淹没。该文还指出湖泊与湿地以低水位时水深 2m 处为界。我国学者将湿地定义为：“潮湿或浅积水地带发育成水生生物群和水成土壤的地理综合体。包括陆地上天然的和人工的，永久的和临时的各类沼泽、泥炭地、咸水体及淡水体，以及低潮位时 6m 水深以内的海域。”（全国科学技术名词审定委员会，2006）。

湿地兼有陆域和水域两种系统的特征，形成了独特的湿地生态系统类型，是自然界富有生物多样性和较高生产力的重要的生态系统。湿地拥有众多野生动植物资源，很多珍稀水禽的繁殖和迁徙离不开湿地，因此被称为“鸟类的乐园”。此外，湿地具有强大的生态净化作用，因而又有“地球之肾”之称。

湿地广泛分布于世界各地。据统计，全世界共有湿地 $8.558\times10^6 km^2$，占陆地总面积的 6.4%（不包括滨海湿地），其中以热带比例最高，占湿地总面积的 30.82%，寒带占 29.89%，亚热带占 25.08%，亚寒带占 11.89%（表 4.2）。

表 4.2　　世界湿地分布（李博，1999）

地　带	地　区	面积/（$\times10^3 km^2$）	占湿地总面积比例/%
北极	湿地半湿润	200	2.34
寒带	湿润半湿润	2558	29.89
亚寒带	湿润	531	6.3
	半湿润	342	4
	干旱	136	1.59
亚热带	湿润	1077	12.58
	半湿润	629	7.37
	干旱	439	5.13
热带	湿润	2317	27.07
	半湿润	221	2.58
	干旱	100	1.17
合计		8558	100

2. 湿地的分类

我国湿地类型多样，分布广泛。从寒温带到热带，从平原到山地、高原，从沿海到内陆都有湿地发育。大体上湿地可分为天然湿地和人工湿地两大类。1999 年国家林业和草原局为了进行全国湿地资源调查，参照《湿地公约》的分类将我国的湿地划分为滨海湿地、河流湿地、湖泊湿地、沼泽与沼泽化湿地、库塘等 5 大类 28 种类型。

根据《全国湿地保护规划（2022—2030 年）》，我国湿地面积约 5634.93 万 hm^2。红树林沼泽 2.71 万 hm^2，占 0.05%；森林沼泽 220.76 万 hm^2，占 3.92%；灌丛沼泽 75.48 万 hm^2，占 1.34%；沼泽草地 1113.91 万 hm^2，占 19.77%；沿海滩涂 150.97 万 hm^2，占 2.68%；内陆滩涂 607.21 万 hm^2，占 10.77%；沼泽地 193.64 万 hm^2，占 3.44%；河流湿地 882.98 万 hm^2，占 15.67%；湖泊湿地 827.99 万 hm^2，占 14.69%；水库湿地

339.35 万 hm^2，占 6.02%；坑塘湿地 456.54 万 hm^2，占 8.10%；沟渠 351.71 万 hm^2，占 6.24%；浅海水域（以海洋基础测绘成果中的零米等深线及 5m、10m 等深线插值推算）411.68 万 hm^2，占 7.31%。

（1）滨海湿地：是指低潮时水深不超过 6m 的永久浅水域及其沿岸海水浸湿地带。包括浅海水域、潮下水生层、珊瑚礁、岩石性海岸、潮间砂石海岸、潮间淤泥海岸、潮间盐水沼泽、红树林沼泽、海岸性咸水湖、海岸性淡水湖、河口水域、三角洲湿地等。

（2）河流湿地：包括永久性河流、季节性或间歇性河流、洪泛平原湿地等。

（3）湖泊湿地：包括永久性淡水湖、季节性淡水湖、永久性咸水湖、季节性咸水湖等。

（4）沼泽与沼泽化湿地：包括藓类沼泽、草本沼泽、沼泽化草甸、灌丛沼泽、森林沼泽、内陆盐沼、地热湿地、淡水泉和绿洲等。

（5）库塘：是指用于灌溉、水电、防洪等目的而建造的人工蓄水设施。

3. 湿地的生态功能

（1）物质生产功能。湿地具有强大的物质生产功能，它蕴藏着丰富的动植物资源，是珍稀野生生物的天然衍生地。在我国湿地上生活、繁殖的鸟类有 300 多种，占全国鸟类总数的 1/3 左右，40 余种国家一级保护的珍禽鸟类约有一半生活在湿地。湿地鱼类也比较丰富，是许多名贵鱼类、贝类的产区，以及造纸原料芦苇和其他有积极价值植物的生长区。

（2）大气组分调节功能。湿地内丰富的植物群落，能够吸收大量的二氧化碳气体，并放出氧气，湿地中的一些植物还具有吸收空气中有害气体的功能，能有效调节大气组分。但同时也必须注意到，湿地生境也会排放出甲烷、氨气等温室气体。

（3）水分调节功能。湿地在蓄水、调节河川径流、补给地下水和维持区域水平衡中发挥着重要作用，是蓄水防洪的天然“海绵”，在时空上可分配不均的降水，通过湿地的吞吐调节，避免水旱灾害。

（4）净化功能。湿地有助于减缓水流的速度，当含有有毒物质和杂质（农药、生活污水和工业排放物）的流水经过湿地时，流速减慢，有利于毒物和杂质的沉淀和排除。此外，一些湿地植物（如芦苇）能有效地吸收有毒物质。在现实生活中，不少湿地可以用作小型生活污水处理地，这一过程能够提高水的质量，有益于人们的生活和生产。

（5）保留营养物质。流水流经湿地时，其中所含的营养成分被湿地植被吸收，或者积累在湿地泥层之中，净化了下游水源。湿地中的营养物质养育了鱼虾、树林、野生动物和湿地农作物。

（6）防止盐水入侵。沼泽、河流、小溪等湿地向外流出的淡水限制了海水的回灌，沿岸植被有助于防止潮水流入河流。但是，如果过多抽取或排干湿地，破坏植被，淡水流量就会减少，海水可大量入侵河流，减少了人们生活、工农业生产及生态系统的淡水供应。

（7）调节局部小气候。湿地的蒸腾作用可保持当地的湿度和降水量。在有森林的湿地中，大量的降水通过树木被蒸发和转移，返回到大气中，然后又以雨的形式降到周围地区。沼泽产生的晨雾可以减少土壤水分的丧失。

（8）休闲旅游服务功能。湿地具有自然观光、旅游、娱乐等美学方面的功能，蕴涵着丰富秀丽的自然风光，是人们观光旅游的好地方。复杂的湿地生态系统、丰富的动植物群落、珍贵的濒危物种等，在自然科学教育和研究中都具有十分重要的作用。有些湿地还保留了具有宝贵历史价值的文化遗址，是历史文化研究的重要场所，具有重要的教育和科研价值。

二、滨海湿地生态系统

滨海湿地生态系统是指低潮时水深 6m 以上的海域及沿岸浸湿地带与生活在其中的动植物共同组成的有机整体。滨海湿地范围较广，主要有近岸浅海、潮间带、潟湖、湖泊、滩涂、沼泽和草地等。滨海湿地是我国湿地的重要类型之一，是面积最大、最具有生态功能的一种湿地。滨海湿地对净化环境、抵御自然灾害、稳定海岸和沿岸建筑起着重要作用，主要包括红树林湿地、盐沼湿地、海草床、珊瑚礁、河口沙洲湿地和岩石离岛等。红树林湿地生态系统是滨海湿地生态系统的主要类型之一。

红树林是热带、亚热带河口海湾潮间带的木本植物群落。以红树林为主的区域中动植物和微生物组成的一个整体，统称为红树林湿地生态系统。它的生境是滨海盐生沼泽湿地，并因潮汐更迭形成的森林环境，不同于陆地生态系统。热带海区 60%～70%的岸滩有红树林成片或星散分布。

（一）红树林湿地生态系统的结构

由于群落演替的特点，红树林常呈现与海岸平行的带状分布，最基本的有 3 个地带：低潮泥滩带、中潮带、高潮带。

低潮泥滩带位于小潮低潮平均水面以下，大潮低潮最低水面以上，即低潮滩。这里盐度较高，是红树林先锋植物种类生长的地带。大潮时候，红树植物几乎全被淹没或仅有树冠外露；个别小潮时，树干基部仍浸于水中。

中潮带位于小潮高潮平均水面以下，小潮低于平均水面以上的中间地带，盐度为 1.0%～2.5%，海滩宽从几十米至几千米，淤泥深厚。退潮时地面暴露，淤泥深厚；大潮时，树干几乎被淹没一半左右，这是红树林生长的繁盛地带。

高潮带位于大潮高潮最高水面以下，小潮高潮平均水面以上，这一地带土壤经常暴露，表面比较硬实。特大高潮区有较干实的土壤，是红树林带和陆岸过渡的地带，土壤盐度因受淡水冲洗影响而较低。

（二）红树林湿地生态系统的生态因子

(1) 地质地貌。红树林主要分布于隐蔽海岸，该海岸多因风浪较弱、水体运动缓慢而多淤泥沉积。红树林大部分分布于潮间带，中潮滩是最繁茂区。

(2) 温度。红树林分布的中心地区海水的年平均温度值为 24～27℃，气温则在 20～30℃。

(3) 底质。红树林适合生长在冲积土上，如冲积平原和三角洲地带，土壤（冲击层）由粉粒和黏粒组成，且含有大量有机质，适合于红树林生长。一般红树林土壤是初生的土壤，含盐量为 0.2%～2.5%，pH=4～8，少有 pH<3 或 pH>8 的情况。

(4) 海水和潮汐。含盐分的水对于红树林生长十分重要，红树林植物具有耐盐特性，在一定盐度海水中才能成为优势种。在潮汐中每日有间隔的涨潮退潮的变化，有助于红树林植物的生长。

（三）红树林湿地生态系统的生物组成

1. 红树林植物群落

红树林植物群落是指生长在热带潮间带的木本植物群落。由于温暖洋流的影响，有的分布于亚热带，有的受潮汐的影响，也可分布于河口海岸和水陆交叠的地方。红树林生态系统中存在着许多不同科属的植物种类，并且在其邻近的岸边和低潮带常有陆生植物和海生植物存在，红树林中的主要高等植物见表4.3。

表4.3　　红树林中的主要高等植物（杨持，2008）

类　型	鉴 别 标 准
红树植物	专一性生长在潮间带的木本植物
半红树植物	能生长于潮间带，有时成为优势种，但有时能在陆地非盐渍土上生长的两栖性木本植物
红树林伴生植物	偶尔出现在红树林缘，但不成为优势种的木本植物、藤本植物和草本植物等
其他海洋沼泽植物	虽有时也出现于红树林沼泽中，但通常被认为是属于海草或盐沼泽群落中的植物

红树林中出现的植物主要包括两大类型：红树植物和半红树植物。红树植物指专一性生长于潮间带的木本植物，它们是只能在潮间带生境中生长繁殖，在非海滨环境不能自然繁殖的两栖型木本植物。红树植物与半红树植物的区别在于前者具有在潮间带生长的专一性，而后者具有两栖性，共同特点是二者均可在潮间带生长，是构成红树林组成成分的木本植物。主要建群种类为红树科的木榄、海莲、红海榄、红树和秋茄等，其次有海桑科的海桑、杯萼海桑、马鞭草科的白骨壤、紫金牛科的桐花树等。可组成7个主要群系：即木榄群系、秋茄群系、红树群系、桐花树群系、海桑群系、白骨壤群系和水椰群系。

红树林的生态适应性主要体现在特殊根系、胎生现象、泌盐现象。

红树林最引人注目的特征是密集而发达的支柱根，很多支柱根自树干的基部长出，牢牢扎入淤泥中形成稳固的支架，使红树林可以在海浪的冲击下屹立不动。红树林的支柱根不仅支持着植物本身，也保护了海岸免受风浪的侵蚀，因此红树林又被称为“海岸卫士”。红树林经常处于被潮水淹没的状态，空气非常缺乏，因此许多红树林植物都具有呼吸根，呼吸根外表有粗大的皮孔，内有海绵状的通气组织，满足了红树林植物对空气的需求。每到落潮的时候，各种各样的支柱根和呼吸根露出地面，纵横交错，使人难以通行。

“胎生现象”是红树林非常奇妙的一个现象。红树林中的很多植物的种子还没有离开母体的时候就已经在果实中开始萌发，长成棒状的胚轴。胚轴发育到一定程度后脱离母树，掉落到海滩的淤泥中，几小时后就能在淤泥中扎根生长而成为新的植株，未能及时扎根在淤泥中的胚轴则可随着海流在大海上漂流数个月，在几千里外的海岸扎根生长。

泌盐现象是由于热带海滩阳光强烈，土壤富含盐分，红树林植物多具有盐生和适应生理干旱的形态结构，植物具有可排出多余盐分的分泌腺体，叶片则为光亮的革质，利于反射阳光，减少水分蒸发。

2. 底栖动物

红树林中占优势的海洋动物是软体动物、多毛类、甲壳类及一些特殊鱼类。

软体动物中以滨螺科、汇螺科、蜓螺科和牡蛎科种类为代表。滨螺科种类通常生活在红树林的树干和树枝上；汇螺科和蜓螺科的种类主要生活在树根的基部和淤泥上；牡蛎科的种类固着在红树根和红树干上。

常见的多毛类是小头虫科的背蚓虫、双齿围沙蚕和锐足全刺沙蚕等。在红树林外的软相潮间带中，多毛虫种数、密度和生物量均较多。

常见的甲壳类是蟹类与虾类，蟹类与虾类在软基质上挖掘洞穴。常见的有招潮蟹、相手蟹和大眼蟹等。

（四）红树林湿地生态系统的生态作用

红树林的生态作用主要包括：通过网罗碎屑的方式，拦淤造陆，促进土壤的形成；滨海湿地防护林可抵抗潮汐，特别在抗海啸、风暴潮和洪水的冲击方面有重要作用；盘根错节的发达根系能有效地滞留陆地来沙，减少近岸海域的含沙量；茂密高大的枝体宛如一道道绿色长城，有效抵御风浪袭击。另外，红树林以凋落物的方式，通过食物链转换，为海洋动物提供良好的生长发育环境，同时，由于红树林区内潮沟发达，吸引深水区的动物来到红树林区内觅食栖息，生产繁殖。由于红树林生长于亚热带和温带并拥有丰富的鸟类食物资源，所以红树林区是候鸟的越冬场和迁徙中转站，更是各种海鸟的觅食栖息、生产繁殖的场所。

三、沼泽湿地生态系统

沼泽（marsh）的基本特征是地表常年过湿或有薄层积水，在沼泽地除了具有多种形式的积水外，还有小河、小湖等水体，土壤水分几乎达到饱和。由于水多，沼泽地土壤缺氧。在厌氧条件下，有机物分解缓慢，只呈半分解状态，故多有泥炭的形成和积累，形成泥炭沼泽。沼泽剖面结构自上而下为草根层、腐殖质层、潜育层和母质层。草根层、腐殖质层矿质颗粒很少，孔隙较大，具有较强的蓄水和透水能力。

（一）沼泽的生物组成

1. *沼泽植物*

沼泽植物是沼泽生态系统的主要组成成分。它能综合反映沼泽的生境，是沼泽的指示特征。沼泽半水半陆的生态环境决定了其植物群落和动物群落具有明显的水陆相兼性和过渡性。沼泽植物群落包括乔木、灌木、小灌木、多年生禾本科、莎草科和其他多年生草本植物，以及苔藓和地衣。沼泽植物是该生态系统中能量的固定者和有机物质的初级生产者，也为人们提供了可利用的资源。

2. *沼泽动物*

沼泽动物是生态系统中的消费者，又受作为生产者的沼泽植物影响。沼泽动物种类有涉禽、游禽、两栖动物、哺乳动物、鸟类和鱼类等，其中有些是珍贵的或有经济价值的动物，如黑龙江扎龙湿地和三江平原芦苇沼泽中的世界濒危物种丹顶鹤、三江平原沼泽中的白鹤、白枕鹤、天鹅，华北和新疆天山地区沼泽中的矶鹬，青海湖周围沼泽中的斑头雁，青藏高原芦苇沼泽中的大型涉禽黑颈鹤以及斑嘴雁、棕头鸥等。

（二）沼泽湿地生态系统的生态特点

沼泽是水体和陆地之间的过渡型自然综合体，本身就构成了一个生态系统，与自然界其他生态系统一样，也是一个物质循环和能量流动的系统。能量通过沼泽中绿色植物的光合作用进入沼泽生态系统，沿着食物链从绿色植物移动到昆虫、软体动物、小鱼、小虾等草食动物，再流到游禽、两栖、哺乳等肉食动物，到顶部肉食动物泽鹞，最后由微生物将它们分解成有机物质返回到环境中。同时，由于生物自身的呼吸作用，各营养级均会有能量的损失，即把部分能量逸散到外界。沼泽生态系统的能量流，也是随着营养级的升高而逐渐减少，当沿食物链上升时，在单位面积内可利用的能量越来越少。

沼泽生态系统的能量流和蕴藏的较大生物生产力，对沼泽的生态平衡和科学利用沼泽具有重要的理论价值和生产意义。沼泽生态系统是自然资源的组成部分。沼泽生态系统中草本植物生长茂密，土地肥沃，有机质含量高，排干后可开垦为耕地。素有“鱼米之乡”之称的珠江三角洲、江汉平原、洞庭湖平原、太湖平原等，都是从沼泽上开发出来的。沼泽蕴藏着丰富的泥炭资源，适当利用时，可垦为农田，改造育林或辟为牧场。沼泽上的纤维植物和泥炭利用具有广阔的前景。纤维植物（小叶章、大叶章、芦苇、毛果苔草等）是很好的造纸和人造纤维的原料。泥炭有机质含量丰富，一般为50%～70%，氮、磷、钾等的含量也较高，是良好的肥料，并可用泥炭来改良土壤，提高土壤肥力。此外，泥炭在工业、农业、医药卫生等方面有广泛的用途。

四、人工湿地

人工湿地是非天然形成的湿地。人工湿地可分为水利用途的湿地（包括水库、拦河坝等）、水产养殖用途的湿地（养殖池塘、海水养殖场）、农业用途的湿地（农用池塘、灌溉用沟、渠及稻田）、矿业采矿性的湿地（盐田）、城市用途的湿地（废水处理场所、景观和娱乐水面）等。

人工湿地具有一定的生态效益，例如水利用途的湿地可以均化洪水、补水，可以移出和固定营养物、移出和固定有毒物质，净化水资源；农业用途的湿地可用于能源生产，如灌溉等；城市用途的湿地则具有社会文化属性，具备观赏美学的重要性。

稻田是人工湿地的一种重要类型。水稻原产于亚洲热带，在我国广泛栽种后，逐渐传播到世界各地。水稻喜高温、多湿、短日照，对土壤要求不严。水稻土是指发育于各种自然土壤之上、经过人为水耕熟化、淹水种稻而形成的耕作土壤，是我国一种重要的土地资源。它以种植水稻为主，也可种植小麦、棉花、油菜等旱作物。

水稻田和其他农用地不同，它是一种人工湿地系统。我国人工湿地面积大约为4000万 hm^2，其中稻田就有3800万 hm^2，主要分布在秦岭至淮河一线以南的平原、河谷之中，尤以长江中下游最为集中。一方面，水稻田提供了我国⅔人口的主食，对于确保我国粮食安全十分重要；另一方面，作为湿地系统，在蓄滞洪水、补充地下水、保护环境、维护生态平衡中具有其他农业系统无法取代的作用。

充分发挥水稻田的生产、生态多种功能，对可持续发展具有十分重要的意义。

（1）促进水土保持。在湿润多雨的地区，水稻田可以大面积蓄水，起到滞洪、除涝的作用。假如我国3800hm^2 稻田都灌满20cm的水，蓄水量可高达76km^3，是我国最大的蓄水池和滞洪区。若考虑地下水位以上的下界面饱和持水作用，蓄水量则更大，估计可达到190km^3。在山区，水稻梯田则可涵育水源、削减洪灾。多雨季节，每1hm^2 水稻梯田可蓄水1500～225011m^3。在枯水期，地表蓄水下渗又补充了地下水，或汇入河流成为径流。

（2）有利于地下水补给。稻田蓄水除了表面蒸发和排水外，大部分则下渗成了地下水，所以，在城市市郊可利用水稻田灌溉水补充地下水。水稻田补水量每平方千米可达

50 万 t。

（3）促进水汽循环，调节气候。水稻田湿地效应十分明显。据试验，深水灌溉的稻田，在 111 天全生育期中蒸腾、蒸发量为 557.8mm，日平均 5.025mm，每 $1hm^2$ 水蒸发带走的热量相当于 475.7t 标准煤燃烧的热量，能有效降低地表温度，增加湿度，加快近地层水汽循环，调节气候。

（4）减少环境污染，净化空气。稻田环境可以促进生物吸收分解污染物，同时沉淀、吸附、渗滤、氧化、还原分解、固定污染物质。因此，稻田可单独作为净化污水系统，并可和芦苇地等组成净化污水的复合湿地系统。

稻田不仅能为人类提供丰富的粮食资源，而且具有保持水土、调节气候、减少污染等特殊功能。所以不仅要利用稻田确保粮食生产的安全，还应建立多种稻田特殊功能区，如在水土流失的地区设立利用稻田保持水土功能区、稻田净化污水功能区和城郊稻田生态调节功能区等，以促进我国水利、生态、环保事业和可持续农业的发展。

五、人类活动对湿地的影响

由于我国湿地保护宣传教育不够广泛，人们对湿地的重要性认识不够全面，保护湿地的法规不够完善，加上经济的高速发展对湿地产生巨大压力和威胁，我国湿地保护面临的形势相当严峻。

（1）围垦湿地造成湿地大面积削减、功能下降。我国沿海地区累计已丧失滨海滩涂湿地约 119 万 hm^2，又因经济建设占用湿地约 100 万 hm^2，相当于沿海湿地总面积的 50％被毁坏了。

（2）生物资源过度利用，生物多样性受到挑战。已记录的湿地鱼类种类有 1118 种（包括亚种，下同），其中鲤形目有 824 种，占湿地淡水鱼类种数的 73.7％。我国有湿地水鸟 271 种，其中属国家重点保护的水鸟有 56 种。在亚洲 57 种濒危鸟类中，我国湿地内有 31 种，占 54％；全世界鹤类有 15 种，我国有记录的为 9 种，占 60％；全世界雁鸭类有 166 种，我国湿地有 50 种，占 30％。我国两栖动物共有 321 种，湿地爬行动物有 122 种，兽类有 31 种，高等植物约有 2276 种。由于湿地面积的减小，湿地环境的严重污染，使湿地生境遭到破坏。另外，人为的滥捕导致珍稀物种丧失，生物多样性受到威胁。长江中下游湿地区域内的洞庭湖湿地因围垦和过度捕捞，天然鱼产量持续下降。白鳍豚、中华鲟、达氏鲟、江豚等已是濒危物种，某些自然生长的梭鱼也处于濒危状态。其中洪湖湿地鱼类从 40 年前的 100 余种降为现在的 50 余种。杭州湾以北滨海湿地区域内的双台子河口湿地鱼产量，由 20 世纪 50 年代的 870t 下降至 20 世纪 70 年代的 100t 以下。湿地水禽由于过度猎捕、捡拾鸟蛋等行为，种群数量大幅度下降。杭州湾以南滨海湿地区域内的红树林湿地的大面积消失，使得很多生物如鱼虾类、贝类失去栖息场所和繁殖地。

（3）泥沙淤积，污染加剧。污染是我国湿地面临的最严重威胁之一，一些天然湿地已成为工农业废水、生活污水的承泄区。因水质污染和过度捕捞，近海生物资源量下降，近海海水养殖自身污染日趋严重。其中尤以无机氮和无机磷营养盐污染最严重。稻田等人工湿地由于大量使用化肥、农药、除草剂等化学产品，已成为湿地的典型面源污染，进而影响了内陆和沿海的水体环境质量。

第四节　农业生态系统生态学

一、概述

农业生态系统是在人类的积极参与下，利用农业生物种群和非生物环境之间以及农业生物种群之间的相互关系，通过合理的生态结构和高效的生态机能，进行能量转化和物质循环，并按人类的意愿进行物质生产的综合体。这一概念的形成，一方面显示了农业生态系统是人类通过社会资源对自然资源进行利用和加工而形成的生态系统；另一方面，阐明了一个农业生产单元的各组成要素是如何共同构成一个系统整体的，也表明了农业发展策略与技术措施对农业生态系统各环节产生连锁反应的系统原因。

从农业生态系统的定义可以看出，农业生态系统与自然生态系统的本质区别在于：农业生态系统具有以人类需要的农副产品为中心的社会经济和技术力量的投入，并作为系统重要组成成分之一，影响着系统的存在与发展。

农业生态系统生态学是运用生态学的原理及系统论的方法，研究农业生态系统中生物与非生物环境之间、生物与生物之间相互关系及其规律的科学。农业生态系统生态学是应用生态学的一个分支学科，是生态学原理和方法在农业生态系统中的应用和实践。

二、农业生态系统的组成

农业生态系统（图 4.10）与自然生态系统一样，其基本组成也包括生物成分和非生物环境成分两部分。由于受到人类的参与和调控，其生物成分是以人类驯化的农业生物为主，环境也包括了人工改造的环境部分。

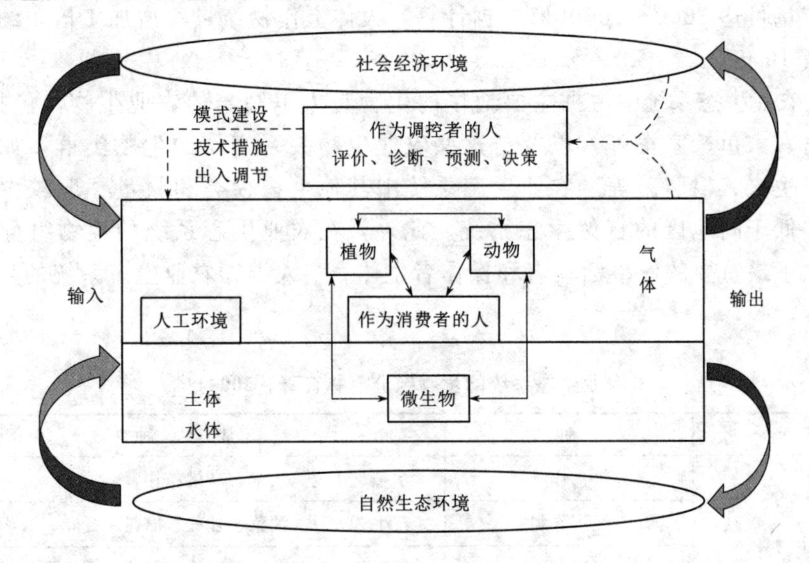

图 4.10　农业生态系统示意图（骆世明，2001）

（一）生物组分

农业生态系统的生物组分包括以绿色植物为主的生产者、以动物为主的消费者和以微生物为主的分解者。

生产者指自养型生物，主要是绿色植物，包括各种农作物和人工林草等。它们通过光合作用制成有机物质，除供应本身的生长繁育外，还作为其他异养生物的食物和能量来源。

消费者包括草食动物、肉食动物、杂食动物、寄生动物和腐生动物等，均为异养型生物。其中草食动物（如牛、羊、马、兔等）直接靠摄食植物生存，为初级消费者。因它们具有把植物食料转化为肉、蛋、奶、皮、毛和骨等产品的功能，又称为次级生产者。肉食动物则被称为次级消费者。杂食动物兼具草食和肉食两重食性。

寄生于动植物体内外的寄生动物和以动物尸体、植物残体等为食的腐生动物仍属次级消费者。它们也都是次级生产者。分解者主要指依靠动植物残体生存、发育、繁殖的各种微生物，包括真菌、细菌和放线菌等。它们能把生物的残体、尸体等复杂有机物质最终分解成能量、二氧化碳、水和其他无机养分。在农业生产中，食用真菌（如蘑菇、香菇、木耳等）已被广泛开发利用。绿色植物的光合产物，通过消费者和分解者的转化途径，最后分解为无机物质和热能返回到农业环境，其中一部分再供绿色植物吸收利用。由此构成一个连续不断的物质循环和能量转化系统。其中，除太阳辐射能是一切生态系统能量的基本来源外，在农业生态系统中，常常还由人类以栽培管理、选育良种、施用化肥和农药以及进行农业机械作业等形式，投入一定的辅助能源，因而增加了可转化为生产力的能量。农作物的高生产力，在很大程度上是由人类投入的各种形式的辅助能源来维持的。如采集经济时代每年每公顷作物的干物质产量为 0.4～20kg；不补充化肥、农药、机械等辅助能量的农业产量为 50～2000kg；而补充投入这些辅助能量的禾谷类农业，其产量可达 2000～20000kg。据计算，大体上作物产量每增加 1 倍，约需增加投入农用物资 10 倍。

然而，农业生态系统中占据主要地位的生物是人工驯养的农业生物，包括农作物、家畜、家禽、家鱼、家蚕等，以及与这些农业生物关系密切的生物类群，如杂草、作物害虫、寄生虫、根瘤菌等。农业生态系统中其他生物种类和数量一般较少，其生物多样性往往低于同地区的自然生态系统。此外，在农业生态系统的生物组分中极为重要的是增加了最重要的农事活动者和操作者主体——人类。农业生态系统的生物组分见表 4.4。

表 4.4　　农业生态系统的生物组分（林育真，2004）

类	别	常见种类
农业生物	粮食作物	水稻、小麦、玉米、高粱、甘薯
	经济作物	花生、大豆、油菜、甘蔗、棉花、黄麻、烟草
	饲料作物	紫苜蓿、白三叶、红三叶、鸭茅、梯牧草
	园艺作物	蔬菜、果树、花卉
林业生物	经济林木	油茶、橡胶、油桐、漆树、板栗、核桃
	用材林木	松、杉、竹、桉、杨、槐、榆

续表

类	别	常见种类
牧业生物	家畜	猪、牛、羊、马、驴、骡、兔、貂、鹿、狗、猫
	家禽	鸡、鸭、鹅、火鸡、家鸽、鹌鹑
渔业生物	淡水鱼类	青鱼、草鱼、鲢鱼、鳙鱼、鲤鱼、鲫鱼、罗非鱼
	浅海养殖类	海带、紫菜、海参、贻贝、梭鱼、海鲂、对虾
	滩涂养殖类	蛆、蛤、扇贝、牡蛎、鲍鱼
虫菌业生物	小动物	蚯蚓、钳蝎、福寿螺
	昆虫类	蜜蜂、桑蚕、柞蚕、麻蚕、紫胶虫、寄生蜂
	微生物	食用菌、曲酶、甲烷菌、杀螟杆菌

（二）环境组分

农业环境因素一般包括光能、水分、空气、土壤、营养元素和生物种群，以及人和人的生产活动等。环境组分包括自然环境组分和人工环境组分。前者虽与自然生态系统的组分性质相似，但也已受到不同程度的人为影响。例如，作物群体内的温度、鱼塘水体的透光率、耕作土壤的理化性质等，都会受到人类各种活动的影响，甚至大气成分也因受到工农业生产的影响而有所改变。后者包括生产、加工、储藏设备和生活设施，如温室、禽舍、渠道、防护林带、加工厂、仓库和住房等。人工环境组分是自然生态系统中所没有的，通常以间接的方式对生物产生影响。在研究农业生态系统时常会将人工环境组分的部分或全部划在系统的边界之外，归于社会系统范畴。

三、农业生态系统的特点

虽然农业生态系统脱胎于自然生态系统，因此，其组分、结构和功能与自然生态系统存在很多相似之处。但它又是受人类主动干预的系统，人类对其长期的利用、改造和调控，使得它又明显有别于自然生态系统。

（1）受人控制的系统。农业生态系统是在人类生产活动下形成的。人类参与农业生态系统的根本目的在于：将众多的农业资源高效地转化为人类需要的各种农副产品。例如，通过育种、栽培、饲养等，调节和控制农业生物的数量与质量；通过农业基本设施的建设和农田耕作、施肥、灌溉、防治病虫草害等技术措施，调节或控制各种环境因子，为农业增产服务。应当注意的是，农业生态系统并不是完全由人类控制的。这是因为在某种条件下，自然生态对它也有一定的调节作用。农业生态系统以产出大于投入为目的，而自然生态系统则以实现最大生物量的收支平衡为归宿。

（2）净生产力高的系统。农业生态系统的总生产力低于相应地带的自然生态系统，但其净生产力却高于自然生态系统。例如，热带雨林的净生产力只有 $7.5t/(hm^2 \cdot a)$，而热带稻田生产力（一年两季干物质）为 $30t/(hm^2 \cdot a)$，由于农业生态系统中的生物组分多数是按照人的意愿（高产、优质、高效等）配置的，加上科学管理的作用，使其中优势种的可食部分或可用部分不断发展，物质循环与能量转化得到进一步加强和扩展，因而具有较高的光能利用率和净生产量。

（3）自我稳定性能较差的系统。农业生态系统中的生物多经人工选择，与自然生态系统相比，其生物种类较少，食物链结构简化，对自然、栽培条件和饲养技术的要求愈来愈高，抗逆能力减弱。由于人为防除了其他物种，致使农业生物的层次减少，造成系统自我稳定性下降。因此，农业生态系统需要人为不断地调节与控制，才能维持其结构与功能的相对稳定。

(4) 开放性系统。自然生态系统通常是自给自足的系统，生产者所生产的有机物质，几乎全部保留在系统之内，许多营养元素基本上可以在系统内部循环和平衡。而农业生态系统的生产除了满足系统内部的需求外，还要满足系统外部和市场所需，这样就会有大量的农、林、牧、渔等产品离开系统，参与系统内再循环的残留物质数量较少。为了维持系统的再生产过程，除太阳能以外，还要大量地向系统输入化肥、农药、机械、电力、灌溉水等物质和能量。农业生态系统的这种“大进大出”现象，表明它的开放性远超过自然生态系统。

(5) 自然与社会“双重”规律制约的系统。自然生态系统服从于自然规律的制约，农业生态系统不仅受自然规律制约，还要受社会经济规律的支配。农业生态系统的生产既是自然再生产过程，也是社会再生产的过程。例如，在确定农业优势生物种群组成时，一方面要根据生物的生态适应性，另一方面还要根据市场需求规律，评估该生物种的市场前景和发展规模。

(6) 区域性明显的系统。与自然生态系统一样，农业生态系统也有明显的地域性；不同的是，农业生态系统除了受气候、土壤、地形地貌等自然生态因子影响形成区域性外，还要受社会、经济、技术等因素的影响而形成明显的区域性特征。在进行农业生态系统区划与分类过程中，要更多考虑区域间社会经济技术条件和农业生产水平的差异。如“低投入农业生态系统”与“高投入农业生态系统”“集约农业生态系统”与“粗放农业生态系统”等都是根据人类的投入水平和经济技术水平进行划分的。

四、农业生态系统的结构与功能

(一) 农业生态系统的结构

农业生态系统结构是指农业生态系统的构成要素以及这些要素在时间上、空间上的配置和物质、能量在各要素间的转移、循环途径。农业生态系统的结构直接影响系统的稳定性、系统的功能、转化效率与系统生产力。通常情况下，生物种种群结构复杂、营养层次多、食物链长、食物网复杂的农业生态系统，稳定性较强；反之，结构单一的农业生态系统，即使有较高的生产力，但稳定性差。因此在农业生态系统中必须保持耕地、森林、草地、水域有一定的适宜比例，从大的方面保持农业生态系统的稳定性。农业生态系统的结构包括种群结构、空间结构、时间结构和营养结构四个方面。

1. 农业生态系统的种群结构

农业生态系统的种群结构是农业生物（植物、动物、微生物）的组成结构及各种农业生物的物种结构。例如，农田中的作物、杂草与土壤微生物、大田作物中的粮食作物、经济作物、绿肥等。

2. 农业生态系统的空间结构

农业生态系统的空间结构包括了生物的配置与环境组分的相互安排与搭配，因而，农业生态系统的空间结构包括水平结构和垂直结构。

在水平方向上，常因地理原因而形成环境因子的纬向梯度或经向梯度，如温度的纬向梯度、湿度的经向梯度。农业生物会因为自然和社会条件在水平方向的差异而形成带状分布、同心圆式分布或块状镶嵌分布。生物会由于繁殖方式与行为方式的差异而形成规则的、随机的或成丛的各类水平格局。农作物群体水平格局还受栽培方面的人工控制。社会经济条件对农业生态系统水平结构的影响表现在：①人口密度梯度，人口密度对农业生态系统结构的影响是综合的。人口密度增加使人均资源量减少，劳动力资源增加，对基本农产品的需求上升。这必然使农业向劳动密集型转化。②城乡经济梯度，农业生态系统受城镇的影响，即离城镇的远近制约人们选择农业生态系统类型。

在垂直方向上，环境因子因海拔变化、水的深度、土层厚度、生物群落高度而产生相应的垂直梯度，如温度的高度梯度、光照的水深梯度。农业生物也因适应环境的垂直变化而形成各类层带立体结构。农业生态系统的垂直结构是指在一个农业生态系统区域内，农业生物种群在立面上的组合状况，即将生物与环境组分合理地搭配利用，从而最大限度地利用光、温、水、热等自然资源，以提高生产力。

3. 农业生态系统的时间结构

农业生态系统的环境因子受到地球自转和公转的影响而形成了年节律、日节律。月球与地球的关系也促成了像潮汐这样的月节律。生物适应这种条件而出现相应的节律。农业生态系统的时间结构是指在生态区域和特定的环境条件下，各种生物种群的生长发育及生物量的积累与当地自然资源的协调、吻合状况，它是自然界中生物进化同环境因素协调的结果。所以在安排农业生产的种养季节时，必须考虑如何使生物的需要符合自然资源的变化规律，充分利用资源，发挥生物的优势，提高其生产力，使外界投入物质和能量与作物的生长发育紧密协调。

4. 农业生态系统的营养结构

农业生态系统的营养结构是生物之间借助物质、能量流动通过营养关系而联结起来的结构。亦即农业生态系统中的多种农业生物营养关系所联结成的多种链状和网状结构，主要指的是食物链结构和食物网结构。食物链结构是农业生态系统中最主要的营养结构之一，建立合理有效的食物链结构，可以减少营养物质的耗损，提高能量、物质的转化利用率，从而提高系统的生产力和经济效率。

（二）农业生态系统的功能

农业生态系统是通过由生物与环境构成的有序结构，可以把环境中的能量、物质、信息和价值资源，转变成人类需要的产品。农业生态系统具有能量转换功能、物质转换功能、信息转换功能和价值转换功能，在各种转换之中形成相应的能量流、物质流、信息流和价值流。系统生产力是指一定期间内从农业生态系统所能获得的生物产量。它是农业生态系统能量转化和物质循环功能的最终表现。系统生产力的高低，不是仅以系统内某个生物种群或某个亚系统（如种植业）的生产力为衡量标准，而是以农业生态系统的总体生产力来评价的，它包括初级生产力、次级生产力以及腐屑食物链的生产力。在农田条件下，每年每平方米初级生产的生物产量约为0.1～4kg，平均为0.65kg。次级生产力及腐屑食物链的生产力，则视不同生物种群而异。如1头牛每天消耗饲料（干草）7.5kg，增重0.9kg；1只兔每天消耗饲料（干草）0.1kg，增重0.012kg；人工栽培的食用菌，每天每平方米能生产 0.035kg 干蛋白质等。因此，农业生态系统中种植业的初级生产和动物饲养业以至腐屑食物链生物的次级生产都应受到重视。

为了提高系统的总体生产力，还需要建立系统内各个生物种群之间相互配合、相辅相成、协调发展的高效能转化系统。一个生物种群常常只利用整个农业资源的一部分，而不同生物种群的合理组合，则能使系统内物质和能量在其循环、转化过程中得到多层次、多途径的利用，通过彼此间的相互调剂、相互补偿和相互促进，产生整合作用，其综合效果往往大于生物种群各个分项效果的总和。这种合理的生态结构，在我国农业生产中随处可见。如在鱼塘中放养草鱼、鲢、鳙、鲮和鲤等多种食性不同的鱼种，构成一个多层次的营养结构，由此产生的综合生态效果远远超过单养某个鱼种。高秆和矮秆作物间、套种，可以提高单位面积农田的总光能利用率；禾谷类作物与豆科作物间、套种，可以兼收培养地力和充分利用光能的效果。在稻作—养猪—养鱼相结合的生态结构下，用粮饲猪、猪粪喂鱼，鱼塘泥作稻田肥料，其农、牧、渔业相互促进的综合生态效果，可超过种稻、养猪、养鱼单项生态效益和经济效益的总和。

系统总体生产力的提高在很大程度上还取决于人类以化学肥料、杀虫剂、除草剂、杀菌剂和石油燃料等形式投入系统的物质和能量。投入量增加可使农业增产。但并非在任何条件下投入越多，系统总体生产力就越大。不适当地使用化肥会破坏土壤结构；单纯使用某一种杀虫剂或杀菌剂会由于害虫、病菌产生抗药性而失去药效；此外，投入物中还常含有镉、汞、铅、镍等重金属，一旦被作物吸收之后，通过食物链的陆续传递和生物浓缩，其浓度可成百倍、成千倍地增加。由此造成的有害物质的富集，不但会严重影响动植物的生长发育，使系统的总体生产力降低，而且有害人体健康。

五、人类活动对农业生态系统的影响

农业环境遭遇污染必然会带来一系列的农业生态环境问题，进而直接影响到人们的健康。目前，人类活动对农业生态系统的影响主要有以下几方面。

(1) 污水灌溉。由于水污染与水资源短缺，农业上利用污水进行农田灌溉。据统计，1993 年年底我国遭受不同程度污染的农田面积达 1000 万 hm^2，其中污水灌溉污染的农田面积 330 万 hm^2，因农田污染每年损失粮食 120 亿 kg。利用污水灌溉对农田土壤、地下水和农产品带来污染威胁。据调查，我国污灌区均遭受各种病原菌、有害有机污染物、盐分和重金属等污染，造成农田生态环境恶化。

(2) 土壤退化。化学肥料对提高农业产量起着重大作用。若按每公顷耕地的化肥消耗量计算，我国比世界平均消耗量高 2.6 倍，比发达国家也高 2.1 倍。不合理地施用化肥，会对环境造成污染。长期过量施用化肥，会造成土壤物理性质恶化，肥力下降，土壤板结，肥效降低；反过来又促使化肥施用量的增加，使农产品的成本增加，并造成对环境及农业的污染。

(3) 农药污染。农药是人为投放到环境中数量最大的有毒物质。人类的一些疾病甚至癌症都是农药引发的。长期生活在高残留农药环境中的生物极易诱发基因突变，使生物物种退化甚至衰竭死亡，造成生态系统平衡的失调乃至崩溃。农药通过食物链的传递与富集，使人类遭受高剂量农药的危害。农药环境污染已成为全球关注的世界十大公害之一。

(4) 畜禽粪便、生活垃圾。由于缺乏统一的规划和管理，农村的人畜粪便和生活垃圾未经任何处理乱堆乱放，成为各种病原微生物的滋生地和繁殖场，从而对环境构成病原体型污染。另外，规模化畜禽养殖场虽然有效地解决了菜篮子问题，但由于粪便排放量大，处理和综合利用技术跟不上，造成了畜禽粪便对周边环境的污染。粪便一般含有较多水分，在堆放和储藏过程中，会产生硫化氢、氨、二甲硫醇等恶臭气体，同时也会造成大量养分流失。

（5）焚烧秸秆。传统上我国农民用秸秆烧火做饭、取暖、养殖、积肥还田。近年来，随着农业生产水平的提高，作物秸秆总量大幅度增长，综合利用技术滞后。因而每到收获季节，广大农村特别是近郊农村的农民便在田间大量焚烧秸秆，浓烟四起，污染环境。

（6）社区、庭院垃圾。大部分农民的住宅附近都有猪牛舍、鸡鸭棚、简易厕所。每到夏季高温期，这些地方便成了蚊蝇、病原菌滋生繁殖的场所，是不容忽视的一大污染源，也是流行病肆虐的重要原因。另外，由于农村缺乏统一规划和管理，很多道路成为排放雨水和污水的渠道，房前屋后乱倒垃圾、养牲畜、堆柴草、放杂物，使乡村一直摆脱不了脏乱差的局面。

（7）大量施用化肥。过量施用氮肥使蔬菜体内的硝酸盐超标，人食用后硝态氮在人体消化道内转化为毒性很大的亚硝酸盐。尤其是婴儿更容易中毒，受害较轻的，产生皮肤发红等症状，受害严重时，甚至可造成婴儿窒息死亡。成年人长期饮用含硝酸盐过高的水或通过食物摄入较多的硝酸盐，会出现视觉和听觉缓慢、迟钝等多种毒害症状，甚至产生致癌作用。

（8）乡镇企业污染。乡镇企业多处于村镇、农村附近，污染物直接排放到农业环境，因此，对农业环境的污染影响很大。据不完全统计，乡镇企业“三废”污染的农田面积大约为266万 hm^2，每年造成粮食损失约40亿kg。在废水方面，造纸、印染、化工、电镀和食品加工等行业排放的含碱、重金属、有机物等物质的废水毒性很大，使邻近河、湖、水塘的水体全年发黑，不仅不能饮用和养鱼，严重的也不能灌溉。一些大中城市把污染严重的生产项目转移到乡镇企业，把一些缺少环保设施的淘汰设备廉价转让给乡镇企业使用，总体上乡镇企业工艺落后，管理水平低，单位产品的能耗、物耗都很高，污染物排放量很大。当前炼硫、炼焦等排放的二氧化硫，砖瓦窑厂和小磷肥厂排放的氮化物等对农业的危害很大。

（9）地膜使用。农用塑料地膜虽然在作物增产中起了很大作用，但也对环境带来了一系列不利的影响，成为困扰农业持续发展的重要问题。由于废的残膜不易分解，积累在农田不易消除，年复一年，造成农田土壤污染。土壤积累过多的残膜可严重影响作物根系的生长发育、水分的运移，致使作物减产。受残膜污染的棉田，由于残膜盖苗和压苗使作物不出苗率显著增加。造成作物不出苗和死苗的原因是种子播在残膜上吸不到足够的水分而不能出土，同时种子萌发后，幼苗的根系穿不透残膜，缺乏水分、养分而干枯死亡。残留地膜不仅影响作物根系的生长发育，使其根扎不深，易倒伏，而且还影响叶宽、茎粗以及株高等，使产量大幅下降。残膜碎片进入水体，不仅影响景观，还可能带来排灌设施运行困难。残膜随作物秸秆和饲草进入农家，牛羊等牲畜误食后，会导致肠胃功能失调，严重时厌食，进食困难，甚至死亡。有些地方还将残膜碎片焚烧，产生有害气体污染大气环境，危害人体健康。农田中部分残膜被风刮到田边、地角、水沟、池塘、河流中，有的挂在树枝上，由此又造成“白色公害”。

（10）非农业占地。由于城市化和交通运输发展等原因，耕地被占用得越来越多。我国

1949 年原有耕地面积约 132 万 hm^2，但由于生态衰退、沙漠扩大，已失去约 13.3 万 hm^2，城市居住环境的扩大又占去约 13.3 万 hm^2，现有耕地仅 100 万 hm^2 左右。全球能源系统的迅速发展也要占用大量耕地，如建水电站经常需淹没河边大片富饶的低洼地，煤矿的露天开采等也会减少耕地面积。

第五节　城市生态系统生态学

一、概述

城市生态系统是人类生态系统的主要组成部分之一。它既是自然生态系统发展到一定阶段的结果，也是人类生态系统发展到一定阶段的结果。人类生态系统的名称存在着差异。有人称为人类生态系统，有人则称为生态—经济—社会复合生态系统。此外，还有人称为人工生态系统。通常，工程学界称为人工生态系统，环境经济学或生态经济学界则多称为生态经济系统，而关注人口问题的则称为人类生态系统。不过，这些不同的提法在定义上是大同小异的。较为广泛接受的定义是“因人类自身的经济利益需要，对自然生态系统改造和调控而形成的生态系统”。这样，人工草场、人工林、鱼塘、农业、村落和城市等均是人类生态系统。因此，城市生态系统指的是城市空间范围内的居民与自然环境系统和人工建造的社会环境系统相互作用而形成的统一体，属人工生态系统。它是以人为主体的、人工化环境的、人类自我驯化的、开放性的生态系统。城市居民是由居住在城市中的人的数量、结构和空间分布（含社会性分工）三个要素所构成。自然环境系统包括大气、水体、土壤、岩石、矿产资源、太阳能等非生物系统和动物、植物、微生物等生物系统；社会环境系统包括人工建造的物质环境系统（包括各类房屋建筑，道桥及运输工具，供电、供能、通风等市政管理设施及娱乐休闲设施等）和非物质环境系统（包括城市经济、文化与群众组织系统，社会服务系统，科学文化教育系统等）。

城市生态系统生态学（简称城市生态学）是由芝加哥学派的创始人帕克（R. E. Park）于 20 世纪 20 年代提出。Mckenzie（1925）最先从狭义上对城市生态学做出了定义，即城市生态学是对人们的空间关系和时间关系如何受其环境影响这一问题的研究。这一定义侧重于社会生态学的内容。此后，有很多学者对城市生态学开展了大量研究，对城市生态学的研究越来越深刻，城市生态学理论也越来越丰富。目前，较为广泛接受的城市生态学的定义是：城市生态学是研究城市人类活动与周围环境之间相互关系的学科。城市生态学将城市生态系统视为以人为中心的人工生态系统，在理论上着重研究其发生和发展的原因、组成和分布的规律、结构和功能的关系、调节和调控的机理；在应用上旨在运用生态学原理规划、建设和管理城市，提高资源利用效率，改善系统关系，增加城市活力。

二、城市生态系统的组成

城市生态系统是地球表层人口的集中地区，是由城市居民和城市环境系统组成的，具有一定结构和功能的有机整体。目前没有统一的城市生态系统结构的划分，因不同的研究出发点与方向所划分的系统结构不尽不同。总体而言，城市生态系统结构主要有两种划分。

第一种划分方式：城市生态系统可分为城市居民和城市环境系统。①城市居民，包括性别、年龄、智力、职业、民族、种族和家庭等结构；②城市环境系统包括自然环境系统和社会环境系统。自然环境系统包括非生物系统的环境系统（大气、水体、土壤、岩石等）和资源系统（矿产资源和太阳、风、水等），生物系统的野生动植物、微生物和人工培育的生物群体等；社会环境系统包括政治、法律、经济、文化教育、科学等。

第二种划分方式：由我国生态学家马世骏教授提出，"城市生态系统是一个以人为中心的自然界、经济与社会的复合人工生态系统。"这就是说，城市生态系统包括自然、经济与社会三个子系统，是一个以人为中心的复合生态系统，城市生态系统的三个子系统及组成要素见表 4.5。

表 4.5　城市生态系统的三个子系统及组成要素

系　　统	子 系 统	组 成 要 素
城市生态系统	自然生态系统	生命
		非生命
	经济生态系统	人类的经济活动
		第一产业
		第二产业
		第三产业
	社会生态系统	文化
		政治
		科学
		法律
		政策

城市生态系统结构的两种划分方式的主要不同点是：根据前者将城市生态系统结构划分为两大部分，即城市居民和城市环境系统；后者把城市生态系统结构划分成三大部分，即自然生态系统、经济生态系统和社会生态系统，城市居民具有社会与自然双重属性。

城市生态系统结构体现了人的栖息劳作环境（包括地理环境、生物环境和人工环境）、区域生态环境（包括物资供给的源、产品废弃物的汇以及调节缓冲的库）及文化社会环境（包括文化、组织、技术、宗教和政治等）的耦合，可以分为生态核心圈、生态基础圈和生态库三个基本层次结构。在城市生态系统中，个人、家庭、社区、工厂、街道等人类功能单元为生态元，它占据一定的生态位并具有一定的生态过程，其赖以生存的物理资源及环境基础（包括源、汇和库）组成生态库。生态库具有为主体生态元供给、存储、传输物质、能量和信息的功能，在城市的生态、发展及演化过程中起着极其重要的作用。

三、城市生态系统的主要特点

其一，同自然生态系统和农村生态系统相比，城市生态系统的生命系统的主体是人类，而不是各种植物、动物和微生物，次级生产者与消费者都是人。所以，城市生态系统最突出的特点是人口的发展代替或限制了其他生物的发展。在自然生态系统和农村生态系统中，能量在各营养级中的流动都是遵循"生态学金字塔"规律的，在城市生态系统中却表现出相反的规律（图 4.11）。因此，城市生态系统要维持稳定和有序，必须有外部生态系统的物质和能量的输入。

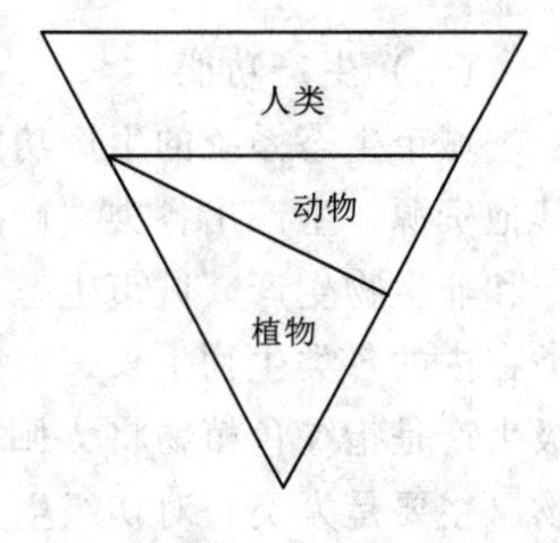

图 4.11　城市生态系统

其二，城市生态系统的环境主要部分为人工的环境。城市居民为了生产、生活等的需要，在自然环境的基础上，建造了大量的住宅、交通、通信、供排水、医疗、文教和体育等城市设施。这样，以人为主体的城市生态系统的生态环境，除具有阳光、空气、水、土地、地形地貌、地质、气候等自然环境条件外，还大量地加进了人工环境的成分，同时使上述各种城市自然环境条件都不同程度地受到了人工环境因素和人的活动的影响，使得城市生态系统的环境变化显得更加复杂和多样化。

其三，城市生态系统是一个不完全的生态系统。由于城市生态系统大大改变了自然生态系统的生命组分与环境组分状况，因此，城市生态系统的功能同自然生态系统的功能比较起来有很大区别。经过长期的生态演替，处于顶级群落的自然生态系统中，其系统内的生物与生物、生物与环境之间处于相对平衡状态。而城市生态系统则不然，由于系统内的消费者有机体也多是人类为美化城市生态环境而种植的树木花草，不能作为营养物质供城市生态系统营养物质的消费者（主要是人）使用，因此，维持城市生态系统所需要的大量营养物质和能量，就需要从系统外的其他生态系统中输入。另外，城市生态系统所产生的各种废物，也不能靠城市生态系统的分解者（有机体）完全分解，而要靠人类通过各种环境保护措施来加以分解，所以城市生态系统是一个不完全、不独立的生态系统。如果从开放性和高度输入的性质来看，城市生态系统又是发展程度最高、反自然程度最强的人类生态系统。

其四，城市生态系统在能量流动方面具有明显的特点。在能量使用上，自然生态系统和城市生态系统的显著不同之处是：前者的能量流动类型主要集中于系统内各生物物种间所进行的动态过程，反映在生物的新陈代谢过程之中。后者由于技术发展，大部分的能量是在非生物之间的变换和流转，反映在人力制造的各种机械设备的运行过程之中，并且随着城市的发展，它的能量、物资供应地区越来越大，从城市的邻近地区到整个国家，直到世界各地。在传递方式上，城市生态系统的能量流动方式要比自然生态系统多。自然生态系统主要通过食物网传递能量，而城市生态系统可通过农业部门、采掘部门、能源生产部门、运输部门等传递能量。在能量流运行机制上，自然生态系统能量流动是天然的，而城市生态系统能量流动以人工为主，如一次能源转换成二次能源、有用能源等皆依靠人工。在能量生产和消费活动过程中，有一部分能量以“三废”形式排入环境，使城市遭到污染。

四、城市生态系统的基本功能

城市生态系统的功能是指城市生态系统在满足城市居民的日常生活中所发挥的作用。城市生态系统主要具备四大功能，即生产功能、能量流动功能、物质循环功能和信息传递功能。

（一）生产功能

城市生态系统的生产功能是指城市生态系统具有利用域内外环境所提供的自然资源及其他资源，生产出各类“产品”（包括各类物质性及精神性产品）的能力，可分为生物生产和非生物生产。城市生态系统的生物生产功能是指城市生态系统所具有的有利于包括人类在内的各类生物生长、繁衍的作用，这种作用又可以分为初级生产和次级生产；生物初级生产是指绿色植物将太阳能转变为化学能的过程，生物次级生产是指城市中的异养生物（主要是人类）对初级生产物质的利用和再生产过程。

非生物生产是人类生态系统所特有的，是指具有创造物质与精神财富满足城市人类的物质消费与精神需求的性质。城市非生物生产所生产的“产品”包括物质与非物质两类，物质生产是指满足人们的物质生活所需的各类有形产品及服务，非物质生产是指满足人们的精神生活所需的各种文化艺术产品及相关的服务。

（二）能量流动功能

城市生态系统的能量流动（图 4.12）是指能源在满足城市四大功能（生产、生活、游憩、交通）中的转化、传递、流通的过程。城市中人类生活和城市的运行，离不开能量的流动，而城市生态系统中能量的流动又是以各类能源的消耗与转化为其主要特征。其特点有：由于技术发展，城市生态系统中的能量流动主要是在非生物之间，反映在人力所制造的各种机械设备的运行过程之中，而不是像自然生态系统中那样主要集中在系统内各种生物物种之间；在传递方式上，与自然生态系统主要通过食物网传递能量相比城市生态系统的能量流动方式要多得多，可通过农业部门、采掘部门、能源生产部门、运输部门等传递能量；在能量流运行机制上，城市生态系统能量流动以人工为主，而非天然的；除部分能量是由辐射传输外，其余的能量都是由各类物质携带。

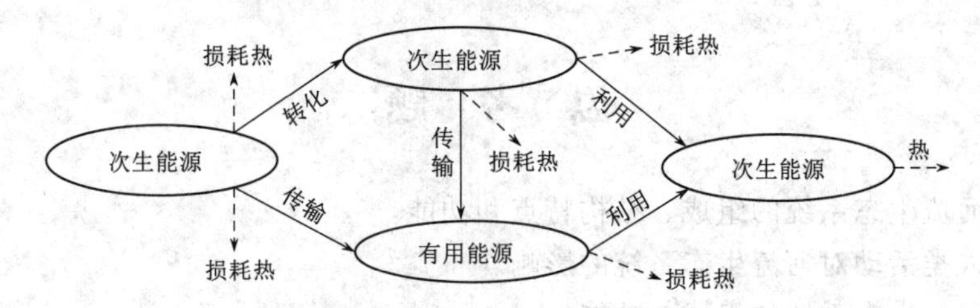

图 4.12 城市生态系统的能量流动基本过程（何强，1994）

（三）物质循环功能

城市生态系统的物质来源主要有两种，即自然性来源和人工性来源。自然性来源包括日照、空气、水、非人工性的绿色植物等；人工性来源包括人工性绿色植物、采矿和能源部门的各种物质，具体为食物、原材料、资财、商品、化石燃料等。城市生态系统物质循环中物质流的类型包括资源流、货物流、人口流和资金流几种。资源流是指自然力推动的物质流。货物流（图 4.13）是指为保证城市功能发挥的各种物质资料在城市中的各种状态及作用的集合。人口流是一种特殊的物质流，包括人口在时间上和空间上的变化，前者即人口的自然增长和机械增长，后者是反映城市与外部区域之间人口流动中的过往人流、迁移人流以及城市内部人口流动的交通人流。除上述物质流类型外，人们还从经济观点出发，提出了城市的价值流、资金流，包括投资、产值、利润、商品流通和货币流通等，以反映城市社会经济的活跃程度，其实质与物质流是相同的。

（四）信息传递功能

信息在城市生态系统中的作用主要表现在：①城市功能的发挥需要信息；②城市是信息的集聚点；③城市是信息的处理基地；④城市是信息高度利用的区域；⑤城市是信息的辐射源；⑥城市信息流量与质量反映了城市现代化水平。

信息同样也是城市生态系统的重要资源，离开了信息，无所谓城市的控制与管理，更谈不上对城市进行规划。在对与城市研究、城市规划有关信息的采集、处理、利用的过程中，以下几个问题需要引起重视：①确定正确的采集方法；②对信息进行有效的处理；③迅速可靠地传播信息；④有效地利用信息；⑤形成专门化、规范化、标准化、互联互通的信息网，并应与国际接轨。

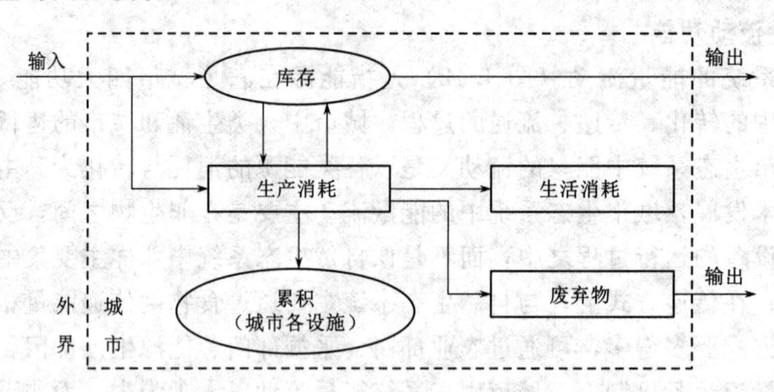

图 4.13　城市系统中货物流的流程途径

思　考　题

1. 简述河流生态系统的组成、结构特点和功能。
2. 简述人类活动对河流生态系统的影响。
3. 简述湖泊生态系统的组成与功能。
4. 简述人类活动对湖泊生态系统的影响。
5. 简述海洋生态系统的组成、特点和功能。
6. 简述农业生态系统的组成、特点和功能。
7. 简述城市生态系统的组成、特点和功能。

相　关　文　献

王如松，周启星，胡耽．城市生态调控方法［M］．北京：中国气象科学出版社，2000.
宋永昌，由文辉，王祥荣．城市生态学［M］．上海：华东师范大学出版社，2000.
宗浩．应用生态学［M］．北京：科学出版社，2011.

第五章　生　态　修　复

【教学要点】

小　　节	知 识 要 点	掌 握 程 度
生态恢复与生态修复的概念	生态恢复的概念，恢复生态学的概念，生态修复的概念	掌握生态恢复的概念； 掌握生态修复的概念； 熟悉恢复生态学的概念； 了解恢复生态学的任务
生态修复的原理与技术体系	生态修复的原理，生态修复的目标和原则，生态修复的技术体系	掌握生态修复的原理； 掌握生态修复的技术体系； 熟悉生态修复的目标和原则
河流生态系统的生态修复	河流生态系统生态修复的目标、内容、原则和方法	掌握河流生态系统生态修复的目标与内容； 熟悉水域生态修复方法； 熟悉河岸带生态修复的主要模式和材料； 熟悉滩地生态修复的总体思路和主要措施； 了解河流生态系统生态修复的原则
湖泊生态系统的生态修复	湖泊生态系统生态修复的基本原理、主要措施，富营养化的生态调控过程，生物操纵管理	掌握湖泊生态系统生态修复的基本原理； 熟悉湖泊生态系统生态修复的主要措施； 熟悉湖泊富营养化的生态调控的方法； 了解生物操纵管理的方法
生态农业与农业生态工程	生态农业的概念，生态农业的基本体系，农业生态工程的概念和类型，农业生态工程的模式	掌握生态农业的概念和基本体系； 掌握农业生态工程的概念和类型； 熟悉农业生态工程的模式

第一节　生态恢复与生态修复的概念

一、生态恢复的概念

生态系统的动态发展在于其结构的演替变化。正常的生态系统处于一种动态平衡中，生物群落与自然环境在其平衡点一定范围内波动变化。生态系统的结构和功能也可能在自然因素和人类干扰的作用下发生位移，位移的结果是打破了原有生态系统的平衡，使系统固有的功能遭到破坏或丧失，稳定性和生产力降低，抗干扰能力和平衡能力减弱，这样的生态系统被称为退化生态系统或受损生态系统。

随着人口的持续增长，科学技术的不断进步，对自然资源的需求也在不断增加，人类生产、生活和探险的足迹遍及全球，随之产生的环境污染、植被破坏、土地退化、水资源短缺、气候变化、生物多样性丧失等问题加大了对自然生态系统的胁迫。目前全球已被大面积的退化生态系统所覆盖，能否恢复与重建受损生态系统已成为全球广泛关注的热点问题。生态恢复始于1935年，在Leppold指导下美国对威斯康星州麦迪逊的一块废弃地及威斯康星河沙滩海岸附近的另一块废弃地上开展了恢复工作，经过多年努力成功创造了今天威斯康星大学种植园景观和生态中心。自从生态恢复一词出现以来，很多学者或机构在生态恢复领域开展了大量的研究，如1975年在美国弗吉尼亚工学院召开了首次"受损生态系统恢复"国际会议；1987年Jordan等出版了第一本生态恢复研究的专著*Restoration Ecology*。不同学者或机构从不同角度提出了多个生态恢复的定义，总体包括三方面的定义。

（1）强调受损的生态系统要恢复到理想的状态。代表性的定义有美国自然资源委员会（The Us Natural Resource Council，1995）认为生态恢复是一个生态系统恢复到较接近其受干扰前的状态。Jordan（1995）认为生态恢复是生态系统恢复到先前或历史上（自然的或非自然的）的状态。Cairns（1995）认为生态恢复是使受损生态系统的结构和功能恢复到受干扰前状态的过程。

（2）强调应用生态学过程。代表性的定义有Bradshaw（1987）认为生态恢复是有关理论的一种严格检验，它研究生态系统自身的性质、受损机理及修复过程；Diamond（1987）认为生态恢复就是再造一个自然群落，或再造一个能自我维持并保持后代具持续性的群落；Harper（1987）认为生态恢复是关于组装并试验群落和生态系统如何工作的过程。

（3）强调生态整合性恢复。代表性的定义有国际恢复生态学会（Society for Ecological Restoration）先后提出三个定义：生态恢复是指修复被人类损害的原生生态系统多样性及动态过程；生态恢复是指维持生态系统健康及更新的过程；生态恢复是指帮助研究生态整合性的恢复和管理过程的科学，生态整合性包括生物多样性、生态过程和结构、区域及历史情况、可持续的社会实践等广泛的范围。

综合来看，生态恢复是指人们有目的地把一个受损生态系统改建成定义明确的、固有的、历史上的生态系统的过程，这个过程的目的是竭力仿效那种特定生态系统的结构、功能、生物多样性及其变迁过程。生态恢复是对受损生态系统停止人为干扰，减轻负荷压力，利用生态系统的自我恢复能力，辅以人工措施，使受损生态系统向有序方向演化，向良性循环方向发展，并逐步恢复。生态恢复并不是自然的生态系统次生演替，它强调人类的主动作用，是人们有目的地对生态系统进行改建，并不是物种的简单恢复，而是对系统的结构、功能、生物多样性和持续性进行全面的恢复。

二、恢复生态学的概念

恢复生态学这个科学术语是英国学者Aber和Jordan于1985年提出的，它是一门关于生态恢复的学科。它是研究生态系统退化的原因、退化生态系统恢复与重建的技术和方法及其生态学过程和机理的学科。恢复生态学是应用生态学的一个分支，主要致力于那些在自然灾害和人类活动压力下受到破坏的自然生态系统的恢复与重建，涉及自然资源的持续利用、社会经济的持续发展和生态环境、生物多样性的保护等很多研究领域。这里所说的"恢复"是指生态系统原貌或其原先功能的再现，"重建"则指在不可能或不需要再现生态系统原貌的情况下营造一个不完全雷同于过去的甚至全新的生态系统。

恢复生态学是最终检验生态学理论的判决性试验。它应用的是生态学的基本原理，尤其是生态系统演替理论。恢复生态学不同于传统的应用生态学，它不是基于单一的物种层次和种群层次，而是从群落或更高的生态系统组织层次考虑、设计和解决生态破坏问题。恢复生态学集纳了生态学内众多分支（生态遗传学、种群生态学、群落生态学、生态系统生态学等）的知识内容，也与许多生态学相关学科（如地理学、地质学、土壤学、水文学、生物气象学、环境化学、工程学、经济学等）有密切的交叉与融合。恢复生态学的研究任务主要涉及基础理论和应用技术两个方面。基础理论是对生态系统退化与恢复的生态学过程、各类退化生态系统的成因、驱动力、退化过程、退化机理等的研究，主要包括生态系统结构、功能以及生态系统内置的生态学过程与相互作用机制，生态系统的稳定性、多样性、抗逆性、生产力、恢复力与可持续性，不同干扰条件下生态系统受损过程及其响应机制，生态系统退化过程的动态监测、模拟、预测、预警、健康诊断等。应用技术是对各种退化生态系统恢复与重建所采用的技术、方法、措施与模式等，主要包括生态系统结构与功能的优化配置及其调控技术、退化生态系统的恢复与重建技术体系、物种与生物多样性的恢复与维持技术、生态工程设计与实施技术、生态规划、示范推广等。

作为生态学的一门新的应用性分支学科，恢复生态学在加强生态系统建设和优化管理以及生物多样性的保护等方面具有重要的理论和实践意义。它已广泛应用于对各类受损生态系统的恢复与重建，已成为人类进行自然景观设计、自然资源保护和生态系统管理的重要工具，成为人类对退化生态系统、各类废弃地和污染水域进行生态治理的科学技术基础。

三、生态修复的概念

生态修复是指以生态学原理为依据，利用生态工程学或生态平衡、物质循环的原理和技术方法或手段，对受污染或受破坏、受胁迫环境下的生态系统中生物的生存和发展状态的改善、改良或修复、重现，其中包含对生物生存物理、化学环境的改善和对生物生存“邻里”、食物链环境的改善等。生态修复的出发点和立足点是整个生态系统，是对生态系统的结构与功能进行整体上的修复和改善，要求人们的思想观念、生产生活方式都要做变革，要更多地遵循自然规律，调整产业结构，提高环境人口容量，实现人与自然的和谐发展。生态修复强调了当今社会中人类主体的能动性。

近年来我国有部分学者认为生态修复的内涵大体上可以理解为通过外界的物理、化学作用使受损（挖掘、占压、污染全球气候变化自然灾害等）的生态系统得到优化修复、重建或改建（不一定与原来完全相同）。生态修复可简单地理解为“生态的修复”，即应用生态系统自组织和自调节能力对环境或生态本身进行修复。这一理解与日本以及欧美国家提出的“生态修复”概念类似。生态修复涵盖了环境修复，但有别于环境修复，它包含了非污染的退化生态系统的生态修复，如水土流失和荒漠化可以通过退耕还林和封禁治理等手段修复生态系统。因此，我国生态修复在外延上可以从四个层面理解。第一个层面是污染环境的修复，即传统的环境生态修复工程概念。第二个层面是大规模人为扰动和破坏生态系统（非污染生态系统）的修复，即开发建设项目的生态修复。第三个层面是大规模农林牧业生产活动破坏的生态系统的修复，相当于生态建设工程或生态工程。第四个层面是小规模人类活动或完全由于自然原因（森林火灾、雪线上升等）造成的退化生态系统的修复，处于实施进程中的水土保持和重要水源保护地、生态保护区的封禁管护均属于这一范畴。

第二节　生态修复的原理与技术体系

一、生态修复的原理

生态修复通常是通过排除干扰，加速生物组分的变化和启动演替过程，使退化的生态系统恢复到某种理想的状态。这一过程中，首先是建立生产者系统（主要指植被），由生产者固定能量，并通过能量驱动水分循环，水分带动营养物质循环。在生产者系统建立的同时或之后再建立消费者、分解者系统和微生境。生态修复通常包括物理修复、化学修复、微生物修复、植物修复、自然修复等。

1. 物理修复

物理修复是根据物理学原理，利用一定的工程技术，使环境中污染物部分或彻底去除，或转化为无害形式的一种污染环境治理方法。相对于其他修复方法，物理修复一般需要研制大中型修复设备，因此其耗费也相对昂贵。

物理修复方法很多，如污水处理中的沉淀、过滤和气浮法等，大气污染治理的重力除尘法、惯性力除尘法、离心力除尘法、过滤除尘法和静电除尘法等，污染土壤修复的固化/稳定化、玻璃化、换土法、物理分离、蒸汽浸提、固定和低温冰冻等技术方法。

2. 化学修复

化学修复是利用加入环境介质中的化学修复剂能够与污染物发生一定的化学反应，使污染物被降解、毒性被去除或降低的修复技术。

由于污染物和污染介质特征的不同，化学修复手段可以是将液体、气体或活性胶体注入地表水、下表层介质、含水土层，或在地下水流经路径上设置可渗透反应墙，滤出地下沉淀水中的污染物。注入的化学物质可以是氧化剂、还原剂、沉淀剂或解吸剂、增溶剂。不论是现代的各种创新技术（如土壤深度混合和液压破裂技术），抑或是传统的井注射技术，都是为了将化学物质渗透到土壤表层以下或者与水体充分混合。通常情况下，都是根据修复对象的特征和污染物类型，在生物修复法的速度和广度上不能满足污染对象修复的需要时，才选择化学修复方法。

化学修复方法应用范围十分广阔，如污水处理的氧化、还原、化学沉淀、萃取和絮凝等，气体污染物治理的湿式除尘法、燃烧法，含硫、氮废气的净化等。在污染土壤修复方面，化学修复技术发展较早，并且相对成熟。

3. 微生物修复

微生物修复是利用天然存在的或人为培养的专性微生物对污染物的吸收、代谢和降解过程，将环境中有毒污染物转化为无毒物质或彻底去除的环境污染修复技术。微生物是人类采取生物手段来修复污染环境最早的生命形式，而且对于污水处理来说其应用技术比较成熟，影响也极其广泛。

由于微生物具有各种独特的化学作用，如氧化-还原作用、脱羧作用、脱氯作用、脱氢作用和水解作用等，同时本身繁殖速度快，遗传变异性强，也使得它的酶系能以较快的速度适应环境变化，并且微生物对能量利用的效率比动植物对能量利用的效率更高，因而具有将大多数污染物降解为无机物（如 CO_2 和 H_2O）的能力。由此可见，微生物在有机污染物降解过程中起到了很重要的作用，所以生物降解通常是指微生物降解。

微生物具有降解有机污染物的潜力，但有机污染物能否被微生物降解取决于这种有机污染物是否具有可生物降解性。可生物降解性是指有机化合物在微生物作用下转变为简单小分子化合物的可能性。有机污染物是有机化合物中的一大类。有机化合物由天然的有机物和人工合成的有机化合物两部分组成，天然形成的有机物几乎可以完全被微生物降解，而对于人工合成的有机化合物，其降解过程则复杂得多。研究表明，在数以百万甚至千万计的有机污染物中，绝大多数都具有可生物降解性，并且有些专性或非专性降解微生物的降解能力及机理已被研究得十分清楚，但也有许多有机污染物是难降解或根本不能降解的，这就要求加深对微生物降解机理的了解，以提高微生物降解潜力，同时也要合成新的化学品用于可生物降解性试验。此外，对于那些不能生物降解的化学品应当明令禁止，只有这样才能更有利于人类和生态的可持续发展。

细菌不仅可以直接利用自身的代谢活动降解有机污染物，还能以环境中有机质为主要营养源，对大多数有机污染物进行降解，如多种细菌可利用植物根分泌的酚醛树脂（儿茶素和香豆素）降解多氯联苯（PCBs）以及2，4-二氯苯氧乙酸（2，4-D）。细菌对低相对分子质量或低环有机污染物［如多环芳烃PAHs(二环或三环的)］的降解主要是将有机物作为唯一的能源和碳源进行矿化，而对于高相对分子质量的和多环的有机污染物［如多环芳烃PAHs（三环以上的）、氯代芳香化合物、氨酚类物质、多氯联苯（PCBs）、二噁英及部分石油烃等］则采取共代谢的方式降解。多数情况下这些污染物是能被多种细菌产生的联合作用降解的，但有时也仅可被一种细菌降解。

细菌等微生物也可以积累大量的重金属污染，但由于这些微生物难以去除，并且虽然重金属在这些微生物体内可能会发生转化而暂时对环境无害，但微生物死亡后重金属又会重新进入环境并继续形成潜在危害。因此，微生物对于重金属污染土壤或水体的修复意义不是很大。

4．植物修复

植物修复是指利用植物及其根际圈微生物体系的吸收、挥发、转化和降解的作用机制来清除环境中污染物质的一项新兴的环境治理技术。植物修复途径主要包括：①利用植物根际圈共生或非共生特效微生物的降解作用，净化有机污染物污染的土壤或水体。②利用挥发植物，以气体挥发的形式修复污染土壤或水体。③利用固化植物，钝化土壤或水体中有机或无机污染物，使之减轻对生物体的毒害。④利用植物本身特有的利用、转化或水解作用，使环境中污染物得以降解和脱毒。⑤利用绿化植物，净化污染空气。

广义的植物修复包括利用植物及其根际圈微生物体系治理污染土壤（包括重金属及有机污染物质等）、净化水体（如污水的湿地处理系统、水体富营养化的防治等）以及利用植物净化空气（如室内空气污染和城市烟雾控制等）。狭义的植物修复主要指利用植物及其根际圈微生物体系净化污染土壤或污染水体，而通常所说的植物修复主要是指利用重金属超积累植物的提取作用，去除污染土壤或水体中的重金属。植物根对中度憎水有机污染物有很高的去除效率，如 BTX（即苯、甲苯、乙苯和二甲苯）、氯代溶剂和短链脂肪族化合物等。有机污染物被植物吸入体内后，植物可以通过木质化作用将它们及其残片储藏在新生的组织结构中，也可以利用代谢或矿化作用将其转化为 CO_2 和 H_2O，使其挥发。根系对有机污染物的吸收程度取决于植物的吸收率、蒸腾速度和有机污染物的浓度。植物的吸收率取决于污染物的种类、理化性质及植物本身特性。蒸腾作用可能是决定根系吸收污染物速率的关键变量，这涉及土壤或水体的物理化学性质、有机质含量、植物的生理功能（如叶面积，根、茎和叶等器官的生物量）、蒸腾系数等因素。一般来说，植物根系对无机污染物（如重金属污染）的吸收强度要大于对有机污染物的吸收强度，植物根系对有机污染物的修复，主要是依靠根系分泌物对有机污染物的络合和降解等作用。此外，植物根死亡后，向土壤释放的酶（如脱卤酶、硝酸还原酶、过氧化物酶和漆酶等）也可以继续发挥分解作用。

植物降解可以通过转基因技术得到增强，如把细菌中的降解除草剂基因转导到植物中，产生抗除草剂的植物，这方面的研究已有不少成功的例子。因此，筛选、培育具有降解有机污染物能力的植物资源就显得十分必要。目前，植物降解有机污染物的研究多集中在水生植物方面，这可能是水生植物具有大面积的富脂性表皮，易于吸收亲脂性有机污染物的缘故。

修复植物是指能够达到生态修复要求的特殊植物，如能直接吸收、转化有机污染物质的降解植物，对空气净化效果好的绿化树木和花卉等，利用根际圈生物降解有机污染物的根际圈降解植物，以及提取重金属的超积累植物、挥发植物和用于污染现场稳定的固化植物等。

5. 自然修复

生态系统都具有自然修复的能力，包括污染物的自净化、植被的再生、群落结构的重构和生态系统功能的修复等。其理论基础主要包括：生物地球化学循环、种子库理论（生态记忆）、定居限制理论、自我设计理论、演替理论、生态因子互补理论等基本原理。对于污染物，生态系统利用自身的生物地球化学循环过程，削减污染物，降低污染风险。例如土壤中的重金属可在物理生物和化学作用下失活或转化，从而减轻重金属毒害；水体中含砷、石油类等污染物也可以在水流作用下实现自然衰减，降低环境风险。对于已破坏的植被，根据定居限制理论，在生态系统修复前期可通过先锋植物、土壤种子库等为植被的再生提供基础，且这一能力十分突出，即使在重度损毁下依然存在着永久种子库。对于损毁的群落结构，生态系统可利用自身修复力，通过“种子库”所记录的物种关系形成先前稳定的群落结构，而根据自我设计理论，退化生态系统也能根据环境条件合理地组织自己形成稳定群落。对失去的生态系统功能，虽然自然修复很难像人工修复那样定向且全面地修复各影响因子，但生态因子的调节性能力、因子量的增加或加强能够弥补部分因子不足所带来的负面影响，使生态系统能够保持相似的生态功能，例如，土壤中微生物的增加可提高营养元素的活性从而弥补土壤肥力的不足，提高系统的生物产量。

二、生态修复的目标和原则

（一）基本目标

无论采用什么样的定义，生态修复都应该在实用的基础上考虑究竟要如何进行修复。Hobbs 和 Norton（1996）认为修复退化生态系统的目标包括：建立合理的内容组成（种类丰富度及多度）、结构（植被和土壤的垂直结构）、格局（生态系统成分的空间安排）、异质性（各组分由多个变量组成）、功能（如水、能量、物质流动等基本生态过程的表现）。根据恢复生态学的定义，生态修复的首要目标是保护自然的生态系统，因为保护在生态系统修复中具有重要的参考作用；第二个目标是修复现有的退化生态系统，尤其是与人类关系密切的生态系统；第三个目标是对现有的生态系统进行合理管理，避免其退化；第四个目标是保持区域文化的可持续性发展；其他目标包括实现景观层次的整合性，保持生物多样性及良好的生态环境等。总体而言，生态修复应根据不同的社会、经济、文化与生活需要，对不同退化生态系统制定不同水平的目标，主要包括以下几方面的基本目标。

（1）实现生态系统的地表基底稳定性，因为地表基底（地质地貌）是生态系统发育与存在的载体。如基底不稳（如滑坡、溃堤），则不可能保证生态系统的持续演替与发展。

（2）恢复植被与土壤，保证一定的植被覆盖率和土壤肥力。

（3）增加种类组成和生物多样性。

（4）实现生物群落的恢复，提高生态系统的生存力和自我维持能力。

（5）减少或控制环境污染。

（6）增加视觉和美学享受。

（二）基本原则

退化生态系统的恢复与重建要求在遵循自然规律的基础上，通过人类的作用，根据技术可行、经济合理、社会能够接受的原则，使受害或退化生态系统重新获得健康并有益于人类生存与生活。生态修复的原则一般包括自然原则、社会经济技术原则、人文美学原则三个方面（图 5.1）。自然原则是生态修复的基本原则，也就是说，只有遵循自然规律的修复才是真正意义上的修复，否则只能是背道而驰，事倍功半。社会经济技术原则生态修复的后盾与支柱，在一定尺度上制约着恢复的可能性、水平与深度。人文美学原则是指退化生态系统的修复应给人以美的享受。

三、生态修复的技术体系

由于不同退化生态系统存在着地域差异性，加上外部干扰类型和强度不同，导致生态系统所表现出的退化类型、阶段、过程及其相应机理各不相同。因此，在不同类型退化生态系统的恢复过程中，其恢复目标、侧重点及其选用的配套关键技术往往有所不同。对于一般退化生态系统而言，根据修复类型不同，生态修复主要涉及以下技术方法（表 5.1）。

（1）非生物环境因素（包括土壤、大气、水体）的修复技术。

（2）生物因素（包括物种、种群和群落）的修复技术。

（3）生态系统（包括结构和功能）的总体规划、设计和组装技术。

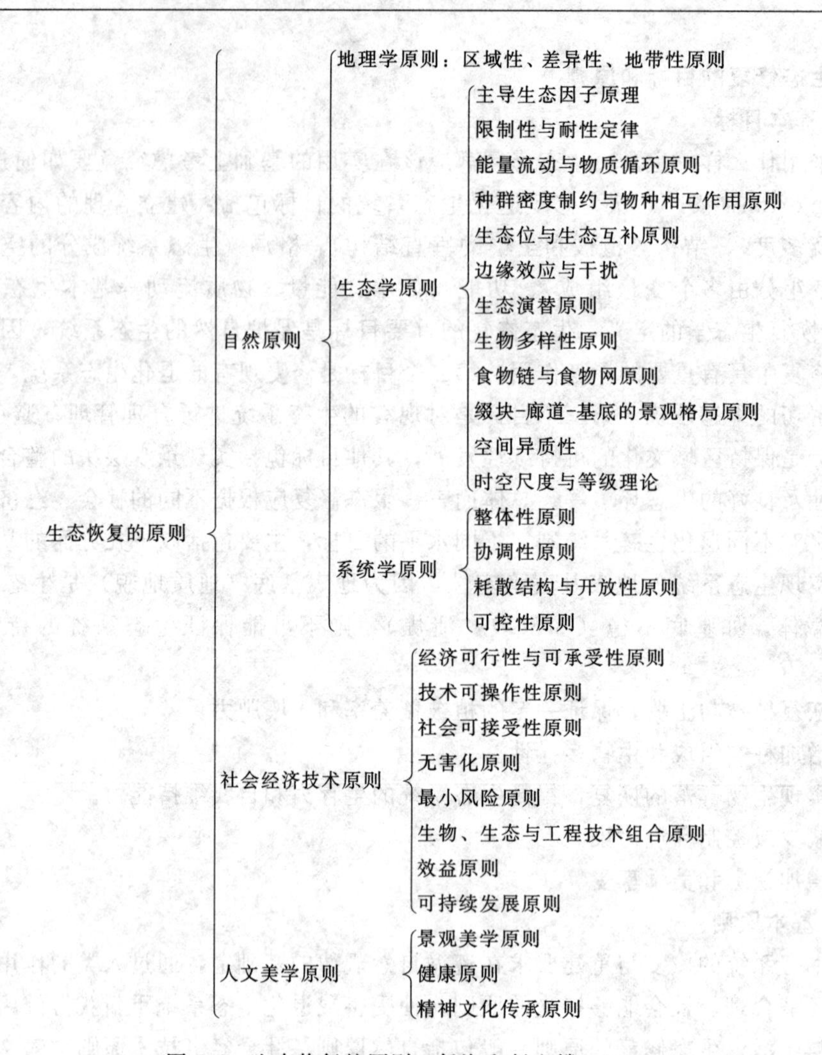

图 5.1　生态修复的原则（任海和彭少麟，2002）

表 5.1　　生态修复的主要技术类型及典型技术方法（李洪远和鞠美庭，2005）

修复类型	修复对象	主要技术类型	典型技术方法
非生物环境因素	土壤	土壤肥力恢复技术	少耕、免耕技术，绿肥与有机肥施用技术；生物培肥技术（如 EM 技术），化学改良技术，聚土改土技术，土壤结构熟化技术
		水土流失控制与保持技术	坡面水土保持磷、草技术、生物篱笆技术、土石工程技术（小水库、谷坊、鱼鳞坑等），等高耕作技术，复合农林牧技术
		土壤污染与恢复控制及恢复技术	土壤生物自净技术，施加抑制剂技术，增施有机肥技术，移土客土技术，深耕埋藏技术，废弃物的资源化利用技术

续表

修复类型	修复对象	主要技术类型	典型技术方法
非生物环境因素	大气	大气污染控制与恢复技术	新兴能源替代技术，生物吸附技术，烟尘控制技术
		全球变化控制技术	可再生能源技术，温室气体的固定转换技术（如利用细菌、藻类），无公害场开发与生产技术，土地优化利用与覆盖技术
	水体	水体污染控制技术	物理处理技术（如加过滤、沉淀剂），化学处理技术，生物处理技术，氧化塘技术，水体富营养化控制技术
		节水技术	地膜覆盖技术，集水技术，节水灌溉（渗灌、滴灌）技术
生物因素	物种	物种选育与繁殖技术	基因工程技术，种子库技术，野生生物中的驯化技术
		物种引入与恢复技术	先锋种引入技术，土壤种子库引入技术，乡土种种苗库重建技术，天敌引入技术，林草植被再生技术
	种群	物种保护技术	就地保护技术，迁地保护技术，自然保护区分类管理技术
		种群动态调控技术	种群规模、年龄结构、密度、性比例等调控技术
		种群行为控制技术	种群竞争、他感、捕食、寄生、共生、迁移等行为控制技术
	群落	群落结构优化配置与组建技术	林灌草搭配技术，群落组建技术，生态位优化配置技术，林分改造技术，择伐技术，透光抚育技术
		群落演替控制与恢复技术	原生与次生快速演替技术，封山育林技术，水生与旱生演替技术，内生与外生演替技术
生态系统	结构	生态系统组装与集成技术	生态工程设计技术，景观设计技术，生态系统构建与集成技术
		生态系统间连接技术	生物保护区网格技术，城市、农村规划技术，流域治理技术
	功能	生态评价与规划技术	土地资源评价与规划，环境评价与规划技术，景观生态评价与规划技术，4S（RS、GIS、GPS、ES）辅助技术

第三节　河流生态系统的生态修复

一、生态修复的目标与内容

（一）河流生态修复的目标

1. 生态目标

河流生态系统修复目标样式繁多，为平衡各项目标，必须产生一个“折中”目标。只有从生态角度出发，才能确立有效改善河流生态系统功能的整体目标。也只有这样，才能改善河流生物多样性、动植物群落和河流廊道。因此，明确目标动植物群落生存发展所要求的物理生境条件，是确定生态目标的一个关键因素。包括了解不同发育阶段的生境需求、掌握与目标物种有依赖或共生关系的物种的生境需求以及对目标物种进行深层次的鉴定。以上鉴定工作有助于地理学家和工程师借助于河流生态系统现状特征做出可持续的河流生境规划。而且，这一规划可以作为河流防洪、改善娱乐休闲空间等河流管理目标的重要框架。

2. 专项目标

专项目标多数由河流管理机构发起。20 世纪 90 年代里约热内卢全球首脑会议指出：河流规划与管理必须在河流环境可持续原则的指导下向生态与保育方向发展。例如，河流的防洪工程建设时，应考虑河滩地的再淹没，重建河岸林与蓄滞区等措施，既可以修复湿地生境，又有利于下游区域抵抗洪灾，但这些措施基本上与人们长期形成的河流保护观念相悖，因而实施起来很难。目前，河流修复的专项目标还包括减少有关淤泥维护费用、减少河道系统的不稳定性和改善水质（DO 含量）等措施，这些目标往往与生态效益相关。例如，新型河流管理战略不仅有利于减少河床细沙含量，还能进一步改善鲑鱼属鱼类的产卵环境。但这些生态改善措施仅仅是河流生态系统修复众多目标中的冰山一角。

3. 区域目标

区域目标是从关注人类生活质量出发，实现改善退化河流生态系统的美学价值与保护文化遗产和历史价值的目标。让那些看似无用的环境价值可能成为生态修复工程的目标之一。但有时也存在目标侧重点的差异性，此时应以主体目标为核心，兼顾协调其他目标，避免产生目标的冲突或矛盾。例如，在以娱乐休闲为目标的修复工程中，鉴于基本出发点的不同，策划其他公共目标有一定困难。只有保护目标与运动、垂钓等娱乐休闲活动在经济利益一致的基础上，才更有利于生态修复的启动。

以区域为目标的河流生态系统修复可借助社区力量或增强环境意识来实现，也可以直接由区域行动来发起。这些修复往往均以生态目标为导向。

（二）生态修复的主要内容

不同国家由于经济发展水平的差异，河流受到人类干扰的程度不同，因此，生态修复的内容也不相同。Nienhuis 和 Leuven（1998）认为河流生态修复一般包括农业、渔业、河流自然化发展和防洪 4 类。国外的众多河流以实现河流生态系统完整性作为生态修复目标。通常包括水环境改善、水文循环修复、鱼类和底栖无脊椎动物回溯等修复内容。

总体而言，河流生态系统修复应重点考虑河岸带稳定、水环境改善、栖息地改善、生物多样性增加等，生态修复的主要内容有水域生态修复、河岸带生态修复、滩地生态修复等。开展生态修复工程实施时，还要认识到工程建设必然会对环境产生冲击，应当重视生态修复对自然营造力的适宜度，不能强行修复，根据工程建设对环境影响的程度，优化调整生态修复措施，尽可能依靠自然规律来维持和发展才能达到最佳效果。

二、生态修复的原则

河流生态系统修复需要在遵循自然发展规律的基础上，借助人类的作用，考虑技术适用性、经济可行性和社会可接受性的原则，使退化河流生态系统重新获得健康，是有益于人类生存与生活的生态系统重构或再生的过程。

（一）基本原则

为适应河流管理的可持续发展，实现河流管理的“生态化”，生态修复必须不断减轻河流生态系统的“压力”，不断改善河道、河岸带或河流廊道以及河滩地的结构和功能。

一般而言，河流生态系统的生态修复应遵循以下基本原则。

（1）自然原则。河流生态系统的生态修复应能促进河流的水文和地形方面的自然功能的实现，即“让河流实现其自然价值”。这一原则要求对河流水文、地理和生态机能有充分的理解，模仿河流生态系统的自然过程，采用多学科合作、最经济的综合方法，达到生态修复的目标。

（2）生态原则。河流生态系统的生态修复须以河流生态学理论为基础，如河流连续性理论、洪水脉冲理论与河流水系统理论等。各种方法的关键在于理解河流地形、水文与河流生物之间的关系。河流生态系统在地形、水文方面的长期变化会渐渐影响群落的各个组成，从而导致群落优势种、相关度和丰富度以及产量的大幅度改变。在此期间，若没有灾难性的种群变化，河流生态系统的动植物群落将会不断发展、经历各种间断性干扰而存活下来。如果受干扰的集水区内环境条件发生较剧烈的变化，则也会导致非干扰集水区的生物整体性和连通性的改变。因此，河流生态系统的生态修复应遵循生态学基本原则。

（3）生态系统/格局导向原则。在历史上，不论是直接的还是间接的生态修复计划，多数都在保证某些生物生境的假设下，以渔业、商业为目标。但是，这样的修复计划均存在不足，因此，河流生态系统的生态修复不能仅仅以某些物种修复为中心，而应该在生态系统/格局水平上进行。既要对特定生境或具有特定物种的生境进行修复，更需要按照整体规划思想来改善河流生态系统的连续性与整体性。

（二）实践原则

河流生态系统的生态修复应遵循以下实践原则。

（1）多目标兼顾原则。河流是人类文明的发源地，已被认为是社会生活中最具生命力与变化的景观形态、最理想的生境走廊和最高质量的绿线。河流生态系统的生态修复须以实现河流生态系统的多重生态功能目标作为主导，在了解河流历史变化与地貌特征之间相互关系的基础上，统筹兼顾结构稳定、防洪安全、水体环境质量保障、生物多样性稳定以及社会服务等功能目标，建立完善的河流生态系统。

（2）系统与区域兼顾原则。河流生态系统是一个完整的开放性系统。河流生态系统的生态修复应从系统角度，充分掌握系统的组成、结构、相互关系，采取适宜的措施，保障流量、冲淤平衡、生物完整等自然功能，构建“格局-形态-生境-生物”连续完整的生态系统。同时，河流生态系统的生态修复还应兼顾流域与区域保护与发展的要求，制定流域或区域总体规划，确定合理的生态修复目标、内容和具体措施方法。

（3）资源保护与可持续性的原则。河流生态系统功能发挥的好坏，很大程度上取决于河流水系与河岸带等结构是否完整。因此，河流生态系统要遵循资源保护原则，保护现有水系、湿地、生物等资源。河流生态系统中的生物多样性是河流可持续发展的基础。因此，河流生态系统的生态修复应注重生物资源保护与生境的营造，需将目标物种与控制河流的基础地貌格局紧密联系起来，掌握它们之间的关系，修复其完整性，使其成为一个可持续的河流生态系统。

（4）尊重自然与景观协调性原则。河流生态系统的形成和发展是多种自然力作用下的复杂过程。在修复过程中，要在满足防洪安全的前提下，保留原河流的自然形态，避免截弯取直，运用自然材料和软式工程，强调生物完整性，更要避免完全人工化，防止过度的、生硬的人工雕琢。要依据景观生态学原理，保持河流生态系统的自然地貌特征和水文特征，保护生物多样性，增加景观异质性，强调景观个性和自然循环的协调性。

三、生态修复的方法

（一）水域生态修复方法

水域生态修复主要采用水质净化与改善、生态调度、连通性恢复措施、鱼类增殖放流措施等技术方法。在这些技术方法的具体实施过程中，需要严格进行过程控制，确保生态修复方法不破坏河流生态系统。

1. 水质净化与改善技术方法

水质净化与改善技术方法包括原位净化和异位净化两大类措施。原位净化是利用河流自身的河道空间布设水体净化设施，在河水自然的推流作用下，水流逐步经过净化设施，从而达到使受污染河水净化目的。原位净化主要包括人工打捞杂物垃圾、向水体投放化学或生物药剂、在水面适当位置设置生物浮床和曝气设施等。异位净化主要采取管道截污、导流等，将受污染水体引入人工湿地或污水处理厂处理，以达到水质改善的目的。水质净化与改善方法措施主要适用于水环境质量保护与恢复阶段。

2. 生态调度

生态调度是指通过调整传统工程调度运行方式，兼顾河流生态系统健康，减小工程运行对河流生态不利影响的一类非工程措施。需根据不同的改善目标采取不同的生态调度方式。通常，调度目标主要包括保障生态需水量、调节水沙过程、刺激鱼类繁殖、减缓水库水温影响等。

（1）以保障生态需水量为目标的生态调度。水库等工程建设将会改变下游河段的来水过程，在枯水季节或发生干旱气候时，若下泄流量不足，则会导致下游区间来水量不足，河流出现断流甚至枯竭现象。例如，在1972—1999年的28年中，黄河下游有21年发生断流现象，1997年断流最为严重，断流次数达13次，累计断流天数达226天。因此，为了维持河流自净和水生生物生存繁衍的基本需要，上游控制性工程应制定相应调度方案保障下游河段生态需水量。国内外生态调度的发展进程是从关注河流的生态需水量开始的。早在20世纪40年代，美国渔业与野生动物管理局就提出了生态需水的概念（崔国韬等，2011）。20世纪70年代，美国推行新的环境和淡水法规，推动了生态需水的理论研究和实践工作（徐杨等，2008；乔晔等，2014）。以保障生态需水量为目标的生态调度典型案例见表5.2。

表5.2 以保障生态需水量为目标的生态调度典型案例（林俊强和彭期冬，2019）

时间	地点	调度措施	调度成效
1980年至今	美国哥伦比亚流域	改进运行制度，保证下泄流量	促进了流域种群有效恢复
1990年至今	美国田纳西河流域	调整水库日调节方式和坝下反调节池泄水方式，保证下泄流量	大坝下游最小流量基本得到满足，鱼类和大型无脊椎动物有正面响应
2004年开始	美国萨凡纳河流域	以河道最小生态流量为基础开展生态调度	恢复了河道、洪泛区和河口栖息地

续表

时　间	地　点	调度措施	调度成效
1999年至今	中国黄河流域	增加下泄流量	保证黄河不断流，增加河口湿地水面面积，提高河口地下水位，加快三角洲造陆过程
2000年开始	中国黑河流域	增加下泄流量	河流干涸段减少，2005年东居延海首次实现全年不干涸
2000—2007年	中国塔河流域下游	生态紧急输水	结束下游河道断流史，地下水位升高
2000—2008年	中国塔里木河大西海子水库	增加下泄流量	天然植被面积扩大，沙地面积减少，地下水位升高；水质明显改善

(2) 以调节水沙过程为目标的生态调度。河流水沙过程是塑造河流浅滩深潭、河岸边滩、洪泛平原、湿地、河口三角洲等河流地形地貌的主要驱动力，是河流栖息地多样性的“缔造者”。河流筑坝后，拦断了天然泥沙输送通道，导致库区泥沙淤积，下游河道侵蚀、栖息地退化、河口萎缩，栖息地多样性降低，进而影响河流生物的多样性。为了改善筑坝河流的水沙过程，水库可采取“蓄清排浑”的泥沙生态调度方式，即非汛期来沙量较小时蓄清水，汛期来沙量较大时降低库水位泄流排沙，也可将泥沙生态调度与洪水调度结合，利用洪水对沉积物和泥沙的长距离输移作用，重塑河道形态，恢复边滩、河口等栖息地。美国科罗拉多河和中国黄河的泥沙生态调度是世界上最为著名的调节水沙过程的典型案例（表5.3）。

表5.3　泥沙生态调度的典型案例（林俊强和彭期冬，2019）

时　间	河　流	调度措施	调度成效
1996年至今	美国科罗拉多河	通过格伦峡水库，增大下泄流量，形成“人造洪水”排沙	大坝下游河流的边滩和沙洲面积增加
2002年至今	中国黄河	通过万家寨、三门峡、小浪底等多座大型水库联调，洪水期降低库水位，增加泄水量，人工塑造异重流排沙，冲刷下游河床泥沙入海	实现了水库排沙减淤，降低下游河底高程；加快黄河口造陆过程

(3) 以刺激鱼类繁殖为目标的生态调度。流量、水位、水文脉冲频率、发生时机、持续时间和变化率等水文情势过程，对河流生态系统的节律性演替和生物的自然繁衍具有重要意义。水库的拦蓄作用，改变了天然河流的水文情势，水库的调节能力越强，对水文情势的改变越大，对河流生态系统及其生物生命节律的影响也越大。因此，水库应通过生态调度来减缓这种不利影响。然而，大多数水库都具有防洪、发电、供水、航运等多种社会服务功能，要完全恢复筑坝河流的天然水文过程难以实现，比较切实可行的做法是恢复河流生态系统的关键水文过程（King et al.，2010），如鱼类繁殖所需的洪水脉冲过程。另外，鱼类作为河流食物链的顶级生物，可以有效指示和反映河流生态系统的健康状况，因此，很多水库的生态调度是以刺激鱼类繁殖为目标制定科学调度与运行调度，降低水库对河流生态系统的不利影响。很多实践表明，这种调度可操作性强，而且可以有效改善河流生态状况，也不会干扰水库社会服务功能的发挥。表5.4列出了通过恢复鱼类繁殖期关键水文过程来刺激鱼类产卵的生态调度典型案例。

表 5.4 刺激鱼类产卵的生态调度典型案例（林俊强和彭期冬，2019）

时 间	地 点	调 度 措 施	调 度 成 效
1970—1972 年	南非潘勾拉水库	人造洪峰	使溯河产卵鱼类获得适宜繁殖条件
1989 年至今	美国罗阿诺克河	恢复自然日流量过程，降低流量小时变化率	增加带纹白鲈产卵
20 世纪 90 年代	美国密西西比河下游	春季释放两次高流量脉冲	促进密苏里铲鲟产卵
20 世纪 70、80 年代开始	瑞士施珀尔河	释放高流量脉冲；冲洗鱼类栖息地底质	改善褐鳟栖息地环境
2002 年开始	澳大利亚墨累河	恢复洪水脉冲，增加洪峰和洪水持续时间	增加虫纹鳕鲈、突吻鳕鲈等鱼类产卵量
20 世纪 70、80 年代开始	美国格雅诺克河	降低水力发电周期内高、低流量变化率	促进了条纹鲈繁殖
20 世纪 70、80 年代开始	美国帕米格瓦斯特河	降低夏季枯水期高流量的频率；降低水力发电周期内高、低流量变化率	促进本土大西洋鲑的繁殖
20 世纪 80 年代至今	美国特拉基河	下泄春季洪水，降低洪水的退水率	促进鱼类产卵
2011 年至今	中国长江	四大家鱼繁殖季节的 5—6 月，通过三峡水库制造洪峰过程	促进四大家鱼自然繁殖

（4）以减缓水库水温影响为目标的生态调度。水温是河流生态系统中的重要环境要素，直接影响水体中的物理化学反应、生化反应和生物生长繁殖等关键生态进程。河流筑坝后，坝上河道水位抬升形成水库，改变了河流水体的热动力条件，引起库区和下游河道水温结构和水温情势的变化。当水温变幅、水温结构以及水温时滞达到一定程度时，将会对河流水生生物以及灌区农作物的正常生长繁殖产生显著影响。如果在河流生态系统中存在梯级开发，形成梯级水库群，则在末端梯级下游河道中水温的累积效应明显，水温过程的时滞和平坦化进一步加剧，这对下游河道敏感保护生物产生深远的影响。为了改善水库下泄时产生的水温不利影响，可根据保护生物的需求，选择适宜的取水方式进行生态调度，例如，可采用分层取水、溢流式取水、控制帷幕取水等方式。国内外以减缓水库水温影响为目标的典型生态调度案例见表 5.5。

表 5.5 国内外以减缓水库水温影响为目标的典型生态调度案例（林俊强和彭期冬，2019）

时 间	河 流	调 度 措 施	调 度 成 效
1992 年至今	美国格林河	增加春季洪峰流量和持续时间；维持较小的基流量；限制基流量的日波动范围	河流水温基本恢复到自然情况
2014 年至今	中国澜沧江	糯扎渡水库采用叠梁门方案取表层水，对水库水温进行改善	改善河流鱼类生长繁殖条件
2017 年至今	中国金沙江	溪洛渡水库采用叠梁门方案取表层水，对水库水温进行改善	改善胭脂鱼等黏沉性卵鱼类繁殖条件

3. 连通性恢复措施

天然河流是从源头到河口的连续通道，这种连续性不仅包括地理空间、物理环境的连续性，还包括生物过程的连续性。人为修筑的大坝阻断了河流的自由流动通道，也相应阻隔了河流中物质、能量及生物的输移和交流通道。河流生态系统连通性恢复可在自然和人工形成的江河湖库水系基础上，维系、重塑或新建满足一定功能目标的水流连接通道（夏军等，2002），如水流排泄通道、生物交流通道和物质循环通道等。其中，修建过鱼设施、拆坝、人工挖掘新的连通河道等工程措施，是恢复河流连通性的常见措施。

过鱼设施主要有鱼道、鱼闸、升鱼机、集运鱼系统、仿自然旁通道等类型。其中，鱼道是最早采用也是目前最常见的一种过鱼设施。例如，早在1662年法国西南部的阿尔省就颁布规定，要求在堰坝上建造过鱼通道，但早期的鱼道设计未经过科学研究，仅仅是简单地基于水位落差而设计和布置鱼道，鱼道的过鱼效果并不十分理想。我国过鱼设施研究和建设始于1958年富春江七里垅水电站规划建设中的鱼道设计，并进行了水力学模型试验（王兴勇等，2005）。20世纪60—80年代，我国在葛洲坝水利枢纽规划和建设时，针对“救鱼问题”做了大量研究和论证。2000年以后，水电工程建设迎来高峰，与此同时水电环保要求提高，堰坝对鱼类等水生生物产生的阻隔影响引起广泛关注，过鱼设施的研究与建设进入二次发展期。2000—2010年，我国有24个国家级水利水电工程项目实施了过鱼设施建设（陈凯麒等，2012）。

除了修建过鱼设施外，拆坝和人工挖掘新的连通河道等工程措施也是恢复河流连通性的主要措施。例如，对于效率不高、截断自然基流的引水式电站，或完成历史使命的小水电，可实施拆除拦河堰坝和小水电，人工挖掘新河道，开展自然河道的重塑和再连通整治，来恢复河流纵向连通性。2012年，华能澜沧江水电有限公司收购了澜沧江上游支流基独河的四级电站，并通过大坝拆除、封堵引水电站进口来恢复河流连通性（芮建良等，2013），这是我国首个以河流生态修复为目的的拆坝工程案例。但是，拆坝也可能会破坏既成的生态系统，从而带来新的生态和社会问题，例如个别坝拆除时由于建筑废渣处理不当，对下游造成不利影响。因此拆坝应该经过科学的论证，谨慎行之。

4. 鱼类增殖放流措施

鱼类增殖放流措施是保护和恢复河流鱼类资源（尤其是珍稀濒危鱼类）的有效措施。鱼类增殖放流措施最早被实施的是在古罗马时代，人们开始将鲤鱼由亚洲放流至欧洲及北美洲（徐海龙，2015）。现代鱼类增殖放流开始于19世纪中期。1842年，法国开始进行鳟鱼的人工繁殖和育苗培育研究并成功进行了人工放流（Liao et al.，2003）。总体来说，美国、法国、挪威等欧美国家及日本、苏联等在鱼类人工增殖放流工作中积累了较多的经验，鱼类人工增殖放流各项工作和技术也处于领先地位（王伟，2015）。我国增殖放流始于20世纪50年代，在四大家鱼的成功人工繁殖后，鱼类增殖放流开始发展起来（邓景耀，1995）。2006年，国务院颁发了《中国水生生物资源养护行动纲要》，把水生生物增殖放流和海洋牧场建设作为养护水生生物资源的重要措施。近10年来，鱼类人工增殖放流技术已日臻成熟，已有越来越多的土著鱼类被放流到其原有栖息环境中，为野外鱼类种群恢复提供了技术支持。

水电工程的鱼类增殖放流措施作为水电开发造成鱼类资源衰退的补偿、珍稀鱼类种群的延续、经济鱼类资源的补充的重要手段，目前在水电工程建设和生态环保中受到越来越多的重视（危起伟，2005）。我国水电工程中最早采取鱼类增殖放流措施的是20世纪80年代初葛洲坝的中华鲟人工繁殖研究。中华鲟属鲟形目鲟科，为国家一级保护动物。由于水电工程建设等外界因素和自身原因（性成熟时间长和长距离洄游）等已造成个体数量锐减（常剑波等，1999），1983年，长江水产研究所等单位开始研究中华鲟半人工繁殖，至今我国累计向长江、珠江等水域放流中华鲟超过600万余尾。目前我国在金沙江、大渡河、雅砻江、澜沧江等多个流域的大中型水利水电工程已配套建成鱼类增殖放流站数十座。例如，溪洛渡、锦屏、索风营、阿海、安谷等多个在建、已建电站中设置了鱼类增殖放流站，放流鱼种包括中华鲟、达氏鲟、胭脂鱼、裂腹鱼类、厚颌鲂、岩原鲤、中华倒刺鲃、四大家鱼等10余种（单婕等，2016）。鱼类增殖放流措施实施过程中，应依据放流水域生境适宜性和现有栖息空间的环境容量，明确放流目标、规模和规格，放流对象和规模应根据逐年放流跟踪监测结果进行调整。

（二）河岸带生态修复

1. 主要生态修复模式

河岸带生态修复是根据河岸带的水流条件、生态状况、人文景观要求，采取适宜的修复措施，使退化的河岸带生态系统恢复其生态完整性、稳定性。河岸带生态修复应遵循水力稳定原则、生态完整性原则、资源保护原则和整体景观原则。河岸带生态修复主要有自然型、工程型以及景观型三种模式。

（1）自然型生态修复。自然型生态修复是指利用河岸带自然条件，采用自然植物或自然材料等修复河岸带生态适宜性，保障河岸带岸坡结构安全，保护河岸带生物多样性，提高生态系统稳定性。在河岸带的岸顶、坡面和滨水区栽种柳树、白杨等适宜植物是自然型生态修复的主要措施，主要利用了植物的生产者角色、根茎叶固土作用、栖息地营造功能，恢复河岸带生态适宜性。由于植物的发达根系具有稳固土壤颗粒作用，可以增加河岸带的结构安全性，同时茎叶可以降低流速，防止水土侵蚀和岸坡冲刷，从而增强河岸带抗洪、生物栖息地保护能力。

自然型生态修复模式主要适用于土地空间充分、岸坡较缓、侵蚀不严重、不易被冲刷的河岸带（图5.2）。实际应用中，可根据河岸带的具体地形特点和水文条件，采用适宜的植物配置和栽植方式。一般情况下，滨水区可种植柳树、水杨、白杨、芦苇、野茭白、菖蒲等喜水性植物，岸坡上可种植沙棘、刺槐、龙须草、常春藤、香根草、狗牙根、黑麦草等。另外，也可利用木桩与植物梢的复活能力，采用植物切枝或扦插等方式，将其与枯枝及其他材料相结合、乔灌草相结合（图5.2），为生物生存营造良好的栖息条件，有效维护河流生态系统的自然特性。该模式最关键的问题是材料的选择和配置，如果选择不当，易发生外来物种入侵、抗洪能力不足等问题。

（2）工程型生态修复。对冲刷较严重、防洪要求较高的河段，如果单纯采用自然型生态修复模式，则难以满足安全要求。因此，对于安全要求高的河岸带，首先须采取措施保障河岸带的安全稳定，在此基础上，需兼顾生物多样性和良好栖息地营造要求，选用自然或仿自然等生态性材料，采用合适的布置方式，以营造良好的生物栖息地，恢复河岸带的

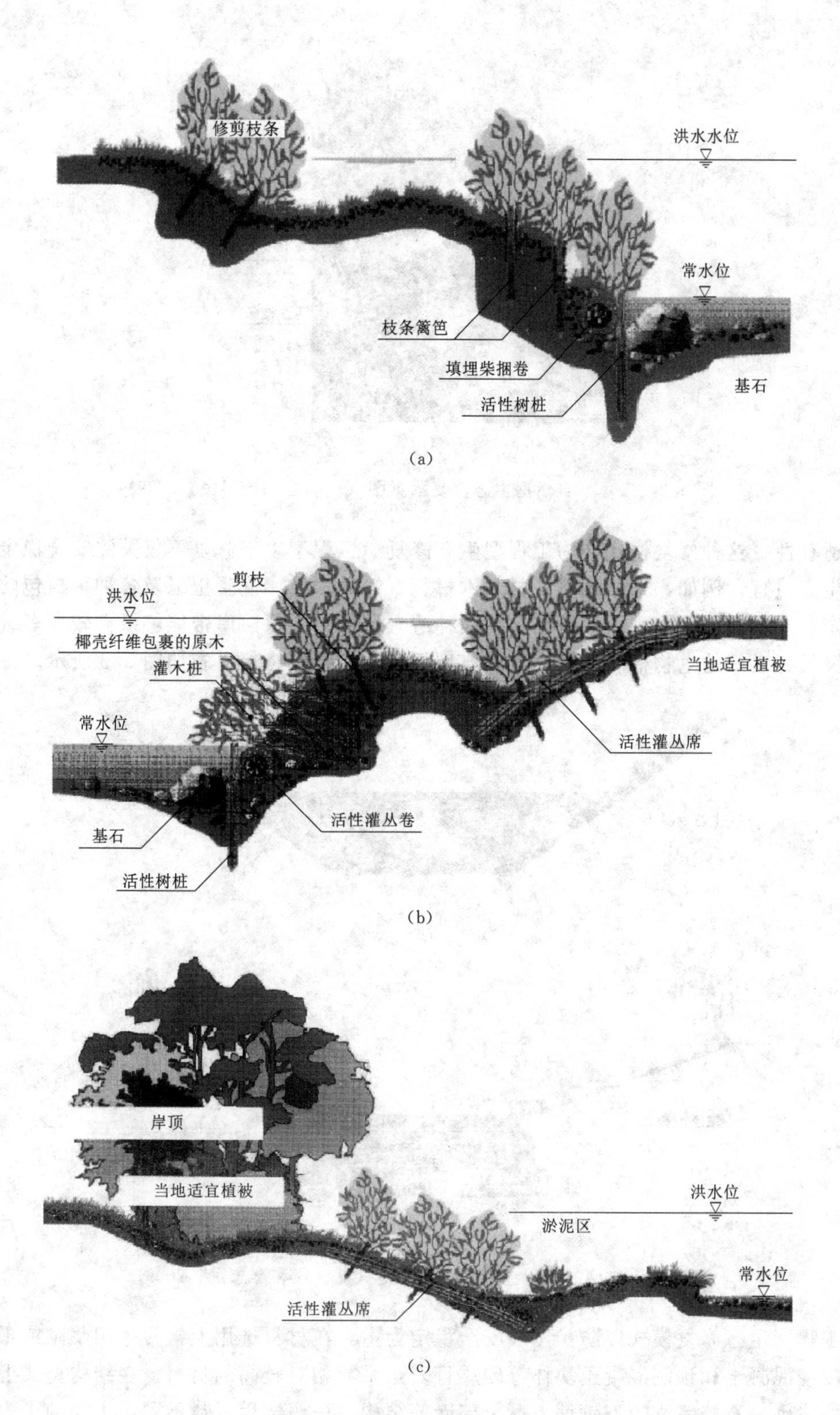

图 5.2（一） 自然型生态修复示意图（夏继红和严忠民，2009）

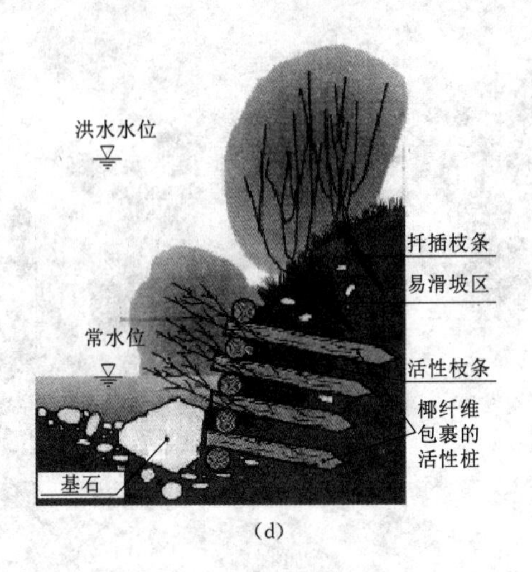

(d)

图 5.2（二） 自然型生态修复示意图（夏继红和严忠民，2009）

生态适宜性，这种修复模式称为工程型生态修复。工程型生态修复不仅关注安全稳定，还兼顾生态适宜。例如，采用天然石材、木材、石笼、木桩、混凝土以及各种种植包防护岸坡稳定，同时在坡面采用乔灌草结合，栽种适宜植被，确保河岸带能够抵御较大等级的洪水，又具有良好的生物栖息环境。几种典型的工程型生态修复措施如图 5.3 所示。

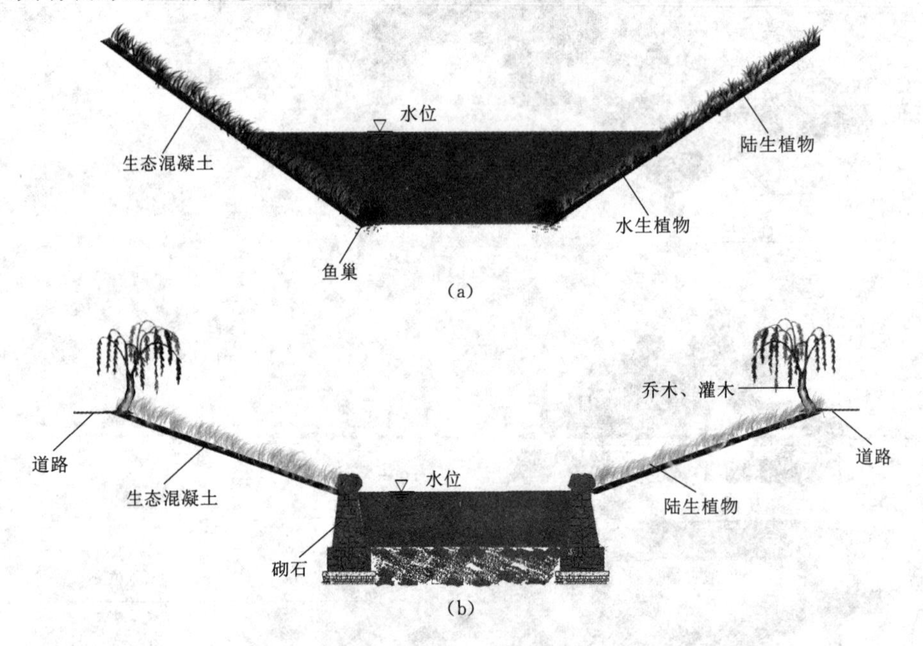

(a)

(b)

图 5.3 典型的工程型生态修复措施（夏继红和严忠民，2009）

工程型生态修复模式以防护岸坡安全稳定为主，在材料选用上常常采用浆砌或干砌块石、现浇混凝土和预制混凝土块体等硬质且安全系数相对较高的材料。在结构型式上常用重力式浆砌块石挡墙、工型钢筋混凝土挡墙等结构。按照选用材料不同，主要的工程型生态修复方法有：①软体排与柔性材料结合法。河岸带水下部分采用软体排或松散抛石，水上部分则是在柔性的垫层（土工织物或天然织席）上种植草本植物，并且垫层上的压重抛石不应妨碍草本植物生长。②干砌块石或打木桩法与植被结合法。河岸带水下部分采用干砌块石或打木桩的方法，并在块石或木桩间留有一定的空隙，以利于水生植物的生长。水上部分可参考自然型生态修复的做法，铺上草坪或者栽种灌木或乔木。③纤维织物袋装土法与植被结合法。由岩石坡脚基础、砾石反滤层排水和编织袋装土的坡面组成。例如，采用可降解生物（椰皮）纤维编织物（椰皮织物）盛土，形成一系列不同土层或台阶岸坡，然后栽上植被。④箱状石笼法。将钢筋混凝土柱或耐水圆木制成梯形箱状框架，并向其中投入大的石块，形成较深的鱼巢。

(3) 景观型生态修复。近年来，随着经济社会的不断发展，人们生活水平的普遍提高，河岸带已成为人们日常休闲、社会经济发展的重要载体。例如，很多城市在建设过程中非常注重河岸带的打造，期望将河岸带建设成为城市的窗口、旅游的胜地和休闲中心。这对河岸带生态修复提出了更高要求。在确保防洪、生态、环境安全的同时，河岸带生态修复需与景观、步道、绿化以及休闲娱乐设施相结合，采用具有亲水、休闲功能的景观河岸带，营造人与自然和谐的氛围，满足人们对景观、休闲和环境的需求，这种修复模式称为景观型生态修复。景观型生态修复不仅考虑了河岸带防洪、安全、生态要求，还考虑了河岸带沿线居民和社会发展要求，它是将各种独立的人文景观元素有规律地组合在一起，构成了当地人们的生活方式，它将美学作为一个和谐和令人愉快的整体，充分体现了“以人为本”“人与自然和谐相处”的理念。

景观型生态修复主要适用于人口密集的城镇河岸带以及人文历史深厚的河岸带生态修复工程中，从满足景观功能的角度，将河岸带的防洪、生态要求与景观要求综合考虑，充分考虑河岸带所处的地理环境、风土人情，沿河设置一系列的亲水平台、休憩场所、休闲健身设施、旅游景观、主题广场、艺术小品、特色主题专类园和各种水上活动区，力图在河岸带沿线营造出连续、动感的景观特质和景观序列；河岸带横断面多采用复式断面的结构形式，形成足够的景深效果。这种修复模式的实施的前提是要求规划和设计人员要具有良好的美学素养，要对当地的人文历史有全面的了解；施工人员要有较为精细的工艺水平和修复技术。典型的景观型生态修复措施如图 5.4 所示。

2. 主要生态修复材料

河岸带生态修复需综合河流的水文、地形、地貌、地质、气候、土壤、生物等多方面因素，因地制宜地选择合适的生态修复非生物和生物材料，以便充分发挥河岸带的综合功能。

(1) 非生物材料。河岸带生态修复应选择亲水性和透水性较强的非生物材料，既能满足过流、防冲的要求，又能为植物生长及鱼类繁殖、生存提供适宜条件。一般而言，河岸带生态修复的非生物材料主要有以下几种。

1) 天然材料。在对防冲能力要求不高和水流流速不大的河流生态系统中，河岸带生态修复可就近取材，尽量选择木桩、竹笼、卵石等天然材料。使用天然材料可让修复的河岸带能更接近自然，更易融入自然，充分展现河岸带的自然美感。在防冲能力要求较高和水流流速较大的河流生态系统中，河岸带生态修复可就近选择石料，采用干砌条石（块石）、

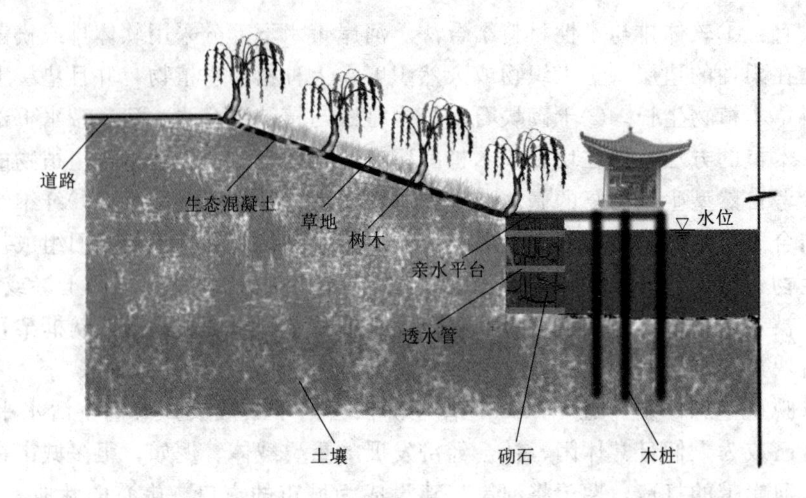

图 5.4 典型的景观型生态修复措施（夏继红和严忠民，2009）

堆石、卵石，保障河岸带的安全稳定。采用石料堆砌可使河岸带显得清新、自然、古朴，给人回归自然的感觉。石料堆砌时，石料之间应留有一定的空隙，为水生植物、苔藓、草本植物生长和水生动物生存提供良好的栖息空间，从而可以提升河岸带的生态适宜性，改善河流生态系统的稳定性。例如，成都市府望河河岸带生态修复中选用了木桩防护坡脚、卵石筑矮堤等天然材料措施。

2）绿化混凝土。绿化混凝土由粗砂砾料或碎石、水泥加混合剂压制而成。它具有以下特性：①高透水性。绿化混凝土的孔隙率一般为30%～40%，受水位骤降及瞬间浮托力影响较小；②较大的抗拔力。绿化混凝土可使土壤的临界重力增加率达500%，即长草生根后的绿化混凝土构件被拔起时的重力是原重力的6倍；③高透气性。保持被保护土壤与空气间的湿、热交换能力，营造水与草共同构成的小环境。该类材料可制成环保型透水砖、鱼巢砖、生态砖、生态砌块、生态球、植草砖等。绿化混凝土生产时需合理选择绿化混凝土的骨料粒径，保证混凝土具有一定的孔隙率，让绿色植物能够在绿化混凝土孔隙间生根发芽并穿透混凝土防护砌块到达土壤层。同时，绿化混凝土在护坡、护堤及绿化工程中使用时需具有一定的抗压强度，孔隙表面酸碱环境必须满足植物生长的要求。

3）三维植被网。三维植被网是指利用活性植物并结合土工合成材料，用于植草固土的一种三维结构的网络状网垫。该材料质地疏松、柔韧，留有90%的空间可以填充土壤、沙砾和细石，植物舒服、整齐、均衡地生长，长成后的草皮使网垫、草皮、泥土表层牢固地结合在一起，可在坡面形成茂密的植被覆盖，形成了一层坚固的绿色复合保护层。通过植物的生长活动在表土层形成盘根错节的根系，植物根系可以深入地表以下30～40cm，具有根系加筋的功能，茎叶能有效抑制暴雨径流对岸坡的侵蚀，增加土体的抗剪强度，减小孔隙水压力和土体自重力，有效防止水土流失。据研究，当植被覆盖率达到30%以上时，能承受小雨的冲刷，覆盖率达80%以上时能承受暴雨的冲刷，待植物生长茂盛时，能抵抗冲刷的径流流速达6m/s，为一般草皮的2倍多，从而大幅度提高边坡的稳定性和抗冲刷能力。使用三维植被网可增加河岸带绿化面积，减少岸坡土壤的水分蒸发，增加入渗量，有效改善生态环境。

4）格宾网。格宾网是将抗腐耐磨高强的低碳高镀锌钢丝或5%铝-锌稀土合金镀层钢丝（或同质包覆聚合物钢丝）由机械将双线铰合，编织成多绞状、六边形网目的网片，其双线铰合部分的长度一般不小于5cm，涂有不破坏钢丝的防护镀层，可根据工程设计要求组装成箱笼，并装入块石等填充料后连接成一体。格宾网又叫生态网箱、六角网箱，属柔性结构，具有适应性强、柔韧性高、不易断裂等优点，对于不均匀沉陷区段自我调整性佳，填料间的缝隙利于动物栖息和植物生长，水面线以上的笼面可利用客土袋装土覆盖。植生绿化符合生态的考量及安全的要求。格宾网适用于高流速、冲蚀严重、岸坡渗水多的河岸带。

5）无砂混凝土。无砂混凝土是由大粒径的粗骨料、水泥和水配置而成的混凝土。由于水泥浆不起填充作用，只是包裹在石子表面将石子胶结成大孔结构的整块混凝土结构。因此，它具有孔隙多、透水性大、抗变形能力好的特点。孔隙多、透水性大有利于植物的生长发育。

（2）生物材料。植物是河岸带生态修复的主要生物材料。河岸带是水陆交替区，生境特殊，在坡度、土质、高差及水位消涨节律方面有明显差异，不同植物的生态习性、土肥特性、耐水性及耐旱性也不相同。选择植物时应因地制宜，能充分发挥其水保、生态、景观及保护水质的功能。优先选用优良、强健、适应性强的乡土树种。慎重使用引进种，以避免引起外来物种入侵。不同植物其适宜生长的水位条件是不一样的，因此，需特别注意考虑植物适宜生长的水位要求。典型水生植物适宜生存的水深见表5.6。

表5.6　　典型水生植物适宜生存的水深（夏继红和严忠民，2009）

植物名称	适宜生存的水深/m	植物名称	适宜生存的水深/m
荸荠	0.05	香蒲	0.15～0.60
蘼草	0.05～0.15	芦苇	0.50～1.00
灯芯草	0.05～0.15	落羽杉/池杉	0.50～2.00
菖蒲	0.10～0.20	水榕	0.50～2.00
荷花	0.20～0.40	红树林	0.50～2.00

注　两栖植物能够生存的最深水位远大于其适宜生存的水位深度，但与淹水时间有关。

1）水生植物。主要有水葱、泽泻、香蒲、美人蕉、茭白、鸢尾、乌菱、矮慈姑、鸭舌草、水竹、千屈菜、小芦荻、芦苇、菖蒲、水花生、流苏菜、眼子菜、聚藻、水蕴草、金鱼藻、伊乐藻、睡莲、田字草、满江红、布袋莲等。如需采用水生植物造景，则应根据水生植物的生理、形态特征、结合景观要求配置和设计。例如，荷花、睡莲、玉蝉花等浮叶植物，要参考水体的水面大小比例、种植床的深浅等进行设计。为了保证水面植物景观疏密相间的效果，不影响水体岸边其他景观倒影的观赏，不宜满岸种植水生植物，特别是挺水植物（如芦苇、水竹、水菖蒲等）宜小片种植。

2）湿地植物。湿生树种或耐湿耐淹能力强的树种（如水松、池杉、落羽杉、垂柳、旱柳、柽柳、枫杨、构树、水杉等）都可广泛推广应用。在兼具盐碱特性的湿地，需选择应用既有一定耐湿特性又有一定耐盐碱能力的植物材料，其中树种主要有柽柳、紫穗槐、白蜡、女贞、夹竹桃、杜梨、乌桕、旱柳、垂柳、桑、构树、枸杞、楝树、臭椿、加杨等。在合理整地且排水良好处，也可应用耐湿能力稍弱但具有耐盐碱特性的树种（如刺槐、白榆、皂荚、栾树、泡桐、黄杨、合欢、黑松等）。在合理选择上层木本绿化植物种类的基础上，选择适生实用的下层草本植物（如百喜草、狗芽根、奥古斯丁草、地毯草、类地毯草、假俭草、野牛草、结缕草等），以构成复层群落。

3）岸坡植物。常水位以下河岸带坡岸上应选用耐水性、扎根能力强的乔灌木，如池杉、垂柳、枫杨、青檀、赤杨、水杨梅、黄馨、雪柳、簸柳、水马桑、醉鱼草、陆英、多花木蓝、薯豆等，种植形式以自然为主，植物间的配置突出季相。地被也应选用耐水湿且固土能力强的品种，如大米草、香蒲、结缕草、南苜蓿、金栗兰、石蒜和苜蓿草等。

（三）滩地生态修复

滩地是指河道内由于泥沙沉积而形成的高出常水位的土地，它是河流生态系统的重要组成部分，具有调蓄洪水、补充地下水、调节气候、净化环境、涵养资源、供生物栖息等丰富的功能。滩地也是一个具有复杂结构和丰富功能的动态系统。它既受河道坡降、水位变幅、水流状况和泥沙来量等自然条件影响，也易受人为干扰影响。特别是在中小河流，人类的活动对滩地影响巨大。作为河道重要组成的滩地，由于长期以来治理理念和利用方式的不合理，河道滩地生态环境出现了不同程度的退化，尤其是中小河流中的滩地由于受到采砂、耕种等侵占行为，已造成滩地生态环境严重破坏，功能严重退化甚至丧失。以往人们对大江大河中滩地问题较为关注，而对中小河道滩地关注较少。因此，开展中小河流滩地生态修复研究已成为当前中小河流建设和管理的重要内容和迫切任务。

1. 滩地生态修复的原则

滩地生态修复是针对滩地存在的问题，按照河流动力学、生态学、环境学和社会经济学的基本原理，采取适宜的措施恢复滩地自我修复、自我组织的能力。在滩地生态修复中，须遵循以下原则。

（1）稳定为主，适度整理。由于滩地容易受到洪水的冲刷，保证滩地安全稳定是滩地丰富功能发挥的基本要求和条件，因此，修复中首先须保证滩地安全稳定。对河道基本稳定的、未受扰动的滩地，应加以保护；对于半扰动滩地，以适当整理为主，促使河道稳定；对于扰动较大的区段，应做适度处理，以整合护滩为主，不宜过度开挖或堆积，以免造成河势不稳。在修复中，对河滩原有的洼地、河床原有的基质等均要注意保护。其中，洼地可增加河滩湿地景观异质性，提高河滩湿地生物多样性；而河床自然状态下的基质，有利于河流水体内生物和滨水生物的生存与繁殖，也可使得河流水体自然渗透补充地下水。

（2）因势利导，曲直相宜。整理过程中，按照河道顺直段与弯曲段的水流与泥沙特点，顺应河道的走势，因势利导，使河势曲直相宜。对过度疏浚切滩河段，根据行洪能力及泥沙特点部分引导性恢复原有河势河形。对滩地要根据其自身发育机理，以引导、促进滩形良性发展，确保河道主河槽的相对稳定。

（3）滩潭相间，安全为要。修复中尽力减少主槽中的挡水型滩地，以满足防洪安全、水量安全和生态安全的要求。但在局部水面较为宽广的区段，将应用地形特点，适当营造浅滩与深潭相间的河床，重构河床微地形，展现自然形态多样性。通过河床上中下游、点线面、表中底立体空间的综合塑造，重新展现自然河床的形态多样性，同时营造良好的生物栖息环境。

（4）自然为主，硬化为辅。修复过程中，对局部区段需采取工程防护措施的部位，以满足防洪安全及滩地相对稳定的要求为主。防护结构和材料选择上以生态型为主，所用材料尽可能本土化，在防护结构上做到多功能结合，对于原堤岸阻隔边滩与河岸带进行物质与能量交换的结构与断面进行适当的改造。在防冲护形的基础上，形成生态栖息、景观等效果，使其一举多用。

（5）资源保护，合理利用。修复中注重保护河道中的生物资源、砂石资源。对于局部整理多出的砂石，可以用于其他需要区段就地平衡，也可以用多余的砂石营造湿地，为鱼类和其他水生生物的生存提供基本条件，促使滩地逐步恢复应有的形态与功能。同时，适度建立亲水平台和通道，强化人与河道的联系，使河道周边村落居民参与河道管理，关注河道健康，形成人水相亲的和谐关系。

2. 滩地生态修复的总体思路

根据以上原则，中小河流滩地应按照“清、整、通、护、种、景”的思路进行生态修复。“清”主要指清除障碍，清除挡水淤积体、清理建筑生活垃圾、清除高秆阻水植物等，顺畅水流，保障行洪安全。“整”主要指修整滩形、归并零散滩地，回填挖坑，平整滩面，清理凸角平顺滩边及连滩成片等，保障滩体安全，提升滩体美观度。“通”主要指连通滩体内、外部地表、地下水流路，增强水体流动性，提高水体自净能力，改善滩地水生态环境。“护”主要指保留、保护生态良好的滩体；同时利用抛石、打木桩、放置松木笼等工程措施对水流冲刷较重的滩头、滩边进行防冲保护，以稳定滩体保障安全。“种”主要指选择适宜滨河地带生长的芦苇、野茭白、菖蒲等种植在滩边，一方面利用其根、茎、叶固滩，保障滩体稳定，恢复、优化滩地生态系统；另一方面降低水体流速、拦污、降污，净化水质，提高滩体水环境质量。“景”主要指在人口密集区段适度开展滩体水文化景观建设，搭建人滩友好通道及平台，拉近人水距离，发挥滩体文化服务、休闲娱乐等社会服务功能，并加强保护滩地的宣传教育力度。

3. 滩地生态修复措施

按照滩地生态修复的原则和思路，滩地生态修复中主要采用安全防护、破碎化处理与水系连通、基质修复、植被修复等措施。

（1）安全防护措施。保证滩地安全稳定是滩地生态修复的首要要求。滩地的安全稳定防护主要是防止滩形的剧烈变形，促进其良性发展，重点是对滩头和滩边缘形态的稳定进行防护。通常可采用抛石、生态混凝土砌块、生态混凝土球、格宾网等措施保护滩地头部和滩身易冲刷部位。对于流速较大、流向杂乱甚至存在水流漩涡的位置，可采用格宾网短丁坝进行防护。同时，在安全防护时还应结合边缘形态塑造，避免滩地与堤脚连接处出现沟槽，以免带来堤防的安全隐患。图 5.5 为浙江省龙游县灵山港寺后段滩地应用格宾网的安全防护措施。

图 5.5　浙江省龙游县灵山港寺后段滩地应用格宾网的安全防护措施

（2）破碎化处理与水系连通措施。由于人为挖采或大规模活动干扰，易造成滩面出现大量深坑和滩地破碎化。这类滩地的生态修复首先应适当实施滩地平整，归并孤立零散滩地。疏导较大滩地间的沟槽，使滩地内部水系相互连通、水流通畅。尤其是疏浚主流区域的孤立小沙丘，通过归并整理，恢复河道原有主槽。同时，在滩地生态修复中还需注意处理好滩地与周边村庄区间排水通道布置、堤脚防护以及堰坝的关系。尤其是对于沿堤脚的边滩，由于无序开采或洪水冲刷，易造成堤脚冲沟，危及堤防安全，对于此类滩地的生态修复可将疏浚清理的部分渣料回填堤脚沟槽，确保河岸带安全。图 5.6 为浙江省龙游县灵山港寺后段滩地破碎化整理。

图 5.6　浙江省龙游县灵山港寺后段滩地破碎化整理

（3）基质修复措施。基质修复主要是利用就地填筑砂砾石或利用周期性水文脉动和水沙过程自然恢复滩身基质组成。根据河道的水势和形态，参照未干扰的稳定滩地的平顺弧形或凹凸交错的外形特征，通过填筑砂砾石塑造滩地基质。根据水文条件的季节性变化，利用水流与砂石的冲淤自然运动过程，在水流运动、滩地淹没过程中，泥沙和砂石会随着水流在滩地表面重新分布，使得滩地表面基质重新恢复。对于破坏严重的滩地，可填筑一定级配的砂卵石增强滩地防冲功能，加速滩地基质恢复。

（4）植被修复措施。植被修复主要是种植适宜类型的草本、灌木和乔木，草本植物以自然恢复为主。对保护较好的滩地，需充分调查掌握植被类型和分布特征，保持其原有生物组成。对于植被破坏严重的滩地需进行一定的人工干预，恢复原冲毁部分滩地的植被，考虑到滩地位置的特殊性，栽种植被还要考虑防洪的要求。尽量选择根系发达、根系团土、固土作用强、枝叶茂密、柔韧性好、生长速度快的本土物种；同时尽可能选择耐旱、耐涝、耐瘠薄的物种。栽植位置、栽植密度要合理。乔木和灌木主要栽种于宽广滩地上（图 5.7）；在滩地沟槽附近可补种水生植物，以小芦苇、菖蒲为主（图 5.8）。在流态杂乱的区域，可通过设置透水堰坝或砾石群调整水流，平顺流态，有效改善滩地生物的栖息条件。

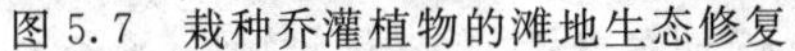

图 5.7　栽种乔灌植物的滩地生态修复

图 5.8　栽种水生植物的滩地边缘生态修复措施

第四节　湖泊生态系统的生态修复

一、基本原理

（一）反馈机制

很多有关湖泊富营养化的经验方程和数据均表明，大多数湖泊营养负荷和生态系统环境条件之间存在一定的线性关系。但对于浅水湖而言，当湖泊营养负荷达到某临界点时，湖泊会突然跃迁到浑浊状态。许多研究者发现在营养负荷累积初期，湖泊内存在不可忽视的跃迁阻力，这些阻力可能是系统内某些反馈机制作用的结果，其中，生物反馈机制较为重要。例如，湖泊底部表面沉积物上的某些未吸附位点可以吸附水体的磷，发生营养物滞留，减缓或阻碍湖水营养物累积。

（二）优势大型植物缓冲机制

在浅水湖泊中，大型沉水植物可以通过以下方式减缓富营养作用：①营养负荷增加时，大型沉水植物的生物量会增加，固定营养物的能力得以提高，因此使得夏天浮游植物可利用的营养物减少。②沉水植物的增加会减少沉积物的再悬浮，从而减少了再悬浮过程中所释放的营养物。③一些实验表明，如果沉水植物的根和植物体表面积很大，那么会促进脱氧作用，减少湖水中氮的含量。④浮游植物的光合作用受沉水植物遮蔽作用的影响，所以浮游植物数量会随之改变。

除上述有关影响光照、减少营养物等直接作用外，沉水植物净化水质的功能还包括一些间接作用。例如，在总磷浓度不变的条件下，沉水植物覆盖率高的湖泊更清澈，这主要是因为沉水植物的间接作用。第一，沉水植物可以通过减少波浪的冲击力来促进沉积物的沉积并减少沉积物的再悬浮。这样，由风引起沉积物再悬浮的浅水湖，其透明度更高一些。第二，沉水植物通过对鱼类群落结构的影响也可以减少沉积物的再悬浮。例如，深水鱼类寻找食物时会搅动沉积物，这实际上增加了营养物和悬浮沉积物的浓度。这些深水鱼在大型植物少的湖中很多，但在大型植物多的湖中却很少，大型植物多的湖中主要是鲤科淡水鱼和红眼鱼。第三，大型沉水植物能释放某些化学物质，抑制浮游植物的生长，从而使得大型沉水植物多的湖泊特别清澈。

大型植物会间接地影响鱼类和无脊椎动物，对浮游动物最为明显，因而对浮游植物也会产生一连串的影响。第一，大型植物有利于食肉性鱼类的存在，而不利于以浮游动物为食的鱼类的生存。第二，在富营养的湖中，白天，大型植物为浮游动物提供了避难所，使它们能避免鱼类的捕食及夏天过强的光照。夜晚，当被捕食的危险降低时，浮游动物便会进入开放水域中。大型植物的这种避难所功能，增加了浮游动物对浮游植物的取食，有利于增加水体透明度，改善自身的生长条件。第三，在生活早期阶段，蚌类必须依赖大型沉水植物生存，它们对浮游植物的捕食，也会大大增加浅水湖的透明度。第四，一些与大型植物伴生的甲壳类动物会抑制浮游动物的生物量。

目前，研究人员对浮游植物增加、大型植物减少是否与富营养化有关仍存在争议。一种观点认为营养负荷增加会导致浮游植物和附生植物加速生长，沉水植物的光合作用减弱，并使沉水植物最终衰老死亡，使得营养物从增加的浮游植物中释放出来。另一种观点认为鱼类数目增大，浮游植物和附生植物的生长因鱼类对浮游动物的捕食而被刺激，从而对大型沉水植物造成影响。这样，总磷含量间接地甚至直接地成了富营养化的启动因素。此外，其他一些因素也会影响沉水植物生存，包括水鸟、捕食、水质、冬天鱼类捕杀以及春季天气条件变动等。

（三）化学作用机制

调查发现，湖泊总磷负荷已经降到足够低，但富营养化状态仍未得以改变。此时，降低营养负荷的限制因素可能是化学过程：营养负荷高时，湖泊底部沉积物聚集了大量的磷，形成一个营养库（磷的内部负荷），因此磷浓度仍保持很高，这种释放过程需要几年时间才能结束。

目前，许多湖泊中来自外部的营养负荷已经显著降低，主要是因为人为废水处理的情况有所增加。随着营养负荷的改变，一些湖泊能够迅速对其产生响应，而进入清水状态；但有些湖泊反应却很不明显，这是由于这些湖泊内营养物的减少程度不足以使湖泊自身启动富营养化修复过程。例如，在生物群落和水交换频繁的浅水湖中，只有在总磷（TP）浓度降到0.05～0.1mg/L以下时，才有可能达到清水状态。

营养负荷的升高和降低都会出现限制条件，两种状态的转换平衡是在中营养水平阶段发生的。众多理论研究和数据发现，两种状态转换的决定性因素是营养负荷改变开始前的状态和当前的营养水平（营养水平越低，出现清水状态的可能性越高），但人们对与营养水平相关的营养状态何时发生仍有争论。从丹麦湖转换的经验来看，两种状态交替出现在总磷浓度为0.04～0.15mg/L时。另外，对于被废水严重影响的湖泊，由于周期性的高pH值和高好氧均能使鱼类等死亡，因此会出现人为的清水状态。此外，水深和水温也起一定的作用。

有毒有机物质在湖泊中的迁移、转化等主要过程如图5.9所示。

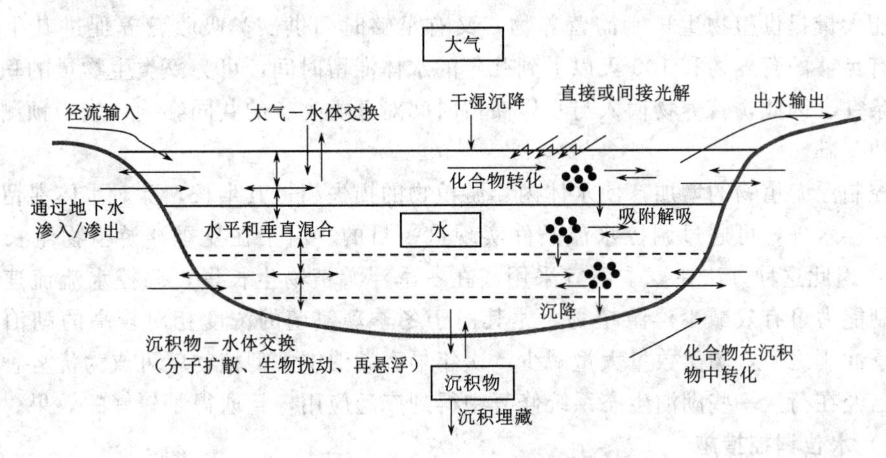

图5.9　有毒有机物质在湖泊中的迁移、转化等主要过程（刘冬梅和高大文，2020）

（四）生物作用机制

在某种程度上，生物间的相互作用也会影响湖泊磷负荷及其物理化学性质。例如，底栖鱼类和浮游鱼类间的相互作用：食肉性鱼类的持续捕食，阻碍了大型食草浮游动物的出现，这些食草浮游动物能够显著改善水质，主要是由于食草浮游动物能减少底栖动物的数量及氧化沉积物。此外，鱼类对沉积物的扰动、底栖鱼类的排泄物会加重湖水浑浊程度；这样，光照强度被减弱，阻碍了沉水大型植物的出现和底部藻类的生长，从而使得湖泊保持较低的沉积物保留能力。

食草性水鸟（如白骨顶和哑天鹅）的取食，使大型沉水植物的繁殖被推迟，这也是一种生物限制因素。在沉水植物的指数生长阶段，植物的生长速度与水鸟的捕食速度相比是略高的。然而，在冬天水鸟对块茎、鳞茎的取食相对较少，主要以植物为食。因此，可以通过水鸟的迁徙减少次年的植物密度，增加营养浓度。

二、主要措施

湖泊生态修复的方法有：物理方法，如机械过滤、疏浚底泥和引水稀释等；化学方法，如杀藻剂杀藻等；生物方法，如放养鱼等；物化法，如木炭吸附藻毒素等。各类方法的主要目的是降低湖泊生态系统中的营养负荷，控制过量藻类的生长。通常采用物理化学措施、水流调控措施、水位调控措施、生物操纵与生物管理、水生植物保护与控制等生态修复措施。

（一）物理化学措施

在控制湖泊营养负荷实践中，研究者已经发明了许多方法来降低内部磷负荷，例如通过水体的有效循环，不断干扰温跃层，该不稳定性可加快水体与DO（溶解氧）、溶解物等的混合，有利于水质的改善。采用铝盐及铁盐离子，并向深水湖底层充入氧或氮，对分层湖泊沉积物进行化学处理，削减浅水湖的沉积物中的污染物。

（二）水流调控措施

湖泊具有水“平衡”现象。它影响着湖泊的营养供给、水体滞留时间、生产力和水质。若水体滞留时间很短，如在10天以内，藻类生物量不可能积累；水体滞留时间适当时，既能大量提供植物生长所需营养物，又有足够时间供藻类吸收营养促进其生长和积累；如有足够的营养物和100天以上到几年的水体滞留时间，可为藻类生物量的积累提供足够的条件。因此，营养物输入与水体滞留时间对藻类生产的共同影响，成为预测湖泊状况变化的基础。

为控制浮游植物的增加，使水体内浮游植物的损失超过其生长，除对水体滞留时间进行控制或换水外，可通过调控水流条件实现这一目的。由于在夏季浮游植物生长不超过3～5天，因此这种方法在夏季不宜采用。在冬季浮游植物生长慢，调控水流流速，增加水流冲刷能力可有效减少浮游植物，尤其对于冬季藻氰菌的浓度相对较高的湖泊十分有效。冬季冲刷之后，藻类数量大量减少，次年早春湖泊中大型植物就可成为优势种属。这一措施已经在荷兰一些湖泊生态系统修复中得到广泛应用，且取得了较好的效果。

（三）水位调控措施

水位调控已经被作为一类广泛应用的湖泊生态系统修复措施。这种方法能够促进鱼类活动，改善水鸟的生境，改善水质。

水位调控可影响鱼类的聚集，从而对湖水产生间接的影响。在一些水库中，有人发现改变水位可以减少食草鱼类的聚集，进而改善水质。而且短期的水位下降可以促进鱼类活动，减少食草鱼类和底栖鱼类数量，增加食肉性鱼类的生物量和种群大小。这是因为低水位生境使受精鱼卵干涸而令其无法孵化，或者增加了被捕食的危险。

此外，水位调控还可以控制损害性植物的生长，为营养丰富的浑浊湖泊向清水状态转变创造有利条件。浮游动物对浮游植物的取食量由于水位下降而增加，改善了水体透明度，为沉水植物生长提供了良好的条件。这种现象常常发生在富含营养底泥的重建性湖泊中。该类湖泊营养物浓度虽然很高，但由于含有大量的大型沉水植物，在修复后一年之内很清澈，然而几年过后，便会重新回到浑浊状态。主要是由于自然和人为因素引起的水位变化，会涉及多种因素，如湖水浑浊度、水位变化程度、波浪的影响（风速、沉积物类型和湖的大小）和植物类型等，这些因素的综合作用往往难以预测。一些理论研究和经验数据表明，水深和沉水植物的生长存在一定关系，即，如果水过深，植物生长会受到光线限制；反之，如果水过浅，频繁的再悬浮和较差的底层条件，会使得沉积物稳定性下降。

（四）生物操纵与生物管理

1975年，Shapiro等首先提出了“生物操纵”的概念，定义为“通过一系列湖泊中生物及其环境的操纵，促进一些对湖泊使用者有益的关系和结果，即藻类特别是蓝藻类生物量的下降”。它是通过去除浮游生物捕食者或添加食鱼动物，降低以浮游生物为食的鱼类的数量，使浮游动物的体型增大，生物量增加，从而提高浮游动物对浮游植物的摄食效率，降低浮游植物的数量。生物操纵实质是以改善水质为目的的控制有机体自然种群的水生生物群落管理，可以通过许多不同的方式来克服生物的限制，进而加强对浮游植物的控制，利用底栖食草性鱼类减少沉积物再悬浮和内部营养负荷。生物管理中常用削减鱼类密度来改善水质、增加水体的透明度。在浅水分层富营养化湖泊实验中发现，鱼类管理能使总磷浓度下降30％～50％，水底微型藻类的生长通过改善沉积物表面的光照条件，刺激了无机氮和磷的混合。由于捕食率高（特别是在深水湖中），水底藻类浮游植物不会沉积太多。低的捕食压力下，更多的水底动物最终会导致沉积物表面更高的氧化还原作用，这减少了磷的释放，进一步刺激加快了硝化-脱氮作用。此外，底层无脊椎动物和藻类可以稳定沉积物，因此降低了沉积物再悬浮的概率。更低的鱼类密度减轻了鱼类对营养物浓度的影响。而且，营养物随着鱼类的运动而移动，随着鱼类运动而移动的磷含量超过了一些湖泊的平均含量，相当于20%～30%的平均外部磷负荷，这相比于富营养湖泊中的内部负荷还是很低的。

如果氮负荷比较低，总磷的消耗会由于鱼类管理而发生变化。研究表明，如果浅水温带湖泊中磷的浓度降低至0.1mg/L以下并且水深超过6m时，鱼类管理将会使生物的结构发生改变。然而，一般认为，生物管理的成功例子大多是在水域面积25hm^2以下及深度3m以下的湖泊。不过有些在更深的、分层的和面积超过1km^2的湖泊中也取得了成功。

另外，由于蚌类是湖泊中有效的滤食者，大型蚌类有时能够在短期内将整个湖泊的水过滤一次，因此，也常会引入蚌类来修复湖泊生态系统。例如，19世纪时，斑马蚌进入欧洲，当其数量足够大时会对水的透明度产生重要影响，蚌类在改善水质的同时也增加了水鸟的食物来源。但也不排除会产生其他问题的可能。如在北美，蚌类由于缺乏天敌而迅速繁殖，已经达到很大的密度，大量的繁殖导致了五大湖近岸带叶绿素a与总磷的比率大幅度下降，加之恶臭水输入水库，从而让整个湖泊生态系统产生难以控制的影响。因此，需谨慎采用。

（五）水生植物保护与控制

由于藻类和水生高等植物同处于初级生产者的地位，二者相互竞争营养、光照和生长空间等生态资源，所以水生植物的组建及修复对于富营养化水体的生态修复具有极其重要的作用。

通常采用围栏结构来组建大型水生植物。围栏结构能提供一个不被取食的环境，大型植物可在其中自由生长和繁衍，免遭水鸟的取食。这种方法可以作为鱼类管理的一种替代或补充方法。此外，白天它们还能为浮游动物提供庇护。这种植物庇护作为一种修复手段是非常有用的，特别是在小湖泊和由于近岸地带扩展受到限制或中心区光线受到限制的湖泊更加明显，这是因为水鸟会在可以提供巢穴的海岸区聚集。在营养丰富的湖泊中植物作为庇护场所起的作用最大，因为在这样的湖泊中大型植物的密度是最高的。另外，植物或种子的移植也是种可选的方法。

大型沉水植物的重建也是许多湖泊生态系统修复的重要措施。但植物过于密集也会产生一定危害，尤其是生态系统的组成会由于入侵种的过度生长而发生改变。例如，如欧亚狐尾藻在美国和非洲的许多湖泊中已对本地植物构成严重威胁。对付这些危害性植物的方法包括特定食草昆虫（如象鼻虫）和食草鲤科鱼类的引入、每年收割、沉积物覆盖、下调水位或用农药进行处理等。

通常，收割和下调水位只能起到短期的作用，因为这些植物群落的生长速度很快而且外部负荷高。另外，虽然引入食草鲤科鱼成效很明显，因此目前世界上此方法应用最广泛，但该类鱼过度取食又可能使湖泊由清澈转为浑浊状态。另外，鲤鱼不好捕捉，这种方法也应该谨慎采用。实际过程中很难摸索到大型沉水植物的理想密度以促进群落的多样性。

三、富营养化的生态调控过程

因氮磷物质超标，蓝藻、绿藻等藻类在富营养化水体中泛滥，使水体透明度一般只有0.3～0.5m。这种低透明度光照条件，严重限制了对环境有益的沉水植物的光合作用，使之很难栽种和生存。同样，低透明度也导致底层水体缺氧，底栖生物和鱼类难以存活。这已成为我国湖泊富营养化水体生态修复的最大瓶颈之一。在湖泊生态系统生态修复前，工作人员应掌握湖泊过去、目前的环境状态和营养负荷，仔细考虑应采用什么方法，并确定合适的解决方法。湖泊富营养化生态调控的主要过程如下。

（一）现状测定

湖泊富营养化生态调控的第一步是现状测定，测定湖泊氮、磷等营养负荷现状。通常采用直接调查测定或地区系数模型测定，掌握氮、磷现状负荷。直接调查测定是按照水环境调查的方法，通过现场取样、实验室测定掌握湖泊富营养现状。地区系数模型测定可采用通用性统计模型或根据本地历史调查总结的经验模型测定负荷现状。联合国经济与合作开发组织（Organization for Economic Cooperation and Development，OECD）开发的OECD模型是较为常用的模型。该模型是20世纪70年代，联合国经济与合作开发组织发起全球规模的湖泊富营养化问题的调查，全世界的科学家自愿收集与提供各地区湖泊数据。根据这些研究，OECD建立了磷负荷与叶绿素a平均含量和年峰值的统计模型。应用该模型能够计算出湖泊的磷含量，并与平均营养浓度的实际测量值进行比较，确定富营养负荷现状。该模型可根据湖泊类型（如浅水湖、深水湖或水库）和现状特征，通过修正后计算确定现状负荷。

（二）控制污染源

根据掌握的现状特征，如果目前的外部负荷比目标要求高，则需控制污染源。控制污染的第一步是减少外部的磷输入点源，这可以通过降低肥料用量、建立沟渠以改变漫流状况、构建湿地和改进废水处理等实现。在总磷浓度比较高且总氮负荷较低的浅水湖中，由于过去的污水排放或者自然条件的原因，在总磷浓度较高时湖水也可能很清澈。在深水湖中，氮补偿分解似乎与氮固定相抵消，结果使得藻氰菌占据优势。如果已经达到了足够低的外部负荷，但湖泊仍处于浑浊状态，可以采取一些措施，以进一步减少外部负荷，实现水质的长久改善。

（三）富营养化治理

如果测定的总磷浓度比OECD模型或本地模型计算的关键值高很多，并且在生长季节总磷浓度有规律地升高，说明内部负荷比较高。如果深水湖的总磷浓度超过0.05mg/L，浅水湖超过0.25mg/L，仅通过生物管理难以实现长期作用。这种情况应考虑采用物理化学方法，如在浅水湖中可采用沉积物削减或用铁盐、铝盐进行处理；在深水湖中可采用底层湖水氧化法，再结合化学处理。

如果总磷浓度在浅水湖中接近0.1mg/L，深水湖中接近0.02mg/L，鱼类密度较高并以底栖食草性鱼类为主，叶绿素a/总磷浓度较高时，可以采用生物管理方法。如果在浅水湖中，采用其他的生物措施也可行。若大型蚌类出现但不能定居，可以考虑从邻近的湖泊或河流中引进。

如果外部负荷超过上述范围，削减营养物负荷就存在经济或技术上的问题。若要改进环境状态，除运用上面提到的方法外，还需要做后续的持续处理。

如果大型沉水植物的生物量过大，推荐每年进行部分收割，当然也可选用生物控制，如鲤科鱼类或食草昆虫（如象鼻虫）。

四、生物操纵管理

在对湖泊进行生物操纵管理之前，应该对所选用的方法进行理论和应用方面的全面评价，建立适当的组织和管理设施，并制订出详细的工作计划以实现管理目标。生物操纵规划阶段还应详尽地征求渔业所有者和公众的意见。此外，应防止肉食性鱼类和其他有价值的物种从未管理区迁徙进入管理区，这是管理规划的一个关键点。对于一些需削减鱼群的湖泊，还应做好必要的准备工作，包括捕捞、运输和最终使用归宿等。对于大型湖泊而言，其管理规划必须要有有经验的专业渔民参与，因为他们拥有捕捞、运输鱼类的技术和必要的设备以及器具；对于小型湖泊而言，当地居民的参与比较重要。由于捕鱼和生物操纵对鱼类群落的影响是不断随时间和具体情况变化的，因此，对湖泊进行实时、连续监测很重要，这样，管理者可以根据管理目标的状态来不断调整管理策略，进而找到合适的方法进行湖泊的修复与管理。

（一）确定湖泊鱼类削减量

鱼类削减对于湖泊生态系统修复十分必要，只有确定足够的鱼类削减量，才能保证削减作用长期有效。在一些成功的项目中，削减量至少为湖泊生物量的70%～80%，达到每公顷几百千克。一般而言，削减目标是使湖中的生物量降低到5kg/hm^2。若湖中留下的鱼仍未成熟，那么目标值就需进一步减小。

利用电子捕鱼法定点采样效率高、花费低，因此，可以用电子捕鱼法分析不同湖泊中的物种丰富度。这种方法适合取样量较大和分层随机取样的情况，有利于结果的分层次分析。鱼群密度可以通过在垂直区域用拖网捕捉调查估计，对深水湖可以采用综合采样或声学方法，如在海岸区可以采用垂直和水平回声法。而对于一些重要物种如胡瓜鱼只能用捕捉法或回声法探测。对于物种较少的小溪常常采用传统的再标记法。通过鱼类削减数据的分析可以对目标的精确度进行控制。监测方法的联合采用可以判断当湖水转向清水状态后物种行为改变的原因，或者判断单位捕捞努力量渔获量（catch per unit of effort，CPUE）是否真正发生改变。

（二）鱼类管理的技术与策略

在湖泊的修复过程中，若想要使鱼类管理的效率最大化，那么掌握目标湖泊中鱼类物种的细节知识是十分必要的。尤其需要加强对幼年鱼类的控制和评价，因为它们可能对水质产生更大的影响。由于常用的捕鱼网很难有效削减幼年鱼群量，因此需要采用更小网眼（规格为10～20mm）的工具。食鱼类鱼群的保留可以作为管理的后续措施。目前，保留食鱼类鱼群方法与单一鱼群削减方法综合运用已经成为主要的湖泊生态系统生态修复的重要策略，在欧洲的湖泊生态修复中应用极多。

（三）主动工具与方法

在温带湖泊中，对秋季和冬季聚集的鱼类进行主动捕获是最重要的鱼类削减方法。这一方法可以选择不同年龄组的鱼群，也可以选择不同目标鱼类。幼年鲤科鱼在夏季分布在沿岸带，在秋冬季会聚集在沿岸带边缘、支流处和船桥下，或者聚集在浅水湖、深水湖滩中的自然或人工鱼巢中。削减鱼类时，人们在浅水湖常常采用电子捕鱼法或者渔网，在深水湖则采用远洋拖网或渔网。

（四）被动工具与方法

对在湖泊盆地以及沿岸带植被等不同生境间昼夜或季节性迁移的鱼类进行捕获，常采用被动工具。人们可准确预测这些鱼类的洄游时间和地点，使用渔网或长袋网在其洄游途中或产卵地能将它们捕获。人工捕捉设施在产卵时间过后被移走。另外，适当的人工水位调节可以防止目标鱼类产卵及其受精卵的发育。如果网眼足够小，许多包括其幼体在内的鱼类都可被削减。因此，夏季时在沿岸带区域和在发生昼夜水平迁移的沿岸带到湖沼带间的区域内都可以用小型长袋网捕获鱼类。在迁移通道或坝前时，也可用这种小型渔网或长袋网削减聚集的鱼群。此外，小湖中选择性地捕获鱼类大多用刺网。

（五）扩大食肉鱼类种群

扩大食肉鱼类种群的方法是采取相应的生境管理措施（如曝气或岸线管理）以及在湖泊或池塘中培育鱼苗。欧洲湖泊中食肉鱼类储备比北美的效果差一些。但最近的例子表明，欧洲一些湖泊中，即使食肉鱼类在湖泊占据优势地位，也不能阻止鲤科鱼类的扩张，在缺少大型植物的湖泊中尤为明显。此外，若要保留梭鲈或白斑眼鱼，需要在捕捞时选择适当大小的渔网。

（六）鱼类管理的费用

由于各种因素的影响，削减单位质量的鱼类，会产生较大的费用波动。一般来讲，采用袋网或围网捕鱼比刺网费用低，小湖比大湖的费用高。渔网、长袋网和当地渔民的一些自制工具，价钱便宜，同时又很实用。特别在小湖中，削减鱼类主要依靠当地经验丰富的渔民。

第五节　生态农业与农业生态工程

一、生态农业的概念

“生态农业”（ecological agriculture）一词最初由美国土壤学家阿尔布雷奇（W. Albreche）于1970年提出。1981年英国农学家沃星顿（M. Worthington）将生态农业定义为：生态上能自我维持，经济上有生命力，在环境、伦理和审美方面可接受的小型农业。其核心思想是把农业建立在生态学的基础上。但也出现了一些片面遏制化学物质投入的极端做法，称为“侠义生态农业”。

国外生态农业又称自然农业、有机农业和生物农业等，其生产的食品称为生态食品、健康食品、自然食品、有机食品等。

各国对生态农业提出了各自的定义。例如，美国农业部的定义是：生态农业是一种完全不用或基本不用人工合成的化肥、农药、动植物生长调节剂和饲料添加剂的生产体系。生态农业在可行范围内采用作物轮作、秸秆、牲畜粪肥、豆科作物、绿肥、场外有机废料、含有矿物养分的矿石等自然材料来补偿养分，利用生物和人工技术来防治病虫草害。

德国规定生态农业应满足以下条件：①不使用化学合成的除虫剂、除草剂，使用有益天敌或机械除草方法；②不使用易溶的化学肥料，而使用有机肥或长效肥；③利用腐殖质保持土壤肥力；④采用轮作或间作等方式种植；⑤不使用化学合成的植物生长调节剂；⑥控制牧场载畜量；⑦动物饲养采用天然饲料；⑧不使用抗生素；⑨不使用转基因技术。另外，德国生态农业协会还规定其成员企业生产的产品95%以上的附加料必须是生态的，才能被称作生态产品。

我国《吕氏春秋》《齐民要术》《诗经》等古代典籍中就有关于农业生产方式和技术的记述，这些都是我国生态农业模式的雏形，可见，我国生态农业的发展源远流长，真正的、比较完整的生态农业理论与技术是源于我国而不是西方国家。我国的生态农业是在我国背景条件下产生的一种人与自然和谐发展的新型农业模式，它既吸收了我国传统农业和现代农业的精华，也不拒绝化肥、农药的适度投入；它合理利用和保护自然资源，使生态系统保持适度的物质循环强度和能流通量，高产出、高效益、少污染；它强调经济效益、生态效益、社会效益的综合协同提高，使农业生产与资源的永续利用和环境的有效保护紧密结合起来，从而使我国的农业、农村纳入持续、稳定、协调发展的轨道。综合国内学者的阐述，我国生态农业的定义为："运用生态、生态经济学原理和系统科学的方法，把现代科学技术成就与传统农业技术的精华有机结合，把农业生产、农村经济发展和生态环境治理与保护、资源的培育与高效利用融为一体的具有生态合理性、功能良性循环的新型综合农业体系。"

二、生态农业的基本体系

（一）生态农业的理论体系

生态农业系统是一个"自然-农业-社会"复合系统，系统中包括人类在内的生物成员与环境具有内在的和谐性。生态农业着眼于系统各组分的互相协调和系统水平的最适化，着眼于系统具有最大的稳定性和以最少的投入取得最大的经济、生态与社会效益，而这一特定的目标和指导思想是以生态、生态经济学原理为理论基础建立起来的。生态农业的理论依据主要包括以下原理。

（1）生物与环境的协同进化原理。生态系统生物与环境之间存在着复杂的物质、能量交换关系，环境影响生物，生物也影响环境，两者相互作用、协同进化。在实践中与此有关的还有整体性原理、边缘效应原理、种群演替原理、自适应原理、地域性原理和限制因子原理等的灵活应用，生态农业应遵循这些原理，因时因地制宜，合理布局，立体间套，用养结合，共生共利；而如果违背这些原理，则会导致环境质量下降，甚至使资源枯竭。为此，生态农业建设实践中提出了"依源设模，以模定环，以环促流，以流增效"的生态农业模式设计方法。

（2）生物之间链索式的相互制约原理。生态系统中同时存在多种生物，占据不同的生态位，它们之间通过食物营养关系的相互依存和相互制约构成一定的食物链，多条食物链又构成食物网，网中任一链节的变化都会引起部分甚至全部食物链网的改变，网中营养级之间能量遵守十分之一定律。生态农业遵守这一原理合理组织生产，以挖掘资源潜力。如果打乱它们之间的协调性，则将使生态平衡遭到破坏。依此原理可以设计形成"粮（果）→畜→沼→鱼"等食物链生态农业模式。

（3）能量多级利用和物质循环再生原理。生态系统中的食物链既是能量转换链，也是物质传递链。在生态农业中合理设计食物链，多层分级利用，可使有机废弃物资源化，使光合产物实现再生增值，发挥减污补肥增效的作用，强调秸秆还田及以沼气为主题的农村能源建设。

(4) 结构稳定性和功能协调性原理。在自然生态系统中生物与环境经过长期的相互作用，在生物与生物、生物与环境之间建立了相对稳定的结构，具有相应功能，此中又遵循生物共生优势原则、相生相克趋利避害原则和生物相生相养原则。生态农业利用这些原理和原则优化稳定结构，完善整体功能，发挥农业生态系统的综合效益。

(5) 生态效益和经济效益相统一原理。生态农业建设实践强调经济、生态、社会三大效益的协同提高，且认为经济效益是目的，生态效益是保障，社会效益是经济效益的外延。没有经济效益的生态农业是没有生命力的，而没有生态效益的经济效益是不可持续的。为获取高的生态效益和经济效益，必须对自然资源进行合理配置，科学利用国土资源、水资源、生物资源自然资源，充分发挥劳动力资源效能，调整经济结构，实现农业生产专业化和社会化，逐步走上生态农业产业化的发展轨道。

(二) 生态农业模式分类体系

从不同角度，生态农业可以划分为不同类型的模式。按地域、地貌分，生态农业有山区生态农业、平原生态农业等模式；按行政编制，生态农业有生态县、生态乡（镇）、生态村、生态农场等模式；按产业分，生态农业有生态渔业、生态林业等模式；按功能分，生态农业有水、土、林、田结合治理等模式。模式设计常采用时空结构型、食物链结构型、时空-食物链结构型三大类型设计方法。

(1) 时空结构型含平面设计、垂直设计和时间设计，在实际应用中多为时空三维结构型，包括种群的平面配置、立体配置及时间的叠加嵌合等。时空结构型含山体生态梯度开发型、林果立体间套型、农田立体间套型、水域立体种养型和庭院立体种养型等。

(2) 食物链结构型主要是在农业生产中构造形成食物链结构，使一个系统的产出（或废弃物）即是另一个系统的投入，废弃物在生产过程中得到再次或多次利用，充分利用自然资源，实现物质与能量的良性循环与多级利用，例如，“粮-猪-沼-鱼”模式。食物链结构设计可采用“依源设模，以模定环，以环促流，以流增效”方法，通过链环的衔接，使系统内的能流、物流、价值流和信息流通畅，从而提高经济、生态和社会三大效益。

(3) 时空-食物链结构型是时空结构型和食物链结构型的有机结合，它使农业生态系统中生物物质的高效生产和有效利用有机结合，是“开源与节流”的高度统一的适投入、高产出、少废物、少污染、高效益的生态农业类型。

(三) 生态农业建设与技术体系

生态农业建设应遵循以下原则：统筹规划，突出重点；因地制宜，分类指导；模式带动，技术集成；建设与管理并重，工程与政策并重；综合治理，整体提高。生态农业建设体系主要包括：调查收集有关资料，系统诊断，找出主要限制因子和优势因子；确定生态农业建设的主要类型、模式和主要目标、任务和重点解决的问题；制定生态农业发展规划和社会经济发展规划，进行效益预测和规划可行性分析；提请专家组审定规划，并经审批后组织实施，加以宣传，组织培训，筹集资金，分步建设等。

生态农业建设中主要采用的技术包括：实施种植业、养殖业及工商业之间生产与生态良性循环的组装技术，农副产品废弃物资源化技术，生物种群的调整、引进与重组技术，农村能源综合开发技术，立体种植、养殖技术，水土流失治理技术，控制沙漠化技术，盐渍化土壤改良技术，涝渍地治理技术和病虫害综合防治技术等，从而提高资源利用率，改善生态环境。

(四) 生态农业的保障体系

我国生态农业发展目前仍处在初级阶段，要想使人们转变传统观念，进一步了解并接纳生态农业，需要通过多种渠道进行宣传，同时强化对专业技术人才的培养，进行生态农业的推广，切实使生态农业的理念深入人心，只有这样，才能促进生态农业的推广与发展。生态农业保障体系主要有法律保障体系、组织保障体系和生态环境监测与评价体系。

1. 法律保障体系

《“十四五”全国农业绿色发展规划》《中共中央 国务院关于实施乡村振兴战略的意见》(中发〔2018〕1号) 是我国今后发展生态农业的主要依据。颁布、实施的《农业生态环境保护条例》等法规，将保障我国生态农业建设的顺利进行。

2. 组织保障体系

落实“推进农业绿色发展是农业发展观的一场深刻革命”的重要指示要求，加强组织领导，建立国家统筹、省负总责、市县抓落实的工作机制。国家层面由农业农村部牵头建立规划协调推进机制，制定规划实施任务清单和工作台账，跟踪督促重点任务落实。各地区各部门结合实际，明确目标任务，细化政策措施，加强资金统筹，推进规划落实。国家农业绿色发展试点先行区要进一步加强组织领导，加快先行先试，为规划落实落地探索新路。

3. 生态环境监测与评价体系

全国已建立了农业、草原、农垦生态监测站56个，还相继建立了各类自然保护区、重点湿地、三峡库区等定点监测站，首批国家级51个生态农业试点县也陆续建立了定点监测站。制定农业绿色发展评价指标体系，进一步完善综合评价方法，科学运用统计数据、长期固定观测试验数据和重要农业资源台账等数据资源，开展农业绿色发展效果评价。建立健全规划实施监测评估机制，完善化肥农药使用量、废弃物资源化等调查核算方法，加强数据分析、实地调查、工作调度，对规划实施情况进行跟踪监测，科学评估规划进展情况。强化效果评价结果应用，探索将耕地保护、节约用水、化肥农药减量、养殖投入品规范使用、废弃物资源化利用、长江“十年禁渔”等任务完成情况，纳入领导干部任期生态文明建设责任制、乡村振兴实绩考核范畴。

三、农业生态工程的概念和类型

(一) 农业生态工程的概念

农业生态工程是有效运用生态系统中各种生物充分利用空间和资源的生物群落共生原理，系统内多种组分相互协调和促进的功能原理及地球化学循环规律，根据物质和能流多层次、多途径利用与转化的原则，设计与建设合理利用自然资源、保持生态系统多样性、稳定性和保持高效、高生产功能的农业系统所涉及的工程理论、工程技术及工程管理。农业生态工程的实质是应用生态学原理，结合系统工程方法和现代技术手段，建立农业资源高效利用的生产方式和实施农业可持续发展的技术体系。

（二）农业生态工程的类型

农业生态工程按主产品或主要产业类型可分为综合型和专业型，其中综合型又可分为农林牧副渔综合发展型、农林牧型、农渔型、农副型等。

鉴于农业生态工程具有明显的地域性，并以当地自然资源条件为基础，所以对农业生态工程的第一级分类应按自然地理环境分为平原区、山地丘陵区、城郊工矿区、沿海滩涂区和草原区五大类，其中平原区包含了内陆水域类型。城郊工矿区是考虑到其特殊的社会经济条件而单列的一大类。其他层级分类则结合具体情况按所采用的主要指导性科学原理或主产品及产业类型而进行分类，并应注重模式的通俗化及模式涉及的阶段性。

四、农业生态工程的模式

我国的农业生态工程的模式主要包括充分利用空间和土地资源的农林立体结构型模式、物质能多层分级利用型模式、水陆交换的物质循环型模式、相互促进的生物物种共生型模式、农-渔-禽水生生态系统型模式、多功能的污水自净型模式、山区综合开发的复合型模式、沿海滩涂和荡滩资源开发利用的湿地型模式、以庭院经济为主的院落模式等。

（一）充分利用空间和土地资源的农林立体结构型模式

充分利用空间和土地资源的农林立体结构型模式是利用自然生态系统各种生物的特点，通过合理组织，建立各种形式的立体结构，以达到充分利用空间、提高生态系统光能利用率和土地生产力，增加物质生产的目的。所以该模式是空间上多层次和时间上多序列的产业结构。按照生态经济学原理使林木、农作物（粮、棉、油）、绿肥、鱼、药（材）、（食用）菌等处于不同的生态位，各得其所、相得益彰，既充分利用太阳辐射能和土地资源，又为农作物形成一个良好的生态环境。这种类型大致可分为以下几种形式。

(1) 各种农作物的轮作、间作和套种。农作物的轮作、间作与套种在我国已有悠久的历史，并已成为我国传统农业的精华之一，是我国传统农业得以持续发展的重要保证。由于各地的自然条件不同，农作物种类多种多样，行之有效的轮作、间作和套种的形式繁多，常见的有：豆、稻轮作，棉、麦、绿肥间套作，棉花、油菜间作，甜叶菊、麦、绿肥间套作。

(2) 农林间作。农林间作是充分利用光、热资源的有效措施。我国采用较多的是桐粮间作和枣粮间作，还有少量的杉粮间作。

(3) 林药间作。林药间作不仅大大提高了经济效益，而且塑造了一个山青林茂、整体功能较高的人工系统，大大改善了生态环境，有力促进了经济、社会和生态环境的良性循环。如吉林省的林、参间作，江苏省的林下栽种黄连、白术、绞股蓝、芍药等的林药间作。

另外还有林木和经济作物的间作，如海南省的胶、茶间作，种植业与食用菌栽培相结合的各种间作，如农田种菇、蔗田种菇、果园种菇等。

（二）物质能多层分级利用型模式

模拟不同种类生物群落的共生功能，包含分级利用和各取所需的生物结构。此类系统可进行多种类型和多种途径的模拟，并可在短期内取得显著的经济效益。例如利用秸秆生产食用菌和蚯蚓等。秸秆还田是保持土壤有机质的有效措施，但秸秆不经处理直接还田，则需很长时间的发酵分解，方能发挥肥效。在一定条件下，利用糖化过程先把秸秆变成饲料，而后将牲畜的排泄物及秸秆残渣用来培养食用菌；生产食用菌的残余料又用于繁殖蚯蚓，最后才把剩下的残物返回农田，收效就会好得多，且增加了生产沼气、食用菌、蚯蚓等的直接经济效益。

（三）水陆交换的物质循环型模式

食物链是生态系统的基本结构，通过初级生产、次级生产、加工、分解等步骤完成代谢过程，完成物质在生态系统中的循环。桑基鱼塘是比较典型的水陆交换生产系统，是我国广东、江苏、浙江农业生产中多年行之有效的多目标生产体系。目前已成为较普遍采用的生态农业类型。该系统的子系统组成划分通常有二分法和三分法。二分法是将桑基鱼塘系统划分为基面子系统和鱼塘子系统。基面子系统为陆地系统，鱼塘子系统为水生生态系统，两个子系统中均有生产者和消费者。三分法是二分法基础上增加了联系子系统，该子系统起着联系基面子系统和鱼塘子系统的作用。桑基鱼塘是由基面种桑、桑叶喂蚕、蚕沙养鱼、鱼粪肥塘、塘泥为桑施肥等各个生物链所构成的完整的水陆相互作用的人工生态系统。在这个系统中通过水陆物质的交换，使桑、蚕、渔、菜等各业得到协调发展，桑基鱼塘使资源得到充分利用，整个系统没有废弃物，处于良性循环，因而可以取得极好的经济利益。桑基鱼塘模式如图 5.10 所示。

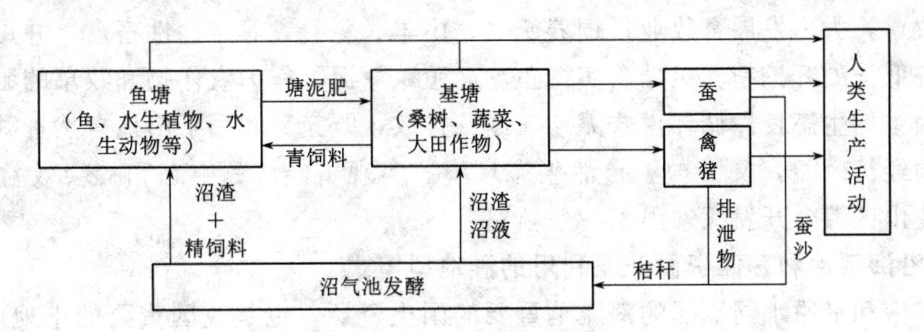

图 5.10　桑基鱼塘模式示意图

（四）相互促进的生物物种共生型模式

相互促进的生物物种共生型模式是按生态经济学原理把两种或两种以上相互促进的物种组合在一个系统内，达到共同增产、改善生态环境、实现良性循环的目的。该种生物物种共生模式在我国有稻田养鱼、稻田养蟹、鱼蚌共生、禽鱼蚌共生、稻鱼萍共生、稻鸭共生等多种类型。其中稻田养鱼在我国已得到较普遍的推广，在养鱼的稻田中，水稻为鱼提供遮荫、适宜水温和充足饵料，而鱼为稻田除草、灭虫、充氧和施肥，使稻田的大量杂草、浮游生物和光合细菌转化为鱼产品。稻、鱼共生互利，相互促进，形成良好的共生生态系统。这不但促进了养鱼业的发展，也提高了水稻产量，减少了化肥、农药、除草剂的使用量，提高了土壤肥力。

（五）农-渔-禽水生生态系统型模式

农-渔-禽水生生态系统型模式是利用水资源优势，根据鱼类等各种水生生物的生活规律和食性以及在水体中所处的生态位，按照生态学的食物链原理进行组合，以水体立体养殖为主体结构，以充分利用农业废弃物和加工副产品为目的，实现农-渔-禽综合经营的生态农业类型。这种系统有利于充分利用水资源优势，把农业的废弃物和农副产品加工废弃物转变成鱼产品，变废为宝，减少了环境污染，净化了水体。特别是该系统与沼气相联系，用沼气渣液作为鱼的饵料，使系统的产值大大提高，成本降低。这种生态系统在太湖流域、长江下游水网地区应用较多。

（六）多功能的污水自净型模式

在发育正常的自然生态系统中，同时进行着富集与扩散、合成与分解、拮抗与协同等多种调节、控制作用过程。通常情况下，自然生态系统内部不易出现由于某种物种的过多积累而造成系统崩溃或主要生物成分的大量死亡，这是由于系统本身就拥有自行解毒的“医生”（微生物）和解毒的工艺（物理的、化学的）过程。即使由于某种物质过多积累，破坏了系统的原来结构，也会出现适应新情况的生物更新。模拟此种复杂功能工艺体系，可设计成处理工业废水的新模式。

（七）山区综合开发的复合型模式

这是一种组合开发低山丘陵地区，充分利用山地资源的复合生态农业类型。通常的结构模式为：林-果-茶-牧-鱼-沼气。该模式以畜牧业为主体结构。一般先从植树造林、绿化荒山、保持水土、涵养水源等入手，着力改善山区生态环境，然后发展畜牧和养殖业。根据山区自然调节、自然资源和物种生长特性，在高坡处栽种果树、茶树；在缓平岗坡地引种优良牧草，大力发展畜牧业，饲养奶牛、山羊、兔、禽等草食性畜禽，并用其粪便养鱼；在山谷低洼处开挖精养鱼塘，实行鱼塘养殖，塘泥再作为农作物和牧草的肥料。这种以畜牧业为主的生态良性循环模式无“三废”排放，既充分利用了山地自然资源优势，获得了较好的经济效益，又保护了自然生态环境。实现了经济、生态和社会效益的同步发展，为丘陵山区综合开发探索出了一条新路。

（八）沿海滩涂和荡滩资源开发利用的湿地型模式

沿海滩涂和平原水网地区的荡滩是重要的国土资源，也是我国重要的土地后备资源。我国海岸线长，沿海省份多，滩涂资源比较丰富，但如何将其充分利用，加快沿海地区和水网地区的经济发展，是一个十分重要的问题。近年来，我国在湿地开发利用方面创造了不少有效模式，主要有草-畜-禽-蚯蚓-貂的湿地生态系统、苇-萍-鱼-禽的湿地生态系统、林-牧-猪-鱼-沼气的荡滩生态系统、鱼-苇-草-牧生态系统、农-桑-鱼-畜生态系统、棉-牧-禽-鱼-花复合生态系统。

（九）以庭院经济为主的院落模式

以庭院经济为主的院落模式，把居住环境和生产环境有机结合起来，以充分利用每一寸土地资源和太阳辐射能，并用现代化的技术手段经营管理生产，以获得经济效益、生态环境效益和社会效益的协调统一。这种模式对充分利用土地资源和农村闲散劳动力，以及保护农村生态环境具有十分重要的意义。庭院经济模式具有灵活性、经济性、高效性、系统性的优点。

思　考　题

1. 简述生态恢复和生态修复的概念。
2. 简述恢复生态学的概念与任务。
3. 简述生态修复的基本原理和技术体系。
4. 简述河流生态系统生态修复的目标和内容。
5. 简述河岸带生态修复的主要模式及材料。
6. 简述湖泊生态系统生态修复的基本原理和主要措施。
7. 简述富营养化的生态调控方法。
8. 简述生态农业的概念和主要类型。
9. 简述农业生态工程的概念、主要类型和主要模式。

相　关　文　献

白晓慧，施春红. 生态工程——原理及应用［M］. 2 版. 北京：高等教育出版社，2017.

李洪远，鞠美庭. 生态恢复的原理与实践［M］. 北京：化学工业出版社，2005.

任海，彭少麟. 恢复生态学导论［M］. 北京：科学出版社，2002.

夏继红，严忠民. 生态河岸带综合评价理论与修复技术［M］. 北京：中国水利水电出版社，2009.

Jordan W R III , Gilpin M E, Aber J D. Restoration Ecology：A Synthetic Approach to Ecological Research［M］. Cambridge：Cambridge University Press，1987.

第六章　生　态　规　划

【教学要点】

小　节	知 识 要 点	掌 握 程 度
生态规划的概念与任务	生态规划的基本概念、目的、任务和原则	掌握生态规划的基本概念和目的； 熟悉生态规划的任务； 了解生态规划的原则
生态规划的内容与方法	生态规划的内容、步骤、方法	掌握生态规划的步骤； 熟悉生态规划的内容； 了解生态规划的方法
河湖水域生态规划	水系生态规划，岸线生态规划，滨水景观生态规划	掌握水系生态规划的思路和方法； 掌握岸线生态规划的基本要求、主要内容； 掌握滨水景观生态规划的空间规划方法； 熟悉水系的类型和网络体系布局； 熟悉岸线生态规划的总体步骤和主要方法； 了解岸线生态规划的原则和管控对策； 了解滨水景观生态规划的目标与主题确定方法
农业生态规划	农业生态规划的总体要求，美丽乡村规划，循环系统规划，生物关系重建规划	掌握农业生态规划的总体要求； 掌握美丽乡村规划的内容与要求； 熟悉循环系统规划的方法； 熟悉生物关系重建规划的要求
城市生态规划	城市生态功能分区规划，土地利用适宜度规划，生态保护与污染综合防治规划，城市森林规划，资源可持续利用规划	掌握城市生态功能分区规划方法； 熟悉生态保护与污染综合防治规划要求； 熟悉土地利用适宜度规划要求； 了解城市森林规划要求

第一节　生态规划的概念与任务

一、生态规划的基本概念

规划是人们以思考为依据，安排其行为的过程。规划包括两层含义：一是描绘未来，即人们根据对规划对象现状的认识，对未来目标和发展状态的构思；二是行为决策，即人们为达到或实现未来的发展目标所应采取的时空顺序、步骤和技术方法的决策。针对人类发展过程中所出现的重大资源与环境问题，人类逐渐反思自身的生活方式和社会经济发展方式，生态学思想日益渗透到以社会经济增长为唯一目标的“功利性”规划事件中，这使得生态规划（ecological planning）孕育而生，其应用的范围和领域日益广泛。生态规划已成为当前规划工作中的一个新的发展方向。然而，迄今为止，学术界对于生态规划尚未形成统一的概念。下面列举几个学者对生态规划提出的有关定义。

麦克哈格（McHarg，1969）认为：生态规划是在没有任何有害（或多数无害）影响的情况下，对土地的某种可能用途，以确定其最适宜的地区，利用生态学理论而制定的符合生态学要求的土地利用规划。

欧阳志云和王如松（2005）从区域发展角度认为：生态规划是运用生态学、生态经济学及其他相关学科的知识与方法，从区域功能的完整性、区域资源环境的特点及社会经济条件出发，合理规划区域资源开发与利用途径及社会经济的发展方式，寓自然系统于区域开发与经济发展之中，达到资源利用、环境保护与经济增长的良性循环，不断提高区域的可持续发展能力，实现人类社会经济发展与自然过程的协同进化。

综合学者们对于生态规划的定义，生态规划是指以生态学原理为指导，应用系统科学、环境科学、计算机科学等多学科的手段，去辨别、模拟和设计生态系统内的各种生态关系，确保资源开发利用与保护的生态适宜性，探讨改善系统结构与功能的生态对策，从而促进人与自然关系协调、持续发展的规划方法。因此，生态规划的实质是运用生态学原理去综合地、长远地评价、规划和协调人与自然资源开发、利用和转化的关系，以提高生态经济效率，促进社会经济的持续发展，是一种系统认识和重新安排人与自然关系的复合生态系统规划。

二、生态规划的目的与任务

生态规划是运用生态系统整体优化的观点，对规划区域内的自然生态因子和人工生态因子的动态变化过程和相互作用特征予以相应的重视，研究区域内物质循环、能量流动、信息传递等生态过程及其相关关系，提出资源合理开发利用、环境保护和生态建设规划对策，以促进区域生态系统良性循环，保持人与环境关系持续共生、协调发展，实现社会的文明、经济的高效发展和生态的和谐持续（刘康，2011）。

因此，生态规划的目的可以概况为：以区域的生态调查与评价为前提，以环境容量和生态承载力为依据，把区域内环境保护、自然资源的合理利用、生态建设、区域社会经济发展与城乡建设有机地结合起来，培育美的生态景观，形成和谐统一的生态文明，孵化经济高效、环境和谐、社会适用的生态产业，确定社会、经济与自然协调发展的最佳生态位，建设人与生态和谐共处的生态区，建立自然资源可循环利用体系和低投入高产出、低污染高循环、高效运行的生态调控系统，最终实现区域经济效益、社会效益、生态效益高度统一的可持续发展。

生态规划的任务就是探索不同层次生态系统发展的动力学机制和控制论方法，辨识系统中局部与整体、短期与长远、人与自然、资源与发展的矛盾冲突关系，寻找解决这些矛盾的技术手段、规划方法和管理工具（刘康，2011）。

三、生态规划的原则

生态规划作为区域生态建设的核心内容、生态管理的依据，与其他规划一样，具有综合性、协调性、战略性、区域性和实用性的特点，生态规划应遵循以下原则。

（1）整体优化原则。从生态系统原理和方法出发，强调生态规划的整体性和综合性，规划的目的不只是生态系统结构组分的局部最优，更要追求生态环境、社会、经济的整体最佳效益。

(2) 协调共生原则。复合生态系统具有结构的多元化和组成的多样性特点，各子系统之间及各生态要素之间相互影响、相互制约，直接影响着系统整体功能的发挥。在生态规划中就是要保持系统与环境的协调、有序和相对平衡，保持子系统互惠互利、合作共存，提高资源的利用效率。

(3) 功能高效原则。生态规划的目的是要将规划区域建设成为一个功能高效的生态系统，使其内部的物质代谢、能量流动和信息传递形成一个环环相扣的网络，物质和能量得到多层分级利用，废物得以循环再生，实现较高的物质循环利用率和经济效益。

(4) 趋势开拓原则。生态规划在以环境容量、自然资源承载能力和生态适宜度为依据的条件下，积极寻求最佳的区域或城市生态位，不断地开拓和占领空余生态位，以充分发挥生态系统的潜力，强化人为调控未来生态变化趋势的能力，改善区域和城市生态环境治理，促进生态区建设。

(5) 保护多样性原则。生态规划要保护生态多样性，从而保证系统的结构稳定和功能的持续发挥。

(6) 区域分异原则。不同地区的生态系统有不同的特质，生态过程和功能、规划的目的也不尽相同，生态规划要在充分研究区域生态要素的功能现状、问题及发展趋势的基础上因地制宜地进行。

(7) 可持续发展原则。生态规划遵循可持续发展原则，在规划中突出“既满足当代人的需要，又不危及后代人满足其发展需要的能力”的原则，强调资源的开发利用与保护增值并重，合理利用自然资源，为后代维护和保留充分的资源条件，使人类社会得到公平持续发展。

第二节　生态规划的内容与方法

一、生态规划的内容

生态规划主要包括生态调查、生态分析与评价、生态决策分析三方面内容。

(一) 生态调查

生态调查的目的在于收集规划区域内的自然、社会、人口、经济等方面的资料和数据，为充分了解规划区域的生态过程、生态潜力与制约因素提供基础。由于规划的对象与目标不同，所涉及因素的广度和深度也不同，因而生态调查所采用的方法和手段也不尽相同。通常采用实地调查、历史调查、社会调查、遥感调查等方法。

(二) 生态分析与评价

生态分析与评价主要运用生态系统及景观生态学理论与方法，对规划区域的组成、结构、功能与过程进行分析评价，认识和了解规划区域发展的生态潜力和限制因素。生态分析与评价主要包括生态过程分析、生态潜力分析、生态格局分析、生态敏感性分析、土地质量与区位评价等内容。

1. 生态过程分析

生态过程是生态系统中维持生命的物质循环和能量转换过程，由生态系统类型、组成结构与功能所决定的，是生态系统及其功能的宏观表现。自然生态过程所反映的自然资源与能流特征。人类的各种活动使得区域的生态过程带有明显的人工特征，因此在生态规划中，受人类活动影响的生态过程及其与自然生态过程的关系是关注的重点。特别是那些与区域发展和环境密切相关的生态过程（如能流、物质循环、水循环、土地承载力、景观格局等），应在规划中进行综合分析。通过分析区域内物质交换特点，可进一步了解区域内功能分工及经济特点，而分析区内与区外物质流动过程，则可以了解区域经济与资源的地位、区域经济对外部的依赖性等。

2. 生态潜力分析

生态潜力有狭义和广义两种理解。狭义上，生态潜力是指单位面积上可能达到的第一性生产力（初级生产力），它是一个综合反映区域光、温、水、土资源配合的定量指标。生态潜力是各要素组合所允许的最大生产力，通常是该区域农、林、牧业生态系统生产力的上限。广义的生态潜力则指区域内所有的生态资源在自然条件下的生产和供应能流。通过对生态潜力的分析，与现状利用和产出进行对比，可以找到制约发展的主要因素。

3. 生态格局分析

人类的长期活动，使区域景观结构与功能带有明显的人工特征。原来物种丰富的自然植物群落被单一种群的农业和林业生物群落所取代，成为大多数区域景观的基质。城镇与农村居住区的广泛分布成为控制区域功能的镶嵌体，公路、铁路、人工林带（网）与区域交错的自然河道、人工河渠及自然景观残片共同构成了区域的景观格局。不同要素、区域的基质，构成生态系统第一性生产者，而在山区和丘陵区，农田则可能成为缀块镶嵌在人工、半人工或自然林中。城镇是区域镶嵌体，又是社会经济中心，它通过发达的交通网络等廊道与农村及其他城镇进行物质与能流的交换与转化。残存的自然斑块则对维护区域生态条件、保存物种及生物多样性具有意义。无论是残存的自然斑块还是人工化的景观要素及其动态，均反映在区域土地利用格局上。生态规划的最终表达结果也反映在土地利用格局的改变上，因此，景观结构与功能的分析及其格局动态评价对生态规划具有重要的实际意义。

4. 生态敏感性分析

在复合生态系统中，不同子系统或斑块对人类活动干扰的反应是不同的。有的生态系统对人类干扰有较强的抵抗力；有的则具有较强的恢复力；有的十分脆弱，易受破坏，不易恢复。因此，在生态规划中必须分析和评价系统各因子对人类活动的反应，进行敏感性评价。根据按区域发展和资源开发活动可能对系统的影响，生态敏感性评价一般包括水土流失评价、自然灾害风险评价、特殊价值生态系统和人文景观评价、重要集水区评价等。

5. 土地质量与区位评价

区域的气候调节、地理特点、生态过程、社会基础等最终反映在区域的土地质量和区域特征上。因此，土地质量与区位评价是对复合生态系统的评价与分析的综合和归纳。一般包括土地质量评价和区位评价。土地质量评价因用途不同而在评价指标、内容、方法上有所不同。如在绿地系统规划中对土地质量的评价涉及的是与绿化密切相关的气候、土壤养分与土壤结构、水分特性、植物生态特性等属性内容以及相对应的指标。区位评价是为城镇发展与建设、产业的布局等提供基础，涉及的评价指标有地质地貌条件、水系分布、植被与土壤、交通、人口、土地利用现状等方面。对于评价指标和属性，可采用因素间的相互关系构成模型，也可采用加权综合或主成分分析等方法，找出因子间的作用关系和相对权重，最终形成土地质量与区位评价图。

（三）生态决策分析

生态规划的最终目的是提出区域发展的方案与途径。生态决策分析就是在生态分析与评价的基础上，根据规划对象的发展与要求以及资源环境及社会经济条件，分析与选择经济学与生态学合理的发展方案与措施。生态决策分析首先根据发展目标分析资源要求，通过与现状资源的匹配性分析确定初步的方案与措施，再运用生态学、经济学等相关学科知识对方案进行分析、评价和筛选。生态决策分析一般包括生态适宜性分析、生态功能区和土地利用布局划分、规划方案的制定、评价与选择等步骤。

1. 生态适宜性分析

生态适宜性分析是生态规划的核心，也是生态规划研究最多的方面。目标是根据区域自然资源与环境性能，按照发展的需求与资源利用要求，划分资源与环境的适宜性等级。自 I. McHarge 提出生态适宜性图形空间叠置方法以来，很多研究者对此进行了深入研究，先后提出了多种生态适宜性分析方法，特别是随着地理信息系统技术的发展，生态适宜性分析方法得到进一步发展和完善。

2. 生态功能区和土地利用布局划分

根据区域复合生态系统结构及其功能，对于涉及范围较大而又存在明显空间异质性的区域，要进行生态功能分区，将区域划分为不同的功能单元，研究其结构、特点、环境承载力等问题，为管理提供对策依据。区域划分时，需综合考虑各区生态环境要素现状、问题、发展趋势及生态适宜度，提出合理的分区布局方案。

土地利用布局划分要以生态适宜性分析结果为基础，参照有关政策、法规及技术、经济可行性，划分出各类用地的范围、位置和面积。

3. 规划方案的制定、评价与选择

在前述分析评价，生态功能区和土地利用布局划分的基础上，根据发展目标和要求以及资源环境的适宜性，制定具体的生态规划方案。生态规划由总体规划及若干相关子规划组成，如，保护系统生态规划与调控总体规划、土地利用生态规划、人口适宜性发展规划、产业布局与结构调整规划、生态保护规划、景观文化规划等。这些子规划最终是要以促进社会经济发展、改善生态环境条件及增强区域持续发展能流为目的的。因此，必须对各子规划方案进行以下三方面的评价。

（1）方案与目标评价。分析各规划方案所提供的发展潜力能否满足规划目标的要求，若不满足则必须调整方案与目标，并作进一步的分析。

（2）成本-效益评价。对方案中资源与资本投入及其实施结果所带来的效益进行分析、比较，进行经济上可行性评价，以筛选出投入低、效益高的措施方案。

（3）对持续发展能力评价。发展必须考虑生态环境，有些规划能带来有益的影响，促进生态环境的改善，有的则相反。因此，必须对各方案进行可持续发展能力的评价，内容主要包括对自然资源潜力的利用程度、对区域环境质量的影响、对景观格局的影响、自然生态系统不可逆性影响的评价，评价规划方案对区域持续发展能力的综合效应。

二、生态规划的步骤

McHarg（1969）在其《协同自然的设计》中提出了城市与区域规划的生态学框架构建方法，对生态规划的工作程序及应用方法做了较全面的探讨，它的生态规划框架对后来的生态规划影响很大，成为20世纪70年代以来生态规划的一个基本思路，被称为McHarg生态规划法。主要是根据区域特点，分析其生态适应性，确定利用方式与发展规划，使开发利用与自然特质、自然过程协调统一。该方法分为5个步骤（图6.1）。

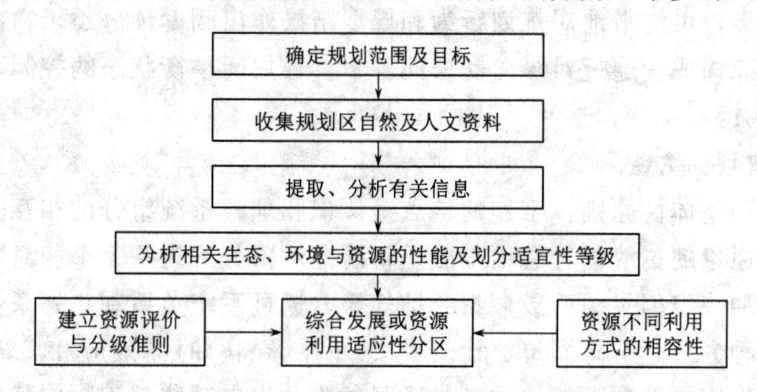

图6.1 McHarg生态规划流程图（欧阳志云和王如松，1995）

（1）确定规划范围及目标。

（2）收集规划区自然及人文资料，包括地理、地质、气候、水文、土壤、生物、自然景观、土地利用、人口、交通、文化，人的价值观调查，并分别描绘在地图上。

（3）提取、分析有关信息。

（4）对各主要因素及各种资源开发（利用）方式进行适宜度分析，确定适宜性等级。

（5）综合发展或资源利用适应性分区，建立综合适应性图。

McHarg生态规划法的核心在于，根据自然环境与自然资源性能，对其进行生态适宜性分析，以确定土地利用和资源管理，从更宏观、综合的角度研究区域的生态建设和生态环境保护战略。因此，生态规划是在对区域复合生态系统中社会、经济、自然的广泛调查基础上，结合专家咨询意见，将应用生态学、环境科学、系统分析（多元统计、系统生态、系统工程、系统动力学、灰色系统分析、数理统计等）和规划原理相结合后进行的。

三、生态规划的方法

生态规划的对象是复杂的复合生态系统，其组成结构及其生态关系是复杂多样的，又具有动态的、模糊的、不确定的特点，完全照搬应用传统的方法很难得到满意的效果。随着生态学及其他相关学科的发展，生态规划也逐渐发展和形成了一套将整体论与还原论、定量分析与定性分析、客观评价与主观感受、硬方法与软方法相结合的生态综合方法论，使得人们对系统的优劣有更为真实的认识，也使规划能更有效地指导实际工作。

（一）生态规划方法论的先决条件

F. Archibugi（1997）指出：在解决城市和区域环境问题时，如果首先不是解决一些标准和方法论的问题，而是先考虑采取技术手段，那么，将是对资源和精力的极大浪费。

他提出了在生态规划方法论范畴中的三个先决条件：①合适规模的评价和规划空间单元。评价和规划的区域范围应是功能影响区域，只有正确确定功能影响范围，城市和区域发展及运行过程中所产生的压力和不平衡才有机会得到消解和释放，并达到新的平衡状态。②土地利用矩阵。城市或区域环境及环境问题是受资源之间的平衡状态的影响和制约的，土地利用矩阵是生态规划最基本的要求和先决条件。该矩阵包括计算和评级模型，是资源利用机会成本的计算工具，也是决策工具之一。③容量指标和参数的定义。明确界定容量指标和参数的定义，可清晰地对规划行为和规划结果作出测度和分类，它由水平方向和垂直方向的指标功能构成，通过对纵向和横向各个参数之间平衡状态的控制，就有可能选出较为理想的规划方案。

（二）模式识别的方法

生态规划强调整体性原则，工作的重点是认识和理解系统组分的相互关系，掌握系统的特点。基于还原论的传统物理思维方法是将研究对象分解为一个个相对独立的组分，根据组分之间存在的一定因果关系或数量变动规律，通过系统关系和初始条件来对系统的发展进行研究。这种方法适合于简单的、不考虑外在影响、时滞效应和反馈环可忽略的系统，但对具有自组织自调节功能、与环境协同进化的生态系统就不一定适合。因为生态系统在演替过程中其各种参数、生态关系、环境条件是不断变化的，人们不可能获得足够的、精确的微观信息来完全确定它的发展。生态的模式识别方法就是以系统的各种生态关系为对象，将系统内部结构看作灰箱或黑箱，通过信息反馈来辨识系统的总体特征。两种方法的区别如图 6.2 所示。图 6.2（a）是传统的物理思维识别方法，将图划分为一个个栅格，在近处对每一个方格的灰度值、方格的边长等进行了精确的研究，但仍无法得知整张图所反映的是什么；图 6.2（b）是生态的模式识别方法，从远处来观察整张图，并且忽略局部具体的细微结构，则可分辨出这是一张美国总统林肯的头像轮廓。

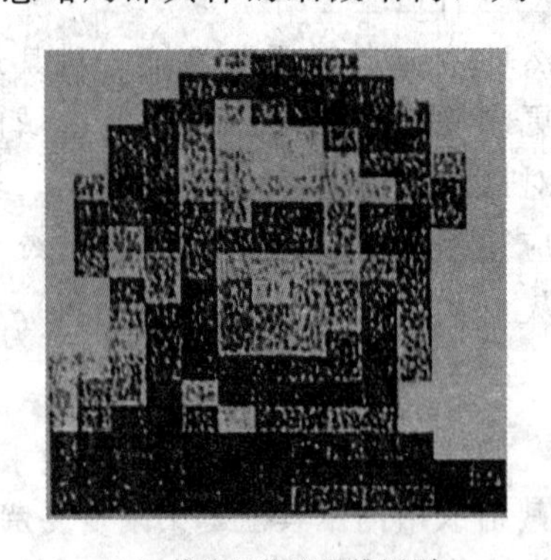

(a) 传统的物理思维识别

(b) 生态的模式识别

图 6.2　传统的物理思维识别方法与生态的模式识别方法的差别（Vester et al.，1980）

（三）关键因素辨识法

生态系统在发展演替过程中，总是存在有利于系统发展的环境或生物因子，以及促进系统组分增长的正反馈过程。同时，也必然存在一些制约系统发展的限制因子和维持系统发展稳定的负反馈过程。它们之间的相互作用决定了系统的发展过程，从而构成系统发展的关键因素。建立科学合理的指标体系，采用多种方法对其进行分析评价，可以准确辨识复合生态系统的组成、结构与功能，明确系统的优势和劣势、关键的反馈环境和生态过程，以及系统发展过程中存在的主要风险和机会，使规划更具有针对性，使发展目标更切实可行。

（四）局部行为模拟法

生态系统的复杂性决定了人们不可能完全模拟系统，也没有必要去把每一个细微的环境都搞清楚。在进行生态系统评价与规划时，人们主要关心的是对系统发展起重要作用的环节和问题，因此，在系统关键因素辨识的基础上，从问题的诊断、生态过程的识别、人类行为和政策的检验分析入手，应用各种模型和方法进行问题和过程的局部模拟，并以此为基础构建系统模型，模拟系统的整体行为。

（五）面向过程的交互式优化法

数学模型与方法在生态规划中的应用日趋广泛，但其本质是根据固定的法则对系统进行优化的过程。而自然-经济-社会复合生态系统存在着十分复杂的生态关系，系统的参数、过程和关系是在不断发生变化的，按固定法则得出的理想控制模式很难适用该系统。因此，数学模型和方法所得出的结果只能作为规划的参考，而不是规划的最终目标，生态规划必须跟踪系统的发展过程，参考各种优化结果，通过规划者、决策管理者及各方面的合作综合，权衡利弊，协调矛盾，探索一种合理的、健康的系统发展模式。目前在很多生态规划中应用的决策支持系统就是这一方法的体现，它将数据库、模型库、专家知识有机结合，根据系统的动态发展给出各种评价和预测，并通过人机交互的方式与决策管理者相互交流，实现系统的动态调控。

（六）公众参与的综合规划法

以人为本是生态规划的一大特色，一个规划是否可行，不仅取决于规划者的知识水平和能力，更重要的是必须得到公众、决策管理者、投资者的认可。在生态规划中必须通过社会调查、座谈交流等方式倾听各方面的意见，并在规划中予以充分考虑。公众参与的综合规划方法还包括各方面知识、技术、方法及手段的综合应用，通过跨科学、跨部门、跨区域的规划，引导系统向经济高效、生态良性、社会活力的方向持续发展。

第三节　河湖水域生态规划

一、水系生态规划

（一）水系结构的基本形式

水系结构形态的研究是为了维护区域的生态安全，其景观价值主要体现保证区域水系生态安全、衔接区域相关景观层。从景观生态学角度分析，区域水系以河流为线状构成元素，以湖泊、水库、湿地为面状构成元素，在区域上呈现以网状、树枝状等多形态的大地景观。在恢复和完善以自然景观为主的大地景观过程中，在区域景观格局规划建设中，讨论水系的结构与形态，为理清山水脉络，建设生态的、科学的格局打下良好基础。流域水系结构的基本成因是地貌变化和水流对地表的侵蚀作用。地貌变化决定了流域水系的宏观结构形态，水流对地表的侵蚀主要影响的是流域水系的微观结构形态。另外，人工运河、水库建设也会改变流域水系结构。水系结构的基本型式和空间关系见表6.1。

表6.1 水系结构的基本型式和空间关系

基本型式	空间关系				
	主支流汇合关系	主支流长度比及变化	有无环路	高程情况	等级数
树枝状	成锐角相交	长度比不大，相邻级别长度比变化大	无	支流源头高程不定	多
格状	几乎成直角相交	长度比大，长度比变化大	无	支流源头高程不定	多
羽毛状	几乎成直角相交	长度比大，长度比变化不大	无	支流源头高程主要在两个高度上	多
平行状	成锐角相交	长度比小，长度比变化小	无	支流源头高程主要在一个高度上	少
网络状			有	地形平坦	
扇形（发散）	成钝角相交	长度比小，其变化也小	无	有源头在一处	多
扇形（汇聚）	成锐角相交	长度比小，其变化也小	无	汇于一处	少
辐射状	成锐角相交	长度比小，其变化也小	无	源头以高度，或会于湖泊等	少

（二）水系生态规划的基本思路

水系生态规划的基本思路是：理清水系脉络，沟通自然水系，恢复和完善水系自然结构，通过对水系结构现状问题的分析，开展合理的规划布局。采用调整河道走线、开挖导流水道、增加洼地、调蓄湖等方法，合理布局水系结构，弥补流域水系出现的结构性缺陷。水系生态规划主要包括以下几方面内容。

1. 监测水系结构，评价水生态安全

监测水系结构是把握水系结构的基本现状、找出流域水系结构问题的基础。宏观尺度下的水系结构监测通常需应用GPS、RS、GIS（“3S”）技术，结合生态调查和生态统计，方能全面掌握水系结构特征。具体内容主要包括：①多年水量水情监测、多年洪水位记录、流域水景观过程模拟；②分析掌握流域滞水能力减弱、调蓄能力降低、洪泛自然过程减少、流域自然水景观破碎等问题的具体原因；③对流域水情的生态安全进行评价，分析流域河道的行洪能力、规划调蓄湖、水库的位置、规模，确定需要增加的支线河道的位置、数量及行洪能力，规划确定蓄滞洪区的具体位置和用地范围，估计调蓄水量，确定蓄滞洪区的范围。

2. 生态适宜度分析确定区域水系调整范围

生态适宜度源于麦克哈格提出的“千层饼模式”，其核心内容在于强调景观规划应遵从自然固有的价值和自然过程，发展一整套从土地适应性分析到土地利用的规划方法和技术，从而完善以因子分析和地图叠加技术为核心的调查分析法。在水系结构监测和水情生态安全评价的基础上，计算水系生态适宜度，分析区域水系的生态适宜性。根据各区域不同的适宜度等级，划分特定地段、场地规划的用地类型，判断用地强度，指导较大尺度的流域范围内水系调整规划，尤其是在流域内新建河道或河道改线规划中，运用生态适宜度分析法，可以科学判断选线的适宜范围。

（三）区域水系网络体系布局

宏观尺度水系格局必须有一个结构支撑。在区域及以下尺度下，往往依托道路、河流、空间轴线、大型绿地（如公园）、重要节点等建立区域规划系统的结构；而要支撑起宏观尺度区域规划结构，就需要一个全尺度的结构体系。水系结构是以河流景观廊道为基础，串缀河湖、湿地、水库形成的网状结构体系。在宏观尺度下，区域道路系统、水系网络构成了贯穿全区的结构体系，而且具有重要生态功能水系网络是更好的结构依托。

从生态学角度看，区域水系是在同一区域内，以江河、溪流等线性或带状廊道联系湖泊、水库、池塘、湿地等自然斑块而有机构成的网络状生态系统。该系统包括以河流廊道为主体的复合廊道，既包括自然斑块，也包括区域大环境下其他半自然的人工水体斑块等。构建区域水系网络就是要通过物质和技术手段，在整体协同发展模式的指导下，综合水系的生态功能、防洪减灾功能、景观功能、生产生活功能等，并结合绿地系统、交通系统、旅游系统等对水体、水系进行梳理、整合、恢复和重建，探寻水系发展的组织规律，结合多元结构和多层次结构的形态特征，充分利用自然和人工水体，在区域环境下生态敏感区的重点地段和关键点建立起水生态网络，以发挥最大的水功效。

建立的宏观尺度区域水系格局在平面形态上基本呈现网状、树枝状等多种多样的线状结构（河流）和串缀其间的景观斑块（湖泊、水库、湿地）。而由于地貌特征不同，水情不一，人为干扰等级不同，不同区域的水系结构与形态各不相同，必须科学地分析其结构与形态特征、形成及发育机理、现状水系结构存在的问题，在此基础之上，才能因地制宜，顺应自然，针对不同的情况采取相应的生态策略，使得规划科学有效。

（四）水系生态规划方法

1. 景观生态学方法优化区域水系结构

麦克哈格的“千层饼模式”将景观规划简单地认为是一个垂直的生态过程。实际上，景观结构除了垂直方面的生态过程以外，还包括一个水平横向过程。兴于20世纪80年代的景观生态学以生态学的理论框架为依托，吸收现代地理学与系统科学之所长，研究景观的结构（空间格局）、功能（生态过程）和演化（空间动态），因此，景观生态学方法可以用于水系规划，优化区域水系结构。

2. 基于河流理论调整水系结构

河流廊道是陆地生态景观中最重要的廊道，在流域尺度下研究河流层次性的结构发育和网状的结构特征；通过建立流域数字高程模型（DEM），应用廊道理论，对流域水系结构形态进行分析；采用河流廊道长度和宽度、长宽比、曲度、连通性、密度指数、非均匀度、网络结点、网状格局、网眼大小等度量指标，分析廊道的空间结构特征；通过这些分析，结合景观生态学，确定流域水系结构的自然度、健康度；通过增加湖泊湿地斑块等生态安全缓冲区，扩宽河流廊道，维护廊道交汇处等关键点；建立新的水系支流联系廊道，恢复被截弯取直河道的自然蜿蜒形态等规划改造，通过河流廊道景观格局的多种选择优化流域水系结构，为流域生态修复提供支持。

3. 基于绿脉思想优化水系结构

莱托（C. Little，1995）在他的著作《美国的绿道》（*Greenway for American*）中提

到：绿道就是沿着诸如滨河、溪谷、山脊线等自然走廊，或是沿着诸如用作游憩活动的废弃铁路线、沟渠、风景道等人工走廊所建立的线型开放空间，包括所有可供行人和骑车者进入的自然景观线路和人工景观线路。广义上的绿道是指用来连接的各种线型的绿色开敞空间的总称，有时也称为生态网络、生态廊道或环境廊道。由于其内涵的广泛性，分类方式也较多。绿道为人类的进入和游憩活动提供了空间，同时它们对自然和文化遗产的保护起到了促进作用。因此，生态功能和社会功能是绿道最主要的功能。

伴随着生态方法在绿道规划中的引入，绿道缓解了城市非线性公共绿地占地面积大、成本高的矛盾，拓展了线性城市开放空间，缓解了人们户外游憩需求的持续增长，同时将零散的绿道进行系统连接，绿道网络化将成为绿道未来规划设计的方向。借鉴绿道网络化发展趋势分析水系，不难看出水系在流域环境下同样呈现出网络化态势，将零散的湖泊、水库、湿地、河塘进行合理化沟通，在保证水资源有效分配下，通过河流廊道隔离生态区域，有利于发展生态化水系结构，以水系串联自然生态资源和绿色开敞空间，打造多层次、多功能、立体化、复合型、网络式的“区域水网”。

二、岸线生态规划

河流岸线是河流两侧水陆边界一定范围内的带状区域，是水陆交界的过渡带，也是河流生态系统的重要载体。由于岸线的独特位置，它具有丰富的自然功能与社会价值，已成为我国经济社会建设的重要基础和宝贵的战略资源。长期以来，由于河流岸线范围不明、权责不清、功能不合理利用，部分岸线无序和过度开发，已造成部分河流岸线严重退化，严重影响河流健康运行。《关于全面推行河长制的意见》明确提出：“加强河湖水域岸线管理保护。严格水域岸线等水生态空间管控，依法划定河湖管理范围。落实规划岸线分区管理要求，强化岸线保护和节约集约利用。严禁以各种名义侵占河道、围垦湖泊、非法采砂，对岸线乱占滥用、多占少用、占而不用等突出问题开展清理整治，恢复河湖水域岸线生态功能。”因此，科学制定岸线保护、利用、建设和管理的规划已成为我国当前社会经济发展的迫切任务。

（一）岸线生态规划的基本要求与原则

河流岸线生态规划是在全面掌握河流岸线现状资源条件的基础上，利用生态规划的原理和方法，对河流岸线形态、控制范围、功能区布局进行科学规划，提出岸线保护、利用、修复的模式、方案和技术要求和管控机制，从而全面发挥岸线的综合功能，促进社会经济与资源环境的协调发展。岸线既是一个自然地理区域，也是自然生物栖息繁衍区域，还是社会经济发展的重要资源，它是一个非常复杂的系统。规划中须遵循其自然和社会规律，本着自然保护、可持续发展的思想，按照“河长制”的基本要求，全面系统地进行规划。具体应遵循以下几种原则：①经济发展与资源保护相协调；②安全稳定与生态友好统筹兼顾；③区域性与整体性相统一；④以人为本、人水和谐；⑤发展现代文明与保护历史文化相结合。

（二）岸线生态规划的主体内容与总体步骤

岸线生态规划涉及多部门。规划之初首先应在河长的统一领导与协调下，组建由水利、环保、农林、交通、规划、旅游等部门人员和专门研究专家组成的规划编制工作组。岸线生态规划主要包括功能区布局划定、岸线纵向形态确定、岸线范围与控制线界定、保护与修复工程方案与技术确定、岸线综合评价以及岸线管控等主体内容。岸线生态规划的编制步骤如下。

(1) 资料收集。通过档案调阅、部门调研、网络检索、文献数据库查阅、图片影像下载等收集相关文档资料。

(2) 现状调查。采用调查表、咨询、图件资料处理、实地勘查等方式，调查岸线地形地貌、土壤、资源、防护工程、水体状况、生态状况、区域社会经济发展等，定性掌握规划区域自然资源和社会发展现状。

(3) 现状评价分析。针对功能区要求，通过建立综合评价指标体系，定量评价岸线现状等级，对比分析现状与功能区管理目标要求的差距和存在的问题。

(4) 确定规划目标与原则。根据现状问题和功能目标要求，结合区域发展和资源保护要求，确定岸线规划的总体目标原则、规划范围、规划水平年等。

(5) 制定具体规划方案。根据规划目标和原则，确定岸线纵向形态、控制范围及控制线、功能区布局、保护和修复工程以及管理措施等的具体方案、实施要求与时间安排。

(6) 方案评估。综合评估分析规划方案的经济、生态、环境和社会效益。

(三) 岸线生态规划的主要方法

科学的岸线生态规划是运用生态学、景观学、社会经济学和城乡规划学等相关学科理论，按照生态河岸带的边缘效应特征，从防洪排涝、安全稳定、生态健康、景观适宜等方面，确定适宜的资源保护与开发利用措施，给出合理的结构与功能布局，提出生态修复和管理对策。

1. 功能区布局规划的要求与方法

岸线功能区布局规划须根据岸线资源的自然和经济社会功能属性，基于水陆统筹、城乡统筹视角，综合考虑河流周边地区重要的生态功能区、文化景观分布、河流保护利用现状、开发需求以及主体功能区划、生态红线划定方案等，构建岸线生态保护总体格局，以维护河岸带生态安全，保障河流生态系统健康运行。

一般而言，城镇区域岸线功能区主要包括岸线保护区、岸线保留区、岸线控制利用区和岸线开发利用区四类。乡村区域岸线主要包括生态保护区、生境修复区、开发利用区、过渡区等四个功能区。基于景观生态学、恢复生态学等原理，综合分析和评价各功能单元的水动力学过程、生态学过程与特征、生态环境敏感性和问题，掌握空间格局，确定生态价值与功能，并结合行政区划分界和经济发展要求，统筹兼顾上下游、左右岸，正确处理近期与远期、开发与保护之间的关系，科学划分生态、生产、生活相融合的岸线功能区，优化各功能分区的布局模式。

2. 纵向形态规划要求与方法

根据景观生态学原理，景观单元边缘的曲折度和宽度共同决定了生物生境。一般而言，弯曲单元的生态效益比顺直单元更高。因此，岸线纵向形态应保持自然蜿蜒形态，为岸线陆地和水生生物提供多种栖息地，有效保护岸线生态系统的生物多样性，提高岸线的生态效益。岸线纵向形态规划可采用以下方法：①复制法：可以以附近未受干扰河段的形态模式作为模板，或者利用卫片或测绘资料等调查一定历史时期的岸线形态，确定岸线纵向形态参数。②经验关系法：当资料不充分时，可根据当地地形地貌和水文特点，通过数学模拟或物理模型试验，建立地貌形态与水文间的相关关系，进而推算确定岸线形态的基本参数。

3. 岸线范围与控制线规划要求与方法

科学划定岸线范围是水生态空间管控、河湖确权划界的基础。岸线范围划定包括适宜宽度的确定和控制线的确定。岸线适宜宽度是指满足特定条件、特定功能要求的河岸带宽度，通常包括最小、最大、最优宽度。最小宽度指满足岸线主体功能的最低宽度要求。最大宽度指能满足所有功能的最大宽度要求。最优宽度指既满足防洪安全、保护资源、削减污染、减少侵蚀和生物栖息等自然功能要求，又满足降低占地的经济成本要求的宽度。

岸线控制线包括临水控制线和外缘控制线。

临水边缘控制线规划方法：①对河道滩槽关系明显、河势较稳定的河段，滩面高程与平滩水位比较接近时，可采用滩地临水边缘线确定。②对河道滩槽关系不明显、河势较稳定河段，采用造床流量对应的水位与岸边的交界线确定。③对河势不稳且滩地较窄的河段，可采用临水堤脚线或水生生物分布的最深位置线确定。④对山丘区河道，可按一定重现期洪水位线确定。⑤如上述方法确定的临水控制线沿水流方向起伏弯曲较大时，可作适当平顺调整。

外缘控制线规划方法：①对有堤防河道，以堤防工程背水侧管理范围的外边线确定。②对于无堤防河道，以护岸迎水侧顶部向陆域延伸不少于最小宽度控制线确定。③以上外缘边界线为最低控制线，具体规划时，可根据当地特点和实际情况，考虑河道等级、岸线工程、保护与管理需求等，提出岸线的具体范围。

4. 岸线保护与生态修复工程规划要求与方法

河湖保护必须开展系统保护，实施生态修复工程，岸线保护与生态修复工程规划内容主要包括安全防护工程、生态保护工程、水利枢纽工程、景观文化工程以及相关配套工程。针对不同的工程，应采用不同的规划方法。

（1）安全防护工程规划。针对冲刷较严重、防洪要求较高的岸线段，利用人工辅助材料和当地自然材料实施岸坡安全防护。对于淤积严重或行洪能力不足的岸线，适当采取清淤疏浚、拓宽切滩等措施，以恢复或提高行洪排涝能力。

（2）生态保护工程规划。现状地形适度布置浅滩湿地、沙洲湿地或生态岛，构建多样生境。在不影响行洪排涝的条件下，着力规划岸线湿地，加强滩地资源保护，建立河道生态保护区，严禁采砂、耕种、建设等人为干扰，保护岸线基质资源和生物资源。

（3）水利枢纽工程规划。根据防洪排涝、功能区要求、堤岸现状、险情情况和质量检测成果分析，合理规划布置泵站、水闸、码头、涵洞、桥梁等涉岸水利枢纽工程。新建穿堤岸建筑物选址及施工方法等需结合防洪排涝、功能区类型、生态现状要求确定。

（4）景观文化工程规划。结合本地自然、历史、文化和民俗风情等本土特色，根据历史文化价值和保护情况，实行分级分类保护规划，实现“应保尽保，整体留存”。

（5）相关配套工程规划。

1）道路交通工程规划。对于用作机动车道路的岸线和人行道路岸线，需结合防汛和管理要求合理确定道路等级、断面形式和宽度，提出现有道路设施的整治改造措施。

2）商业开发工程规划。岸线商业开发工程应结合功能区布局、道路规划、景观设置、驿站布局等进行规划设置。

3）合理布置围栏、花坛、园灯、座椅、雕塑、宣传栏、废物箱、照明、网络、排水管线、标识牌等设施，以及宣传、展示、教育、警示、引导等标识牌。

5. 岸线适宜性与规划方案效益评价要求与方法

根据岸线效能，从防洪保安、河势控制、水资源利用、生态与环境保护以及社会经济等方面对岸线适宜性及规划方案进行综合评价。根据地貌形态、岸线结构特征、岸线利用现状、区域特点等，划分不同评价单元，建立适宜的评价指标体系。根据评价单元特点，确定指标权重与质量指数计算方法。分类整理数据资料，计算各指标值。应用评价方法，分别计算岸线现状总体质量指数、分项质量指数和规划方案的生态效益、社会效益和经济效益。根据现状质量指数，划分岸线现状质量总体等级和分项等级。应用 GIS 技术，根据质量指数，绘制岸线适宜性质量专题图。

（四）岸线管控对策建议

（1）建立河长负责、多部门统筹协调的岸线管控机制。由党政领导担任河长，按照省、市、县、乡进行分级管理，河长应负责岸线管理，立足本地区岸线情况，明确各级河长岸线管理职责，建立"一个部门统筹、一条线管理、以块为主、属地负责"的涵盖省、市、县、乡的"四位一体"岸线管控机制。

（2）建立分区分级、跨区联通的岸线管控模式。在科学划分岸线功能区基础上，强化分区管理和用途管制。综合考虑岸线生态保护总体格局、利用现状及发展需求，将河流岸线管控分为 3 个等级。一级管控，对纳入自然岸线格局的岸线，实施生态红线管控，禁止开发利用活动，重点实施自然岸滩养护和生态修复工程，其自然生态功能得到提升；二级管控，要求严格限制开发利用活动，保持地方特色，提升公益服务能力；三级管控，允许适度开发利用，保护为主，节约、高效利用岸线，形成岸线保护与开发相协调的格局。对于分区交界面，建立"联动一体化、联防责任化、联治高效化、联商常态化"的跨区域管控模式。

（3）细化升级河长制，建立岸线规划与管理示范区。以生态文明示范区、重要自然保护区等为依托，选择典型岸线区域，在设立总河长负责制的基础上，可按照管控等级、分区特点，分别设置不同等级的河长岗位，明确各岗位职责，在此基础上，编制岸线保护与利用控制性规划，明确功能布局、控制范围、制定岸线生态保护与修复计划，提出岸线开发利用的具体管控措施，建立岸线规划和管理示范区，通过示范区带动其他区域河流岸线的科学规划，以提高规划效率，保证规划效果。

（4）开展动态监测，建立岸线监管信息共享平台。以区域发展为目标，以空间管控为核心，以生态保护为重点，开展动态监测，构建岸线监管信息平台，全面掌握岸线演变、使用和整治修复情况，编制岸线监测与统计公报，定期评估岸线保护情况和生态效益，为岸线管护提供技术支撑，切实提高工作效率、提升工作能力。

三、滨水景观生态规划

滨水景观是利用滨水空间的自然环境和历史人文环境条件，挖掘河流、湖泊、滨海等滨水空间核心特色，建设以促进生态安全、环境友好、亲水休闲、文化传承为目的，与地域环境氛围相适应的、民众喜欢的公共开放空间。

（一）调查研究，挖掘滨水空间的魅力价值

调查内容包括景观特征、水体基本物理特征、历史人文条件、使用意愿与建议等。

景观特征：涉及水土形态特征、水质、流速、水位、生物、周围地形地貌、绿植等，通过整理分析，发掘滨水空间的主要景观特征。

水体基本物理特征：涉及水体平面形态、河床坡度、材料构成、水岸关系、水文特征、洪水、潮汐等。这些基础条件直接关系滨水空间的亲水设施功能、设置数量及相关安全情报宣传和教育内容。

历史人文条件：涉及当地河流、湖泊、滨海地区的历史典故、传统文化节日和风俗、民族服饰和色彩、传统民居建筑和构造物等可利用的景观元素。

使用意愿与建议：把握滨水空间使用现状、使用目的和理由，以及对未来使用的期望。咨询当地水利、规划设计、动植物、生态环境、历史、教育等领域专家，征求相关意见。

（二）确定规划目标与主题

在滨水空间调研的基础上，分析整理，提出滨水景观生态规划的目标和主题概念，明确相关活动、设施等的配置。规划中应充分考虑设施活动的安全性、便利性，应尊重原有滨水空间的生态环境特征，注重生态保护、环境友好、安全节约，相关设施与活动应具备一定的自由度，兼顾常态和临时亲水活动需求，充分调动人们的感受，具备观赏性、趣味性等，特别注重防洪安全和避难状态的应急处置等。

（三）平面空间规划

本着体现滨水空间自然景观原貌、维护生态平衡、环境友好的基本态度，合理确定相关设施和功能区域的总体布局，考虑整体关联性，如栈道、步道等串联相关设施，形成一个联系整体（图 6.3）。一般情况下，水边际到岸顶逐步分布垂钓、涉水、游船码头等亲水活动向运动休闲活动过渡，形成立体空间布置。

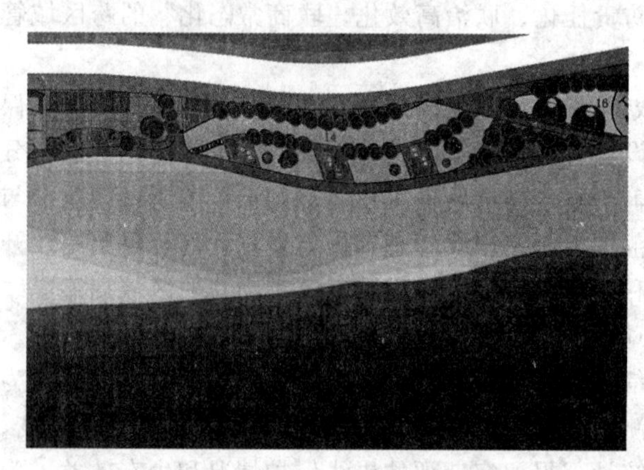

图 6.3　滨水空间平面规划示意图（丁圆，2010）

功能区与设施布局时，应充分兼顾各种生物群落，特别是水生植物群落和鸟类、珍稀动物的保护。人类亲水活动不应干扰动植物的生存环境，必须时应设立一定宽幅的隔离区或者缓冲区，也可以设置小岛，利用水体隔离人与动植物，建立生态平衡。

根据滨水空间的历史文化内涵，特别是涉及原有历史性建筑、码头、工厂、仓储等生产性设施的滨水设施改造利用时，要充分承继原有历史肌理，充分评估原有建筑物、构筑物、植被的历史文化价值，在对原有设施进行修复、改造、重建的基础上，适当增加亲水活动功能。

在总体平面规划中需充分考虑交通、应急、商铺、停车场，兼顾多功能一体，满足不同使用人群、不同情况下的使用要求。

（四）断面空间规划

滨水区并不局限于水边际，而是涉及从水上到防洪堤岸，以及堤岸外缘相对宽泛的区域。针对不同的区域，合理布局不同的滨水景观。滨水断面空间规划如图 6.4 所示。

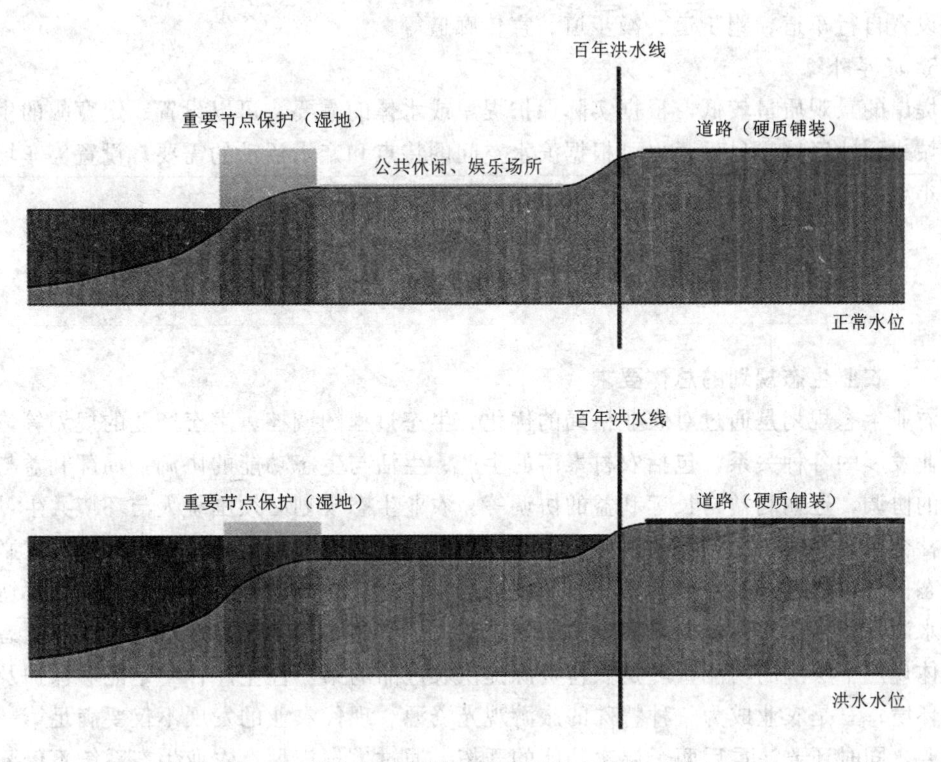

图 6.4　滨水断面空间规划示意图（丁圆，2010）

1. 水面

根据水面面积、宽幅、形态和流速等确定水面的利用活动状况。一般情况下，大型自然河流河面较宽，水体较深，可以从事水上运动、游泳、泛舟等。而对于水面宽度小于 10m、水深不足 0.5m 的河流则不能进行水面运动。此外，水深、流速及水生植物的疏密分布也直接影响滨水空间活动布局。

2. 水边际

水边际拥有丰富自然形态，是人与水亲密接触的区域，可以根据流速、水质、水生植物以及防洪等级标准、堤岸防护类型，选择适宜的滨水景观设施和活动。对于水面开阔、水质较好（Ⅲ类水以上）、水流较缓的水边际，可以设立阶梯状亲水台阶、木栈道等，布置散步、休憩、垂钓等活动区域。

3. 防洪防浪保护区

这是水边际到防洪堤岸之间的开阔地带，根据流量、潮汐强度等确定防洪保护区，在防洪保护区内应谨慎布置景观设施，开展景观休闲活动。一般情况下，宽幅小于 5m 的防洪保护区内不宜布局景观设施，开展景观休闲活动。如在区域内布局相关活动或设施，应做好应急处置规划。

4. 堤岸

堤岸是保护城镇、乡村不受洪水、潮汐等季节性、突发性涨水而带来损害的设施，是洪水设防的重要方向。通常情况下，堤岸断面形式为梯形，岸顶相对宽阔，可以利用堤岸顶部设置自行车道、跑步道、漫步道、宣传廊道等。

5. 堤岸外缘

堤岸的景观质量较低，根据实际保护堤岸或水体的需要，可以设置一定宽幅的生态保护区域或缓冲区域。另外，也可根据滨水空间的特点和亲水活动的需要，设置停车场、公厕、小型商业设施等。

第四节 农 业 生 态 规 划

一、农业生态规划的总体要求

农业生态规划是通过对农业格局的优化、生态过程的调控、生态产业的规划等，来协调农业发展的各种关系，包括农村聚落的生产、生活与生态功能的协调，局部利益与整体利益的协调，近期利益与长远利益的协调等。农业生态规划必须围绕人与环境共生，从自然和社会两个方面，协调提高人口承载能力与维护生存环境之间的关系，经济开发必须结合生态保育，通过人类生产活动有目的地进行生态建设，如调整农业产业结构、营造防护林和水源保护林、兴修农田水利、防治水土流失、修建水保工程等。理想的农业生态规划应能体现三个层次的功能，一是农村资源提供农产品的第一性生产；二是能够保护及维护生态环境；三是农业成为一种特殊的旅游观光资源。现代农业的发展不仅要满足第一层次的需要，同时还要注重后两个层次功能的开拓。通过生态规划，农业生态系统不仅要获得超过自然系统的生产力，还要保持生态的可持续性。

基于生态原则的农业生态规划是一种多层次、多目标的正塔形规划，包括针对各种目标层次的方法手段，这些方法彼此共容、相互补充，共同构成了农业生态规划的内容体系。总体而言，生态农业建设的核心和重点内容包括三个尺度，即美丽乡村规划、循环系统规划、生物关系重建规划。美丽乡村规划主要是在景观水平上开展的一项宏观生态农业建设，循环系统规划是在生态系统水平上开展的中间尺度的生态农业建设，生物关系重建规划是在群落、种群、个体和基因水平上利用生物多样性开展的微观水平上的生态农业建设内容。

二、美丽乡村规划

（一）村落整体规划

美丽乡村规划须重点考虑古村落、传统村落遗产，这些古村落景观所具有的山水意象、生态意象、宗族意象、吉利意象和辟邪意象等，形成了我国江南水乡、皖南民居、客家村落、傣族村寨、西北窑洞、关中半边盖、新疆地窝子、川西民居和湘西民居等多种富有地方特色的农村聚落。村落规划是美丽乡村规划的核心。村落是人类重要的聚居空间，以村落为核心的生态规划是农业生态规划的重要内容，主要包括村落布局与功能区规划、土地利用规划、村落形态及扩展空间规划、村落道路系统与交通规划、村落基础设施规划、绿地系统与生态景观环境建设规划、生态经济庭院设计。因规模大小、经济发展水平、自然景观环境的差异，不同村落的生态规划的需求也相应处在不同阶段，需要根据实际需求确定规划的实际内容和规划技术标准。村落整体规划应坚持历史风貌保护优先原则，村落须与自然景观环境相适应，注重保护耕地，节约资源，优化配置资源，有效改善农村居民聚居环境，实现村落生态与景观的高度协调以及村落的可持续发展。

（二）资源利用规划

资源利用规划包括土地利用格局、水资源平衡、能源利用方式等内容的规划。土地利用格局规划主要是确定农业内部各农作物种植基本面积、养殖业的区域位置、种养比例等。水资源平衡规划主要是确定各种取水方式（抽取地下水、小流域集水、地表水灌溉、人工水库、“绿色水库”等）的水资源量与各种用水方式（农业、工业、生活等）的耗水量的平衡关系。能源利用方式规划主要是确定农村生活取暖、炊事、照明、家电耗能以及生产中耕地、收割、加温、保温、照明、运输、仓储、加工的耗能的来源和主要方式、设施布置位置等，主要的功能方式有太阳能、水电能、生物质能、人力、畜力以及外部采购的商业能。

（三）生物保护规划

生物保护规划是对林地、湿地、水源、水体、野生生物等的保护规划。其中最重要的是划出各类保护区的范围，并制定切实可靠的保护措施。可以通过对农村中重要的、特殊的环境敏感区的保护来把握农村生物的基本脉络。环境敏感区往往为区域景观特征较为特别的地区，脆弱且难以弥补。因此，相应的规划方法就是以景观单元空间结构的调整和重现构建为基本手段，去改善环境敏感区的胁迫或被破坏状况，强化对这一地区的生物保护，制定相应的保护措施，防止不当的开发和过度的生物扰动，以提高其整体生产力和稳定性。

（四）生态安全规划

生态安全规划涉及防风固沙、盐碱控制、水土保持、水源植被保护、护林防火、洪水疏导、海岸防浪等方面的规划。在“三北”（东北、华北、西北）地区，规划退耕还林、还草，建立防护林体系，在丘陵山区，规划生物措施和工程措施相结合的水土保持工程；处于重要大江大河上游的水源区，需要通过确定水源林保护区，减少洪水发生的机会，增加水源区对气候变化的缓冲能力；在江河的中下游，需要确定缓冲洪水的计划行洪区和湿地范围；在沿海，确定能够有效减轻台风和寒潮威胁的农田防护林体系。在东南沿海，确定有抗击海啸能力和保护沿海生物资源能力的红树林区域。

（五）景观美学规划

在农业景观美学规划中，必须充分了解景观的生态特征，归类划分不同的景观类型。针对不同的景观类型，按照景观功能进行规划，最后配置出理想的景观格局。从功能上划分，建筑景观属于文化支持类的景观，是纯人工建造的。要创造良好的生产、生活环境，保持亲切的家园感，就要考虑农村外貌与建筑景观的总体布局，创造优美的景观风貌。相应的规划方法是根据农村地理位置、性质规模、现状条件、美学要求，提出对农村建筑布局的总体构思，确定建筑的骨架。特别需要体现自然美与人工美的统一和谐，建筑不仅要保持本地区特色，还要体现一种群体之间的、统一的总体美。

三、循环系统规划

循环系统规划是通过建立农业生态系统组分间物质的循环连接，来提高农业生态系统的资源效率并减少其对环境的压力。根据农业生态系统的范围，循环系统建设包括农田系统循环、农牧系统循环、农业加工循环、农村内部循环、城市农村循环、生物地球化学循环等。

（一）农田系统循环

在作物和耕地形成的农田系统中，作物吸收养分后的秸秆还田是最重要的循环体系。秸秆可以通过机械粉碎、微生物分解、化学分解、食用菌培养、蚯蚓利用、堆肥等方式还田。秸秆还田的最优比例是应该加以考虑的重要循环设计参数。但是秸秆还田仅提供“碳”源，尚需补偿“氮”源，协调好氮/碳比，才能提高肥力水平。

（二）农牧系统循环

在耕地、作物、畜禽形成的农牧系统中，畜禽粪便的循环利用是关键。粪便除可以直接还田以外，还可通过沼气、人工湿地、食用菌、厩肥等方式建立循环通道。

（三）农业加工循环

随着社会经济和人们生活水平的提高，农产品经加工后进入市场的比例越来越高，加工后的副产品及废物多数是有机物，适宜在农产品生产加工和流通过程中加以循环利用。例如，罐头、肉类、食油、纺织、淀粉、制糖、造纸、木材加工等企业产生的副产品和废料，可以循环利用作为肥料、饲料、燃料、食用菌培养基等。

（四）农村内部循环

一段时间以来，由于我国农村建设中公共设施建设的配套计划跟不上需求，导致很多农村的粪便、污水和垃圾污染环境，降低了广大农民的生活质量。村落产生的这些粪便、污水和垃圾实际上多数可以进行农业循环利用。由于农村分散的特点，需要发展和普及分散式的处理方式，如污水的小型人工湿地处理方式、粪便的沼气处理方式、有机垃圾的堆肥方式等。

（五）城市农村循环

在农村化肥工业缺乏的20世纪70年代前，由于城镇规模不大，一般城镇粪便和垃圾可以全部被近邻农田加以循环利用。在20世纪80年代后，这种循环链逐步被打断，垃圾被填埋或者焚烧，粪便被污水处理厂统一集中处理。通过建立城市垃圾分类收集系统，对有机垃圾采取堆放或者其他处理方式，可以实现农用循环。污水处理后的污泥如果没有有害物质，可以直接农用。

（六）生物地球化学循环

农业生态系统中的物质输入和输出过程加大了生物地球化学循环的规模，在已经过度使用化肥的区域适当减少氮、磷、钾化肥的施用，将有利于降低对工业化固氮规模的需求，也会减轻对氮矿、磷矿和钾矿开采的压力。通过植物生长固定 CO_2 是一个促进温室气体减少的重要措施。全球植物每年固定的 CO_2 达到 3.6×10^9 t。因此，扩大多年生植被、有机农业和资源节约型农业的规模，都会对与农业资源相关的生物地球化学循环产生积极影响。

四、生物关系重建规划

以作物为核心的农业生产过程可以重建的生物关系包括作物与作物的关系、作物与昆虫的关系、作物与微生物的关系、作物与大型动物的关系、作物与草的关系、作物与树的关系。可见，生物关系重建规划需要能够改善作物养分供应，实现对害虫、鼠患、草害等灾害控制，实现对资源的高效利用等。因此，生物关系重建规划主要包括作物养分供应类规划、灾害控制类规划、资源高效利用类规划。

第五节　城 市 生 态 规 划

一、城市生态功能分区规划

城市生态功能分区规划是在城市生态环境现状调查与评价的基础上，结合城市建设总体规划，在城市可持续发展思想的指导下，按照局部区域在城市生态系统中的生态要素差异和功能作用不同，科学划分和布局城市生态功能分区。

（一）自然生态功能区

城市自然生态功能区主要指各种自然植被、湖泊、湿地及人工建立的模拟自然景观的生态区域等。其主要生态服务功能涉及保护生物多样性、维持与调节气候、营养物质储存与循环、土壤肥力更新与维持、环境净化与有害有毒物质的降解、有害生物的控制、减少水土流失、减轻自然灾害等方面。城市生态规划过程中，生态功能区的建设对城市生态系统的意义重大；根据生态学、环境学、经济学的理论和效益公平原则，确定城市自然生态功能区的位置、面积、类型、形状、物种多样性等内容的确定，这是城市生态规划的重要组成部分。国内外实践证明：科学制定生态规划和建立自然生态功能区是协调城市经济与环境关系、维护生态平衡的有效手段（崔凤军，1995）。

（二）生产服务功能区

城市生产服务功能区主要指耕地、果园等农业耕作区域以及近海养殖区域等，它们一方面为人类提供生物产品使人类获得经济利益，另一方面又是生态系统中的非稳定成分。人类在区域内生产活动的强度直接关系生态系统的生产能力和演化方向，环境的好坏直接关系产品的优劣，人类活动还会衍生其他一系列环境问题，例如，在耕作中产生不同程度的水土流失、化肥农药施用带来的水体土壤污染以及近海养殖带来的海水富营养化等等衍生环境问题。通过优化生产服务功能区，开展有机农业生产、生态养殖等，在一定程度上可以减轻生产带来的负面影响。由于这些生产服务区能够为人类生存提供基本物质，是人类生存的基本要素，所以城市生活中必须有足够数量和质量的生产服务功能区存在，即城市生产生活中应该在保证生产功能的前提下，引导和优化生产服务功能用地的类型。

（三）生活功能区

城市生活功能区主要指城市、乡镇居住地和交通、道路用地等完全为人类所改造的土地区域，是人类生活和活动的主要场所。生活功能区完全受人类活动所支配，环境的自然性程度最小，这一类生态单元在生态学上是对生态系统的一种干扰和破坏，但它同时还为人类提供安全、舒适生活的必需条件。因此，如何协调生活功能类型和服务功能类型之间的关系，使其既可满足人类发展的需要，又可维持生态系统良性运转，也将是规划的重点之一。

（四）生态恢复区

生态恢复区主要指裸地、盐碱地、荒地以及人为破坏后（如矿山）的未利用土地等。在本区域，这类生态单元多数是由于人类活动强烈干扰所形成的，在生态学上属于不健康的生态系统。针对这些区域，可采用适宜的生态修复措施加以恢复，减轻对城市生态系统的压力。

二、土地利用适宜度规划

城市用地构成一般可分为工业用地、居住地用地、市政设施用地、道路交通用地、绿化用地等，它们各自对环境质量有不同的要求，本身又给环境带来不同特征、不同程度的影响。因此，在城市生态规划中应综合研究城市用地状况与环境条件的相互关系，按照城市规模、性质、产业结构和城市总体规划及生态保护规划的要求，开展城市土地利用适宜度规划，提出调整用地结构的建议和科学依据。

城市土地利用适宜度规划将直接影响城市生态系统质量。在因地制宜地进行土地利用布局研究时，除应考虑城市的性质、规模和城市产业构成外，还应综合考虑用地大小、地形、山脉、河流、气候、水文及工程地质等自然要素的制约。

三、生态保护与污染综合防治规划

生态保护与污染综合防治规划是生态规划中的重要组成部分，应从区域整体出发对主要污染物实行总量控制，并通过数学方法对区域环境要素的发展趋势、影响程度进行预测；分析不同发展时期污染排放量及其对城市生态状况的影响，根据不同的功能目标，实行生态环境质量分区管理，逐步达到生态规划目标的要求。生态保护与污染综合防治规划主要包括城市大气污染与防治规划、水环境污染及其防治规划、固体废弃物污染及其防治规划、噪声污染及其防治规划。在各项规划的基础上根据主要污染物的最大允许排放量，计算各主要污染物的削减量，实行污染物排放总量控制，按系统分配削减量之比，对各功能区、各行业的综合防治方案进行综合、比较，应用最优化方法求出环境投资效益的最佳分配，提出城市生态规划中的污染综合防治方案（宋永昌等，2000）。

（一）城市大气污染与防治规划

城市大气污染与防治规划的主要内容包括：控制城市区域的排污总量不超过该区域环境容量的基础上进行功能分区规划，确定规划目标，选择规划方法与相应的参数，规划方案制定及其评价与决策。主要规划内容可分为三个层次：环境现状及变化趋势分析，模型与相应参数研究，规划方案的筛选与决策研究。大气环境规划主要针对区域中量大面广、危害严重的污染物，如总悬浮颗粒物、SO_2、NO_x、CO 等，各区域应根据自身特点进行筛选。制定城市大气污染与防治规划的方法与一般步骤包括：合理布局各功能分区，科学利用自然净化能力，积极开展绿化工作，加强大气污染控制技术的开发研制与利用，注重污染集中控制和治理等。

（二）城市水环境污染及其防治规划

在水环境污染现状与发展趋势分析的基础上，确定规划目标，规划设计方案，并对规划方案进行优化分析与决策。制定城市水环境污染及其防治规划的方法与一般步骤包括：基础资料收集、水环境现状评价与预测、水污染控制单元的划分、水体污染物控制路线分析、水体污染治理方案与技术措施分析。

（三）城市固体废弃物污染及其防治规划

在城市固体废弃物污染现状调查基础上，开展评价与预测，根据评价结果，确定规划目标，按照行业情况，确定各行业的分目标及具体污染源的消减量目标。确定不同治理方案并进行环境经济效益的综合分析，根据经济承受能力确定最终规划方案。制定城市固体废弃物污染及其防治规划的方法与一般步骤包括：确定固体废弃物污染的控制目标，制定重点行业、企业固体废弃物治理规划，制定有毒有害固体废弃物处理处置措施等。

（四）城市噪声污染及其防治规划

在城市声环境治理和噪声污染现状与发展趋势分析的基础上，根据城市土地利用规划和声环境功能区规划，提出声环境规划目标及综合整治措施。制定城市噪声污染及其防治规划的方法与一般步骤包括：确定噪声污染整治对象，制定噪声污染整治措施等。

四、城市森林规划

城市森林是相对于自然森林而言的概念，是城市生态系统中具有自净能力的组成部分，对于改善城市生态环境、居民生活环境质量，丰富和美化城市景观具有十分重要的作用。城市森林生态规划是运用生态学的基本原理，并结合城市森林的特点，因地制宜，从群落结构和生态效益两方面对城市森林进行布局规划与结构设计，使之获得较好的生态效益。

制定城市森林生态规划，首先要了解城市的绿化现状和用地规模，对现有森林绿地的结构、布局、功能做出定性和定量评价，然后根据城市的发展定位和未来空间形态进行规划，确定城市森林的功能、布局、结构等。

五、资源可持续利用规划

在城市建设与经济发展过程中普遍存在对自然资源的不合理使用和浪费现象。掠夺式开发导致了人类面对资源枯竭的危险。因此，城市生态规划应根据国土规划和城市总体规划的要求，依据城市社会经济发展趋势和生态保护目标，制定水资源、土地资源、生物资源、矿产资源、文化资源等资源的合理开发利用与保护的规划。

在水土流失的治理规划方面，应注重制定上游水源涵养林和水土流失防护林建设规划，禁止乱砍滥伐，保护鱼类和其他水生生物资源及其生境，积极研究和推广保护水源地、水生生态系统和防止水污染的新技术，兴建一批跨流域调水工程和调蓄能力较大的水网工程，恢复水生态平衡，健全水土资源保护和管理体制，制定相应的政策、法规和条例。

思　考　题

1. 简述生态规划的概念、目的、任务和原则。
2. 简述生态规划的内容、步骤和方法。

3. 简述水系的类型和网络布局特征。

4. 简述水系生态规划的思路和方法。

5. 简述岸线生态规划的主要内容、步骤和方法。

6. 简述滨水景观生态规划的空间布局方法。

7. 简述农业生态规划的总体要求。

8. 简述美丽乡村规划的内容和要求。

9. 简述城市生态规划的内容和方法。

相　关　文　献

欧阳志云，王如松. 区域生态规划理论与方法［M］. 北京：化学工业出版社，2005.

邬建国. 景观生态学：格局、过程、尺度与等级［M］. 2版. 北京：高等教育出版社，2007.

章家恩. 生态规划学［M］. 北京：化学工业出版社，2009.

McHarg I. Design with Nature［M］. New York：Natural History Press，1969.

第七章　生态系统健康与管理

【教学要点】

小　节	知 识 要 点	掌 握 程 度
生态系统健康的概念与特征	生态系统健康的概念、特征和关键问题	掌握生态系统健康的概念与特征； 了解生态系统健康的关键问题
河流生态系统健康	河流生态系统的耗散性和协同性，河流生态系统健康的内涵和特征	掌握河流生态系统健康的内涵； 熟悉河流生态系统健康的特征； 了解河流生态系统的耗散性； 了解河流生态系统的协同性
农业生态系统健康	农业生态系统的协同性，农业生态系统健康的概念、内涵和特征	掌握农业生态系统健康的概念和内涵； 熟悉农业生态系统健康的特征； 了解农业生态系统的协同性
生态系统健康诊断	生态系统健康的标准，生态系统健康诊断的方法，河流生态系统健康诊断，农业生态系统健康诊断	掌握生态系统健康的标准； 掌握河流生态系统健康诊断的步骤； 掌握农业生态系统健康诊断的步骤； 熟悉生态系统健康诊断的方法； 熟悉河流生态系统健康诊断的方法； 熟悉农业生态系统健康诊断的方法
生态系统管理	生态系统管理的内涵，生态系统健康与生态系统管理的关系，生态系统管理的基础信息的获取与处理，生态系统管理的运行机制与步骤	掌握生态系统管理的内涵； 熟悉生态系统管理的运行机制和步骤； 了解生态系统健康与生态系统管理的关系； 了解生态系统管理基础信息的获取与处理

第一节　生态系统健康的概念与特征

一、生态系统健康的概念

"健康"一词来源于医学，最初主要被用于人体、动植物等有机体。20 世纪中叶随着全球环境问题越发突出，环境污染不断加剧，已严重威胁到人类健康，健康一词被应用到环境学和医学的交叉领域——环境健康学和环境医学。20 世纪 80 年代生态系统健康兴起后，学者们对"生态系统健康"展开了多方面的研究。对"生态系统健康"的理解和定义，大多从生态系统自身的生态学属性和社会期望两个方面来认识，因而产生了多个不同的概念。目前生态系统健康的概念主要有以下几种：

生态系统观定义认为，健康的生态系统是一个可持续的、完整的、在外界胁迫情况下完全具有维持其结构和功能的生态系统。因此，利用生态系统自然属性（结构和功能的维持、复杂性、恢复力等）来定义是生态系统观的主要特点。Costanza（1992）是从生态系统自身生态学属性出发定义生态系统健康的典型代表。

人为压力观的定义认为，生态系统健康是指未受人类影响的系统，系统的结构和功能并未受人为压力的损害，是生态系统发展中的一种状态。在该状态下，生态系统的地理位置、辐射输入、有效的水分和养分以及再生资源处于最优状态。因此，人为压力观认为一个健康的生态系统中没有人为压力，没受人为因素影响。事实上，完全未经人为干扰过的生态系统基本不存在。

基于价值观的定义认为，生态系统健康是生态学的可能性与当代所期望的二者间的重叠程度（Bormann et al.，1993）。如果一个生态系统有能力满足我们的价值需求，并能以持续的方式生产期望的商品，则可认为该生态系统是健康的。由此可以看出，人为的价值理念和理解力直接影响健康生态系统的社会概念。

生态系统是包括人类在内的复杂实体，它由自然要素、自然过程及其之间的相互关系组成。只有将生态学知识与社会概念有机地结合，才能得出一个可操作的有关健康的定义。一般而言，一个健康的生态系统具有良好的生长能力、恢复能力和结构，同时，又具有为人类生态系统和社会经济生态系统提供最大限度、持续稳定服务的功能。例如，生态系统可提供食物、纤维、饮用水、清洁空气等（Mageau，1995）。人类生态系统和社会经济生态系统为自然生态系统的演变（或演替）以及结构和多样性的维持提供最适宜的技术和生境的保障。生态系统健康与人类健康的关系、环境变化与人类健康的关系是生态系统健康研究的核心内容，也是21世纪生命科学、人类健康学、地学及社会经济学交叉、综合研究的新的生长点。

二、生态系统健康的特征

健康的生态系统是衡量生态系统结构、功能的标准，是实现自然生态系统、社会经济生态系统和人类生态系统协调发展的基本条件，是实现区域可持续发展的保障。健康的生态系统是针对某一个或某一尺度的生态系统而言的。在一个特定的区域内，一个或单一尺度健康的生态系统并不意味着其他生态系统或区域复合生态系统是健康的，但是一个或某一尺度不健康的生态系统必然会影响其他生态系统或区域复合生态系统的健康程度。例如，自然生态系统的破坏会增加区域自然灾害发生频次和程度，致使区域环境恶化，从而必然导致区域社会经济系统不可持续，影响人类生态系统的健康程度。

（一）结构功能完整性

很显然，健康的生态系统应该具有完整的结构和功能，并能够持久地维持或支持一个系统健康生存和发展。也就是说，生态系统健康是生态系统的组成成分、结构和功能三者的完整结合和良性运转。生态系统不是一成不变的，而是发展的。生态系统的发展是组成成分、结构和功能三者在量和质上的增长，因此生态系统组成成分、结构与功能动态的健康与发展构成了生态系统可持续性的基本属性。健康是可持续性的基础，一个可持续的生态系统必定是一个健康的生态系统，可持续性是健康的充分条件。但健康也并不意味着一定可持续。如果一个生态系统不健康，则它一定是不可持续的；反过来，如果一个生态系统不可持续并不意味着它不健康。

（二）系统稳定性

稳定性是系统在一定时间范围内对其周围一定环境（包括生物环境和无机环境）的适

应能力，表现为系统受到外部扰动后保持和恢复其初始状态的能力（抵抗力和恢复力）以及未受到外部干扰时自身的持久性和变异性。稳定性包含如下特点：①针对一定时间尺度而言；②针对系统周围环境而言；③适用于生态系统的各个组织层次，如分子、个体、种群、群落、生态系统、景观、全球；④是客观存在的，通常可用“高、低”等词修饰而不可用“有、无”来修饰；⑤往往在受到干扰时表现更明显。

生态系统的健康状态、稳定性都要通过外界的干扰来表达，即在受到干扰后，通过系统的抵抗力或恢复力来度量健康状态和稳定性。生态系统稳定性的两个重要指标即抵抗力和恢复力包含在生态系统健康标准中的，而且干扰也与这两个指标紧密相关。一个系统在受到干扰的情况下，如果超越了它的正常运行轨线，也就否定了稳定性和可持续性；同样，如果系统未超出它的活动范围但在受到干扰后不能恢复到原来的状态，也意味着它不健康和不可持续。如果稳定性是可持续性的充分条件，即在某些情况下生态系统健康与生态系统稳定性这两个概念可以互换，那么就可以用稳定性来评价健康。

（三）生态复杂性

生态复杂性是指生态系统内不同层次上的结构与功能的多样性、自组织及有序性。20世纪50—60年代，生态学家普遍认为，当一个生物群落的复杂性高时，这个群落内部就存在一个较强大的反馈系统，对环境的变化和群落内部某些种群的波动，就会有较大的缓冲能力。从能量流动角度来看，复杂性高的群落，食物链和食物网更趋复杂，群落中的各个成员既可以接受多种途径的能量输入，又可以对其他成员有多种途径的能量输出，也就意味着群落内部的能流途径更多。如果其中一条途径受到干扰或堵塞不通，群落就可能提供其他途径进行补偿。因此，在20世纪70年代以前，生态学家普遍认为，群落的复杂性决定着生态系统的稳定性。在20世纪70年代，一些生态学家通过理论研究和野外观察发现，复杂性并不一定导致稳定性。稳定性取决于一系列的因素：群落自身的特点（如进化历史的长短、物种多样性及物种间相互作用的强度等），群落受到干扰的性质、大小、持续时间等，估计稳定性的指标（抵抗力、恢复力等）等。

生态系统是自组织系统，总是趋于更高的稳定程度也就是提高其稳定性，所以就要求有与之相对应的某种方式和某一程度的复杂性机制来发生作用。当某种复杂性机制能满足使系统提高稳定性的时候，就可以使系统更加稳定，反之，将使系统走向崩溃。复杂性体现在生态系统外表，即为生物多样性，但二者并不是线性相关的。复杂性由两方面因素决定，一方面是组分的多样性，另一方面是组分间的关联性。如果系统组分间关联性过少或过多，则系统的复杂性都不是最高。只有适度关联（中等水平的联系）或重度非线性时，系统的复杂性最高。

三、生态系统健康的关键问题

由于生态系统含义的弹性和不同尺度上的综合特征，生态系统健康研究需要考虑很多问题。1999年8月，“国际生态系统健康大会——生态系统健康的管理”在美国加利福尼亚州召开。这次大会的三个主题分别是“生态系统健康评估的科学与技术”“影响生态系统健康的政治、文化和经济问题”以及“案例研究与生态系统管理对策”。因此，生态系统健康研究从其整体性、系统性、交叉性和复杂性的学科角度上来说，正好是解决这些问题的优化的科学理论和方法，主要研究内容应该包括：生态系统健康评估的思想和方法，影响生态系统健康的社会、经济和文化伦理等问题，生态系统健康与人类健康的关系（McKettaetaL，1993；任海等，2002；马克明等，2001）以及各尺度生态系统健康管理的方法等。在生态系统健康研究中，很多科学问题是跨多学科的，以下几个关键问题值得关注和研究。

（1）生态系统受到人类的干扰，同时也受到自然干扰，如何区分人类对生态系统产生的影响（这些影响能引起生态系统激烈的变化），并证明这些影响不是自然干扰产生的。

（2）生态系统发生很大程度的改变而不影响它们的生态系统服务（或潜在影响生态系统的服务）。生态系统的承载能力阈值为多大较为适宜？如何确定？

（3）生态系统结构对某些疾病（特别是那些通过动物传播的疾病）传播的可能影响是什么？什么样的生态系统、景观结构和人类居住格局能减轻这些疾病的传播？

（4）防治生态系统发生病态的对策是什么？若生态系统发生了病态，其解决对策是什么？综合地、系统地解决生态系统不健康的对策怎样确定？

生态系统健康概念的突出特点是多学科交叉，提出这一概念的理论基础是生物学理论、系统科学理论、社会经济学理论、人类科学理论、健康学理论等。经过长期发展，已形成了一门新的学科——生态系统健康学。生态系统健康学是针对特定区域复合生态系统而言的。它研究多个或多尺度系统内部和之间的健康作用机制和作用过程，它研究生态系统不健康因子对生态系统结构和功能的制约程度及在生态系统间的传递影响过程和影响程度。它追求健康的自然生态系统→健康的环境系统→健康的食品→健康的人类→健康的社会经济系统。健康的生态系统为生态系统健康学提供评价标准、实体模式和研究条件，生态系统健康学将为健康的生态系统提供理论基础、技术支撑和管理方法。

生态系统健康学既是一门科学，又是科学的实践。它鼓励各学科之间以及跨生态系统和健康科学的方法论（拍摄方法、诊断的方案、干涉策略）之间的综合性研究，它强调以人类健康学、医学、预防医学和环境学、生物学、生态学的理论为基础。生态系统健康同时也关心社会的持续发展，关心人类生态系统、自然生态系统、社会生态系统和经济生态系统的协调性、耦合性。因此，社会科学、经济科学方面的理论也是生态系统健康学的理论基础。简而言之，生态系统健康学是一门综合的、跨学科的科学。生态系统健康学框架如图 7.1 所示。

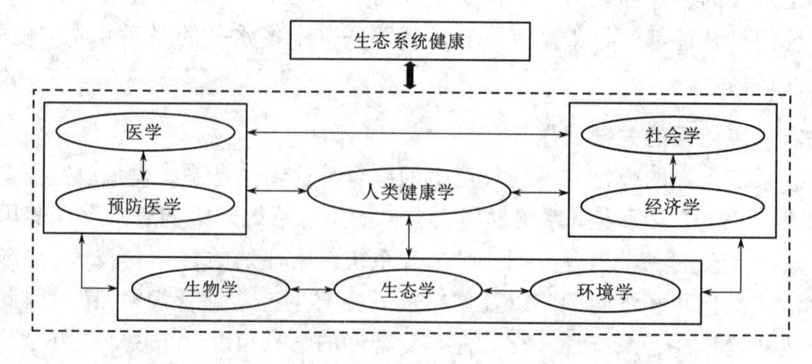

图 7.1　生态系统健康学框架（王庆礼等，2007）

第二节 河流生态系统健康

一、河流生态系统的耗散性

河流生态系统是一个自然结构、生态环境和经济社会相互耦合的开放系统，由于水体的流动性，系统与外界不断进行物质和能量的交换以及信息的传递，同时通过系统内各组分之间的协同作用完成系统的自我组织、自我协调。河流生态系统具有明显的耗散性与协同性。按照普利高津的耗散结构理论，河流生态系统是一个典型的耗散性系统，其耗散性主要体现在以下几方面。

(1) 河流生态系统的开放性。河流生态系统是一个开放式系统，系统中的各种生物不断地与周围环境进行着物质、能量的交换和信息的传递，且在外部环境因素的影响下不断发展。

(2) 河流生态系统处于远离平衡态的非线性区。河流水体中各类动植物在时域、地域上通过春生夏长、秋收冬眠、花开花落、四季循环，能够自行协调，自我组织，形成一种远离平衡态的非线性演化，这种“活态”正是非平衡系统中的时、空有序态。

(3) 河流生态系统具有非线性的动力学过程。河流系统的水文过程、水动力作用、河床演变、生物演替、环境变化等动态过程都是在复杂动力作用下的非线性过程。如，河流系统中生物体与环境之间具有一种正负反馈的机制，这种调节种群关系和种群数量以适应环境的反馈机制，使外部环境因素和内部邻接效应相互作用，使生物种群围绕着环境容量水平波动和振荡，使得河流系统成为一个具有正负反馈机制的系统。

(4) 河流生态系统存在涨落现象。河流生态系统不断受到外界自然或人为因素的影响，导致河流生态环境因素在时、空上分布不均，其结构和功能也随之产生无数个“小涨落”，当“小涨落”积累到一定程度时，河流系统就会产生“巨涨落”，即发生相变，从当前的状态跳跃到另外一种状态。

二、河流生态系统的协同性

(一) 自然结构的协同性

河流生态系统不断吸纳流域内产生的径流和泥沙，并通过水流、河床、泥沙的相互协调作用，保持水沙动态平衡，形成了河流生态系统结构的自组织机制。当水流在河槽中流动时，如果流速较大，则会对河槽施加较大的切蚀力，造成河槽冲刷。与此同时，水流又会受到河槽的阻力作用，使水流流速降低，水流的挟沙能力下降，从而引起泥沙淤积。河槽通过这样反复的约束反馈调整和动态涨落，塑造出水流冲刷能力与河床、河岸相对抗冲性相适应的断面形态，以满足来水、来沙顺利输移的要求，达到河流系统结构上的动态稳定。河流生态系统在协同发展过程中伴随着能量耗散和熵流变化。当能耗率达到最小时，河流结构处于相对平衡状态，在这种状态下，河流具有一定的抗干扰能力，保证了河流的稳定性。但是河流生态系统的最小能耗率并非为固定值，它是随气象水文条件、河槽边界组成的物质特性条件、地质与地貌条件以及人为约束条件等的变化而变化的。

(二) 生态过程的协同性

由于水文过程的脉动作用，河流生态呈现波动变化。河流生态系统内部具有复杂的生物组成，不同生物之间通过捕食与被捕食关系形成了复杂的食物链和食物网。在河流生态系统中，丰富的生物种群，通过竞争、共生、互生、寄生等协同作用，保持着生物间物质、能量与信息交流，各要素的此消彼长，形成了整个河流生态系统的动态变化，而这种动态变化是由各要素的协同作用所决定的。同时，这种动态平衡也随外界环境条件变化而变化的。当外界环境胁迫在生物抗干扰能力范围内时，生物通过自我调节，能够维持系统动态稳定。如河流系统中生物的生存对河流的水位、流量、流速等流态特性都具有特定的要求。当外界胁迫超出生物抗干扰能力范围时，某一种或某几种生物将会失去它们的生态位，无法生存，从而造成整个生态系统的失衡。这种调节种间关系和种群数量以适应环境的反馈机制，正是外部环境因素和内部邻接效应的协同作用，促使生物种群围绕着环境容量水平波动和振荡，也使得河流生态系统成为一个具有正负反馈机制的系统。而这种正负反馈机制，使河流生态系统在外界环境的胁迫下具有一定的自组织能力，能通过“结构—功能—涨落”的调节，不断地形成新的稳定有序的结构。

三、河流生态系统健康的内涵

河流生态系统的自我组织、自我协调能力是由其结构所决定的，再将其自身的功能凸显出来。一个健康的河流生态系统应该维持合理的结构，具有良好的功能表现，各组成部分能相互协作，协同运行，共同完成系统的各项功能，为社会提供良好的、健康的服务。在这种状态下，构成河流生态系统的物理要素（指孕育河流的流域气候、地质、地形条件，河流的水量过程，构成水化学成分的物质来源等）以缓慢的速度和较小的幅度变化，使以河流为栖息地的生物能够适应其变化而稳定地延续，人们持续从河流获取资源的行为不影响河流生态系统自我修复和维持自然形态的功能，从而满足社会可持续发展的需要。也就是说，一个健康的河流生态系统应具有旺盛的生命力，具有适宜于动物、植物和微生物健康生长的生存环境，能保持常流不息的基本水量、良好水质、保持水沙平衡、安全排洪排沙，具有一定的抵御外界干扰和自我修复能力，使得河流自身和流域内外均有良好的生态环境。

所以，河流生态系统健康是指在各种复杂环境的交互影响之下，河流自身的结构和功能保持相对稳定，具有通畅的水系结构、完整多样的生物群落、完善的调节机制、丰富的文化彰显，能充分发挥其自然调节、生态服务和社会服务等功能，能保持河流生物的生生不息，支撑社会经济的可持续发展。健康的河流生态系统既能保证洪水顺畅下泄和河道结构的稳定性，又能保证供水、灌溉、交通航运、景观休闲等社会功能的正常发挥，还能保证生态系统的动态平衡，从而保持河流生态系统的自然功能、生态功能和社会功能的可持续性。它既包括河流本身自然结构健康，也包括与河流相联系的河流生态系统和社会经济系统的健康。因此，河流生态系统健康包括河流自然结构健康、生物组分健康和社会服务健康这三方面的本质内涵。

（一）自然结构健康

河流生态系统的自然结构健康主要是指河流在水沙、侵蚀基准点、河槽周界等条件的作用下，河流形态流畅、结构稳定、水循环过程完整以及功能完备，这是河流生态系统保持生机和活力的基础条件。自然结构的健康主要体现在适宜的水动力条件、稳定的河道结构、通畅的水系结构等方面。

(1) 适宜的水动力条件。河流是水流与河床相互作用的产物，一方面水流作用于河床使其形态发生变化，另一方面河床形态的变化又会影响制约水流的流态。这二者是以水流与泥沙运动为纽带而相互影响的。水流与河床这一对矛盾统一体不停地交互作用，并在运动中实现自身的稳定，实现河流与外界系统的物质交换和能量交换，从而塑造出形态各异的河流。这一系列过程需要一定的河流动力来实现，可以说无河流动力，河流就失去生命。如果河流动力发展失衡，河床的冲刷或淤积，导致河道稳定性下降和河流健康问题。从这一角度看，河流生态系统健康的重要标志就是它要具有足够的动力来完成泥沙搬运，并最终将携带泥沙的水流输送入海。而河流的动力是由水流提供的，水流即为塑造河床的主要动力，一定量级的连续水流在河流的演变发育过程中起着重要的作用，因而水量是表征河流动力的重要参数。如果一条河流长期出现断流状况，水循环受到破坏，无法进行泥沙输移和河床塑造，则河流的生机将不复存在，其健康必将严重受损，河流的生存将面临严重威胁；如果流量过小，不能满足河流的最小用水需求，容易造成功能性缺水，河流健康也将受到威胁。

(2) 稳定的河道结构。河流的河床形态是水流长期对地表作用的结果，根据其发育阶段的不同而表现出不同的平面形态和地貌特征。经过长期水流、泥沙及河床岩性的相互作用，形成了不同的河道类型以及犬牙交错的浅滩、深潭等形态各异的结构。河流在自我调整的过程中，在追求能耗率最小的输沙平衡时达到某种最佳动力平衡状态，满足河流稳定的要求。人类为了自身的需要，有时会对河流形态进行改造，这就改变了河流的水沙过程，破坏了河流的输沙平衡，将引发河床新的变形，表现为河床冲淤变化。当外部条件改变使河流输沙平衡遭受破坏时，河床自身就会通过一定的冲淤变形来恢复输沙平衡，使其重新达到一个新的平衡状态。人类为追求社会发展对河道带来的干扰总是持续不断的，甚至有时候超过了河床的自我调节能力，最终导致河床冲淤变化剧烈直至难以停止。因此，从河床演变角度看，健康的河流生态系统应该是来沙与输沙平衡、河床基本不冲不淤、河岸带不发生崩塌和淘刷，即河岸与河床保持较好的稳定性。

(3) 通畅的水系结构。河流生态系统内部具有上中下游及河口等不同区段，健康的河流生态系统应该保持上中下游及河口等区间河段的连通性，而且不同层次级别的河流间也是相互连通的，从而保证水体流路的畅通性，通畅的水系结构是河流流动性的重要条件。

(二) 生物组分健康

健康的河流生态系统是指随径流丰枯而兴衰的河流生态系统能够正常发挥其在自然环境演替中的各项功能，为生物的生长发育提供良好的生境和迁移通道，能有效保护水体环境和土壤环境，具有多样的生物组成、良好的生物生存环境、平衡的种间作用，具有较强的抵御外界干扰的能力和自我恢复能力。这是从种群生态学、生态系统生态学等方面对河流生态系统健康状况描述，是河流生机和活力的重要表征。因此，河流生态系统生物组分健康体现在良好的生境条件，复杂度较高的食物链、食物网、较强的自我恢复能力等三个方面。

(1) 良好的生境条件。河流生态系统中生物的栖息环境有三类：水环境、陆地环境以及水陆交界区。健康生态系统应具备良好的水环境条件、陆地环境条件和良好的水陆交界区。

1）良好的水环境条件。水环境是河流健康的重要组成部分，是生态系统和人类健康的基础，也是河流服务功能的基础，它反映了水资源的质量状况。河流具有抵御外界的干扰能力，具有自我恢复能力，但当河流中的污染物超过一定限度后，水体自我净化及稀释能力将受到损伤，水环境质量会严重下降，水生生物生存环境恶化，从而降低了河流的使用价值和功能。因此，良好的水质是生物组成健康的重要表征。

2）良好的陆地环境条件。河流生态系统的陆地环境主要是指河岸带。为了能保证河流生态系统生物具有良好的陆地生存环境和畅通的迁徙通道，河岸带必须具有足够的宽度和一定的植被覆盖率，尽量避免封闭式防护工程。

3）良好的水陆交界区。较常见的水陆交界区为滩地、湿地和水位变幅区，其中湿地对生物栖息、水文和环境的作用较为显著，因此水陆交界区的好坏常通过湿地的状况来反映。

（2）复杂度较高的食物链、食物网。丰富的水生生物种类和陆生生物种类形成了河流生态系统的较为复杂的食物链、食物网。河流生态系统中生物与生物之间、生物与环境之间的物质、能量、信息交换均需要通过食物链、食物网才能完成。生态系统的食物链、食物网的复杂程度越高，其自我调节、自我组织能力也就越强。食物网的复杂程度主要表现在生物个体数量与物种多样性上。

1）适宜的生物个体数量。河流生态系统中应保持一定的动植物数量，特别是要使河岸带保持一定的植被覆盖率。

2）丰富的物种多样性。河流生态系统生物类型及种类应表现为多样化，或者应具有变异性较大的生物群落。当外界条件发生变化使得某物种发生变化时，食物网中与此种生物处在同一等级的生物将代替这一物种，从而避免生态系统的断链现象。这就保证了河流生态系统较强的适应能力。

（3）较强的自我恢复能力。当河流生态系统受到外界干扰时，河流生态系统依靠自身的自我组织、自我协调机制，能够抵御一定程度的外界干扰或胁迫，保证系统的协调运行。例如，河流生态系统在受到一定程度的洪水、涝渍、干旱、污染影响时，系统可以依靠自身的修复能力，恢复到历时上的某个水平。但是，由于河流生态系统的自我恢复能力是有一定承载限度的，当外界扰动或胁迫超出其承载限度时，系统将会出现病症，处于非健康状态。

（三）社会服务健康

河流生态系统不仅是自然的河流，也是社会的河流。河流生态系统的社会服务健康是指河流在不损害其自身健康的同时，能够满足人类社会发展的合理需求，是河流生态系统对人类社会经济系统的支撑和贡献，是人类开发、利用、保护以及维持河流健康的初衷和意义所在。这是从社会学、经济学角度对河流生态系统健康状况进行的描述，主要体现在足量的水资源供给、较高的社会安全保障水平、良好的人体健康保护能力、丰富的文化表达方式等方面。

（1）足量的水资源供给。河流与人类的关系源远流长，与人类的发展息息相关。冲积性河流借着水流的堆积作用，填海造陆，在平原上淤积成广阔的冲积扇，在河口淤积成庞大的三角洲，为人类社会的发展创造出肥沃的土地，孕育着光辉灿烂的人类文明。广阔的冲积平原和源源不断的淡水资源，为大规模的人类社会发展和经济建设创造了基础条件。此外，河流还向人类提供许多可再生水资源以及食品（如，鱼和其他可食用水生生物等）。同时，河流具有灌溉、航运、发电、娱乐等多种功能，它们不仅为人类社会的生存发展提供基本保障，还为周边地区的经济发展提供了动力支持，促进了人类社会的繁荣发展。因此，河流可利用水量的多少和水资源开发利用程度是衡量一条河流生态系统经济贡献、反映河流生态系统健康状况的重要表征参数。

(2) 较高的社会安全保障水平。健康的河流生态系统为社会生产、人们生活提供安全保障条件，河流生态系统能够保障防洪安全、供水安全、通航安全等。其中防洪安全和供水安全是最基本的两个安全保障。在暴雨期间能够保障洪水的下泄，不发生洪灾，为社会生产与居民生活的安全提供强有力的保障。供水安全是河流的水量和水质都能保证社会生产和居民生活的需求。

(3) 良好的人体健康保护能力。健康的河流生态系统必须能维持健康的人类群体。河流生态系统健康受损对人类的影响可分为直接影响和间接影响。直接影响是通过食物链中有毒物质的富集或通过疾病的传播来危害人体健康。间接影响如农业病虫害的增多导致流域内农业生态系统生产力的下降，带来的食物不足引起人类营养不良以及身体抵抗力的下降，使人类更易遭到疾病的侵袭。现代医学研究表明，一旦饮用水超过一定的卫生标准，将对人体带来难以预料的损害；世界卫生组织调查指出人类疾病80%与水污染有关，垃圾、污水、农药、石油类等废弃物中的有毒物质，很容易通过地表水或地下水进入食物链系统，当被污染的动植物食品和饮水进入人体后使得人体罹患癌症或其他疾病的概率增加。因此，河流生态系统健康是人类健康的重要保障，健康的河流应对流域内人们的健康起支持作用，饮用水水质达标率是人体健康的重要表征参数。而且，健康的河流生态系统还能为居民提供良好的休闲、娱乐环境。

(4) 丰富的文化表达方式。河流生态系统往往都富含一定的人文历史和人文精神，对文化传承、文明赓续起着非常重要的作用。健康的河流生态系统在带来生命之水的同时，也能够完美彰显水乡精神和文化，是刺激感官、活跃情绪、平心静气的景观资源，是优美、素雅的自然景观和人文景观。健康的河流生态系统还能为居民提供良好的休闲、娱乐环境。

四、河流生态系统健康的特征

河流生态系统健康的特征是河流生态系统健康内涵的外在表现，是水体、河岸、河床、生物、系统连通、调蓄能力、生物多样性、水资源供给量、景观表达程度等河流生态系统要素的外在表象，是人们能够感受到的河流生态系统健康的外在表象。归纳起来主要表现为“水清、流畅、岸绿、景美”四方面的特征。

(一) 水清

“水清”是指水流的清洁性。它反映了水体环境的质量，也体现了河流生态系统的自净能力大小。河流生态系统的自净能力在一定程度上反映着河流的纳污能力，而河流纳污能力又受到河流径流量以及社会经济系统对河流系统废污水排放量的影响。当社会经济系统产生的未达标的污水、废水等污染物大量排入河流生态系统时，河流生态系统的自净能力将会减弱或丧失，水体变得污浊，甚至丧失生态服务、社会服务功能。因此，河流生态系统水环境承载能力是影响河流清洁性的主要因素。“水清”主要体现在水面清洁和水质良好两方面，它描述了河流健康对水环境状况的要求。

(1) 良好的水质。河流生态系统中生物的生长、发育和繁殖都依赖于良好的水环境条件，农田灌溉、工业生产等社会生产活动以及居民用水、休闲娱乐等社会生活也同样需要良好的水环境条件，河流生态系统自净能力的强弱也与水环境条件密切相关。可见，良好的水质是河流生态系统提供良好生态服务功能和社会服务功能的基本保障。健康的河流生态系统应该能够保持良好的水体环境，满足饮用水源、工农业生产、生物生存、景观用水等功能要求的水质要求。

(2) 清洁的水面。水面是河流的呼吸通道，健康的河流生态系统应该保持这一通道的通畅，即，保证水体与大气交换通道的畅通。如果河道水面的水草、藻类大量繁殖，水葫芦、水花生等植物疯长，甚至将整个水面完全覆盖，将阻断水体与大气间的氧气交换通道，使水体富营养化，甚至恶性循环。因此，健康的河流生态系统应该保持清洁的水面，没有杂草丛生，也没有杂乱漂浮的生活垃圾。

(二) 流畅

“流畅”包含了“流”和“畅”双层含义。“流”是指水体连续的流动性，水体营养物质的输送和生物群体迁移通道的通畅，生态系统的物质循环、能量流动、信息传递的顺畅，水体自净能力的不断增强；“畅”是指水流的顺畅和结构的通畅，使河流具有足够的泄洪、排水能力，从而为人类社会活动提供一定的安全保障。由此可见，“流畅”反映了河流生态系统的水文条件和形态结构特征。具体而言，就是在水文特征上体现为安全的水量、连续的径流；在形态结构上体现为顺畅的结构形态；同时河流还有适宜的调节工程。

(1) 安全的水量。水是河流生命的最基本要素，河道内生物生存、河道自然形态的变化以及各种服务功能均要求河流生态系统能保持一定的水量。河流生态系统只有在维持基本水量以上水平时，才能保证河道的产流、汇流、输沙、冲淤过程的正常运转，才能维持生物正常的新陈代谢和种群演替，从而保证河道各项功能的正常发挥。另外，河流生态系统的水量也并非越大越好。在汛期，洪水对结构安全稳定、生物生存以及社会生产均会造成很大的危害。可见，水量的安全性要求控制在基本水量和最大水量范围之内。

(2) 连续的径流。河道水流流动表征着河流生命的活力。没有流动，河流就丧失了在全球范围内进行水文循环的功能；没有流动，河床缺少冲刷，河流挟沙入海的能力就会削弱；没有流动，水体复氧能力就会下降，水体自净作用就会减缓，水质就要退化，成为一潭死水；没有流动，湿地得不到水体和营养物质补充，依赖于湿地的生物群落就丧失了家园。与此同时，河流径流应保持适度的年内和年际变化。适度的年内和年际径流变化对河流生态系统起着重要的作用，生活在河流内的植物、动物和微生物经过长时间的进化已经适应了该河流特有的水力条件。如洪水期的水流条件会刺激鱼类产卵，提示某类昆虫进入其生命循环的下一阶段，流量较小时的水流条件有利于河流植物数量的增长。

(3) 顺畅的结构形态。河道结构是河水的载体和生物的栖息地，河道结构的状况会直接决定河水能否畅通无阻地流动和宣泄以及生物能否正常生存和迁徙。顺畅的结构形态是保证水量安全、河水流畅和生物流畅的基础条件。河道结构流畅是指水沙动态平衡条件下，河岸河床相对稳定，形成良好的水流形态，从而促进河流功能的正常发挥，包括横向结构稳定和纵向形态自然流畅。河道横向结构稳定是水流条件对河岸、河床的冲击和人类活动对河岸、河床改造的综合结果。健康的河流生态系统要求河岸带与河床均能保持动态的稳定性，即河岸带不会发生崩塌、严重淘刷等现象，水体的挟沙能力处于动态平衡状态，河床不发生严重淤积或冲坑，以保证水体的正常流动空间。纵向形态自然流畅是河流生态系统的上中下游及河口等不同区段保持通畅性，而且不同层次级别的系统间又是相互连通的。河流纵向形态自然流畅是水体流畅的前提，并能保证物质循环和生物迁徙通道的顺畅，形成多样的、适宜的栖息环境，从而促进河流生物的演替发展，充分体现了河流生态系统健康的生命。

(4) 适宜的调节工程。天然河流的发展不一定能完全有效地为人类社会经济的发展提供服务。为了充分发挥河流生态系统的各项社会服务功能，通常会在河流生态系统上兴建一些调节工程，如闸站、堰坝、电站、水库等，各类调节工程在完成蓄水、防洪、灌溉、发电的同时，在不同程度上也对生态环境造成了一定的负面影响。因此，河流生态系统中兴建跨河调节工程应在充分考虑各方面因素的基础上，保持适宜的数量和规模。

(三) 岸绿

“岸绿”是从营造良好生态系统的角度描述河流生态系统的健康特征的，这里的“绿”并不是单纯的“感官上的绿色”，更重要的是“完整生态系统的营造”，是一种“生态建设的理念”。这一特征既表示了健康河流生态系统应具有的较高的植被覆盖率，又表征了健康河流生态系统具有良好的生物配置和栖息环境。河流生态系统的绝大部分植被是生存在河岸带区域的，该区域是水域生态系统与陆域生态系统间的过渡带，它既是生物廊道和栖息地，又是河流生态系统的重要屏障和缓冲区，它对维护河流生态系统的健康具有极为重要的作用。因此，“岸绿”特征主要是通过良好的河岸带生态系统来体现的。良好的河岸带生态系统应保证河岸带具有较高的植被覆盖率、良好的植被组成、适宜的河岸带宽度以及适度的硬质防护工程，这不仅能为多种生物提供良好的栖息地，增加生物多样性，提高生态系统的生产力，还可以有效地保护岸坡稳定，吸收或拦截污染物，调节水体微气候。综上所述，“岸绿”既是河道结构和调节工程等结构健康内涵的体现，又是生态服务功能健康内涵的体现。“岸绿”主要体现在较高的植被覆盖率、良好的植被组成、适宜的河岸带宽度和适度的硬质防护工程四个方面。

(1) 较高的植被覆盖率。河岸带内植被可以有效地减缓水流冲刷、减少水土流失、增强岸坡稳定性。植被的根、茎、叶可以有拦截或吸收径流所携带的污染物质，可以过滤或缓冲进入河流水体的径流，有效地减轻面源污染对河流水体的破坏，从而有效保护河流水体环境。一定量的植被可以为生物提供良好栖息地和繁育场所，一些鸟类夜晚栖息地选择河边芦苇丛，许多鱼类喜欢将卵产在水边的草丛中。它还可以有效补给地下水，涵养水源。因此，保持较高的河岸带植被覆盖率是“岸绿”的首要要求。

(2) 良好的植被组成。组成部件单一的系统其自我组织、自我调节能力也相对较差。所以，良好的生态系统不仅要保证植被的数量，要求具有较高的植被覆盖率，还要保证植被的合理配置，这就要求植被组成不能过于单一，而应当具有丰富的植被种群和较高的生物多样性，以增强生态系统的自我组织能力。因此，河岸带植被应合理配置，保证良好的植被组成。良好的植被组成不仅可以使河岸保持良好绿色景观效果，更重要的是可以营造良好的生物生存环境，完善生态系统的组成，增强生态系统的复杂度，提高生态系统的初级生产力，从而提高河流生态系统的生态承载力和自我恢复能力。

（3）适宜的河岸带宽度。河岸带是河流生态系统的边缘区域，它是生物的主要廊道与栖息地，也是河流生态系统的屏障与缓冲带，其宽度大小将直接影响河流生态系统的稳定性、生物多样性、生态安全性以及水质状况。只有保持适宜的河岸带宽度，才能充分发挥河岸带的通道与栖息地功能以及屏障与缓冲功能，以保证结构稳定、维持防洪安全、保持水土、减少面源污染、保护生物多样性，从而有效地发挥河流生态系统的自然调节功能、生态服务功能以及社会服务功能。

（4）适度的硬质防护工程。河道稳定性是生物生存的首要条件。对于一些地质条件、水文条件较差的区段，稳定性要求得不到满足，这些区段应实施一定的硬质防护工程，以提升河岸的稳定性。硬质防护工程的实施有利于保护河岸或堤防的稳定，但是也造成了生物栖息地的丧失、水体与土壤间物质交换路径的阻断、水体自净能力的下降等问题的出现。因此，对一个健康河流生态系统来说，在保证河岸安全稳定的条件下，应保持适度的河岸硬质防护工程，尽量避免过度硬质化。

（四）景美

“景美”是指河流生态系统的结构形态、水体特征、生物分布、建筑设施等给人以美观舒心、和谐舒适、安全便利的感受。它是人们对河流自然结构、生态结构、文化结构与调节工程的直接感受，是河流生态修复成效的综合体现，也是河流生态系统健康前三个特征的综合反映。对于结构形态、水体特征、生物分布、调节工程在前面几个特征中已有体现，这里重点说明建筑设施和文化结构，以进一步补充“景美”的特征。良好的建筑设施和文化结构必须具有多样性、适宜性、亲水性等特点，与周围环境相协调，成为人与自然和谐的优美生活环境的组成部分。它可以给人们带来安逸、舒适的生活环境，可以为人们提供休闲娱乐的亲水平台和休憩场所，提供学习水文化、宣传生态知识的平台。它主要体现在丰富多样的自然形态、和谐的人水空间、完备的景观与便民设施、充分的文化内涵表现等方面。

（1）丰富多样的自然形态。“景美”的河道在纵向上应保持多样的自然弯曲形态，在横向上具有多样变化的结构。

（2）和谐的人水空间。“景美”的河流生态系统在滨水区，在保证安全的基础上，应保证足够的亲水空间和亲水设施，满足人亲水的天性要求。它是人们日常生活不可缺少的部分，是人们娱乐休闲和接触大自然的便利场所。

（3）完备的景观与便民设施。“景美”的河流生态系统具有良好的景观资源和便民的设施，健康的河流生态系统能给人们的日常生活提供便利，具有较齐全的河埠头、生活码头、休憩场所等便民与休闲设施。

（4）充分的文化内涵表现。河流生态系统凝聚着其所在区域深厚的文化底蕴，既包括历史文化，又包括现代文明。“景美”的河流生态系统应能充分表现历史文化与现代文明的内涵。

第三节 农业生态系统健康

一、农业生态系统的协同性

农业生态系统是在一定的时间和地区内，人类从事农业生产，利用农业生物与非生物环境之间以及与生物种群之间的关系，在人工调节和控制下，建立起来的各种形式和不同发展水平的农业生产体系。类似于自然生态系统，农业生态系统也是由环境因素、生产者、消费者和分解者等四大基本要素构成的物质循环和能量转化系统，具备生产力、稳定性和持续性等三大特性。与自然生态系统对比，农业生态系统是一类自然-人工复合型生态系统，是人类与大自然合作经营的典型生态系统，它受人为影响强烈，系统各组成要素协同运行，形成系统的活力和自调节能力。

（1）人类干扰强烈，系统开放性程度较高，外部依赖性强。农业生态系统基本功能是满足人类的生活需要，大量农产品向系统外输出，为了维持系统本身的物质、能量平衡，就必须要求从系统外部投入更多的人工辅助能，如农药、水分、化肥等，可见，农业生态系统的开放性程度较高，对外部条件依赖性强。

（2）相比于自然生态系统，农业生态系统具有较高的净生产力。农业生态系统中的作物物种往往是经过人工精心的培育和选择的，经济价值较高，并且在人类的悉心管理和控制下，初级生产力较高，平均为0.4%，高产的地区甚至可达1.2%～1.5%，明显高于自然界绿色植物0.1%的光能利用率。

（3）受自然生态规律和社会经济规律的双重支配。农业生态系统不仅遵循基本的自然生态规律，而且也受人类经济规律的调控，人类通过社会、经济、技术力量干预和改变生产过程，包括物质、能量的输入和输出，并以地区的劳动力资源、市场需求、经济条件和农业政策、科技水平为基础，它不仅进行物质的生产，同时也是经济再生产的过程，是一个农业经济系统。

（4）农业生态系统具有明显的地区性。农业生态系统是地域性的，它不仅受自然气候生态条件的制约，还受社会经济市场状况的影响，因地制宜，发挥优势，不仅发挥自然资源的生产潜力优势，还要发挥经济技术优势。因此，农业生态系统的区划，应在自然环境、社会经济和农业生产者之间协调发展的基础上，实行生态分区治理、分类经营和因地制宜发展。

（5）系统自身稳定性差。由于农业生态系统中的物种是经过人工筛选、剔除的，物种单一，结构简单，层次减少，系统整体的稳定性、抗逆性明显降低。由于农业生态系统中的主要物种是经过人工选育的，对自然条件与栽培、饲养管理的措施要求越来越高，抗逆性较差；同时人们为了获得高的生产率，往往抑制其他物种，使系统内的物种种类大大减少，食物链简化、层次减少，致使系统的自我稳定性明显降低，容易遭受不良因素的破坏。

二、农业生态系统健康的概念与内涵

农业生态系统不仅直接为人类的生存、发展提供各类生活资料、基础资料等服务功能，同时还履行着重要的环境功能与文化教育功能，是食物安全、人类健康的基础，其健康与否对于人类的影响至关重要，因而有关研究日益受到多国、多学科科学家的关注，并已成为农业生态学研究的热点和前沿领域之一。

农业生态系统健康研究开始于1942年在新西兰出版的《土壤与健康》（*Soil and Health*）杂志中提出的“健康的土壤-健康的食品-健康的人”的研究主题。1996年发起了农业生态系统健康研究项目，并于1998年出版了研究报告《农业生态系统健康：分析评估》（*Agroecosystem Health*：*Analysis Assessment*）。随后建立了“农业生态系统健康全球网络（Agroecosystem Health：a Global Network）”，主要包括加拿大、秘鲁、洪都拉斯、肯尼亚、尼泊尔、埃塞俄比亚6个国家，该网络的建成为全球农业生态系统健康研究提供了交流信息的平台。Altieri和Nicholls（2003）提出了一个通过农业生态系统多样性来实现作物健康和增强土壤质量的农业生态健康框架。Xu和Mage（2003）也重点研究了农业生态系统健康的各种概念、标准和评估指标的实用性，延伸了农业生态系统健康的内涵，并以南安大略为研究案例进一步阐明了农业生态系统健康的研究框架。Krishna等（2008）则描述一个利用地理相关性的六个关键变量来量化农业生态系统健康的方法。他们还指出生物和社会经济变量分层是定量描述农业生态系统健康的必要条件：土地保健、生物品种、地形、农田经济、土地经济和社会组织。随着生态学家逐渐认识到农业生态系统作为一个整体系统评估的重要性，农业生态系统健康也逐渐成为研究热点，越来越多的生态学研究者投身于农业生态系统健康的研究之中，分析农业生态系统健康的概念，建立健康评价模型和指标体系，从而进一步向实践层面推进。

由于农业生态系统的特殊性和复杂性，一直以来，关于农业生态系统健康的概念还没有形成统一的定义，不同研究者从不同研究角度和重点出发得出了不同的认识与理解：Soule等（1992）根据系统的结构和功能特征描述了农业生态系统的健康状态，认为一个健康的农业生态系统，其功能上应该具有“稳定的生物量动态和营养流”，并表现出“高水平的系统完整性和持续性”；Okey（1996）认为，农业生态系统的健康状态是由系统的稳定性和弹性之间的平衡组成的，具有平衡生态效益和经济效益的特征，健康的农业生态系统要能够在环境条件发生波动时维持稳定的生产水平；Haworth等（1997）认为，农业生态系统健康的概念可以从系统功能、系统目标两方面去考究，系统功能包括其完整性、效率、弹性等，系统目标则包括社会、自然、经济及其相互间的制约；王小艺等（2001）指出，健康的农业生态系统主要是指那种能够满足人类需要而又不破坏甚至能够改善自然资源的农业生态系统，其目标是高产出、低投入、合理的耕作方式，有效的作物组合，农业与社会的相互适应，良好的环境保护与丰富的物种多样性等。

农业生态系统是生态系统的一种重要类型，既具有生态系统的共性，又有其独特性。农业生态系统区别于其他生态系统的最主要特征是人工参与性强，是一个“自然-经济-社会”复合生态系统。因而对农业生态系统健康内涵的界定也必须充分考虑该特征。农业生态系统健康是指农业生态系统随着时间空间变化的进程免受发生“失调综合征”影响，保持活力，多样性，并且能协调维持其组织结构稳定，能高效利用资源，实现持续生产，持续为整个农业生态系统服务的能力。农业生态系统健康是一个整体和综合性概念，并无严格的定义与标准，其主要包括基于地区资源状况实际特征，形成合理的农业生产结构，保持良好的系统运转功能，具有抵抗各种自然灾害和社会经济风险的能力，提供有效的系统服务功能，满足所有受益者的合理目标要求，同时对邻近生态系统不产生负面压力。

三、农业生态系统健康的特征

农业生态系统健康是指农业生态系统免受发生“失调综合征”、处理胁迫的状态和满足持续生产农产品的能力。这里的“失调综合征”较为抽象。一般而言，健康的农业生态系统具有良好的生态环境、健康的农业生物、合理的时空结构、清洁的生产方式，以及具有适度的生物多样性和持续农业生产力的一种系统状态或动态过程等特征。具体来说，它主要包括以下特征。

(1) 农业生物健康，即品种高产、高抗并优质，无病原微生物，无恶性入侵生物或害虫，无转基因物种风险等。

(2) 土壤健康，即无养分亏缺或养分冗余，无污染，无土传病害。

(3) 农业水环境健康，即无污染、无化学异常，无亏缺与冗余（干旱与洪涝）。

(4) 大气环境健康，即无污染，无化学异常（如酸沉降）。

(5) 农业生态系统结构和谐，即合理的物种空间配置和时间配置，适度的生物多样性，农作物无构件冗余（如茎叶冗余、根系冗余等）。

(6) 具有持续的农业生产力（产量）和一定的抗灾（如天气灾害、病虫害等）能力。

(7) 具有物质源/汇功能、小气候调节、空气调节、对周围系统不输出或少输出废物等健康的环境服务功能。

(8) 生产安全、无污染、有营养的健康产品。

农业生态系统是人类强烈干预的生态系统，其健康状况在很大程度上受人类活动的调控与影响，如土地过垦而引起的水土流失、土壤退化、乱砍滥伐、环境污染、农药化肥超量与不当使用、引入不安全的转基因生物和有害外来物种等。农业生态系统健康往往以农产品质量、食物安全与生物安全为标准，这些都是在农业生态系统管理中值得注意的。目前农业生态系统健康研究的主要内容包括：农业生态系统健康评价方法、土壤质量和水质与农业生态系统健康的联系、农业生态系统健康与人类健康的关系、害虫生态管理对农业生态系统健康的贡献、杂草综合管理在农业生态系统健康中的作用、农业生态系统生态病理学、线虫群落作为农业生态系统健康指示生物的研究、转基因作物对农业生态系统健康的影响评价、农业投入政策对农业生态系统健康的影响、景观生态学在农业生态系统健康评价中的应用、农业生态系统健康与绿色食品开发等。

第四节 生态系统健康诊断

一、生态系统健康的标准

Rapport 于 1998 年将生态系统健康的标准归纳为：活力、恢复力、组织、生态系统服务功能的维持、管理选择、外部输入减少、对邻近系统的破坏、对人类健康的影响等八个方面。

(1) 活力。活力是指活性、代谢及初级生产力，即生态系统的能量输入和营养循环容量，具体指标为生态系统的初级生产力和物质循环。在一定范围内生态系统的能量输入越多，物质循环越快，活力就越高。但这并不意味着能量输入高和物质循环快，生态系统就更健康，尤其是对于水域生态系统来说，高输入可导致富营养化效应。活力的测度可能是生态系统健康主要指标中最容易测定的部分，可用初级生产力和经济系统内单位时间的货币流通率来表示。Ukabowicz（1986）提出用网络分析（network analysis）方法进行预测的两种数量方法：即计算系统的总产量（*TST*）和净输入（*NI*）。*TST* 即是在单位时间内沿着个体交换途径的物质转移量的简单相加，而 *NI* 则可直接从 *TST* 中分离出来。

（2）恢复力。当胁迫消失时，系统克服压力（抵抗力）及反弹回复的容量，即为恢复力。具体指标为自然干扰的恢复速率和生态系统对自然干扰的抵抗力，一般认为受胁迫并受损害的生态系统比不受胁迫生态系统的恢复力更小。恢复力和抵抗力结合表征的弹性概念说明了生态系统维持自身结构与格局、保障生态系统功能和过程的能力。预测生态系统在胁迫下的动态过程一般要求用计算机模型（诸如森林 GAP 动态模型，生物地球化学循环 CENTURY 模型等）。通过这些模型可估算出恢复时间（*RT*）及该生态系统可以承受的最大胁迫（*MS*）以及当生态系统从一种状态转为另一种状态时的临界值等，恢复力即为 MS/RT。

（3）组织。组织是指生态系统组成及过程的多样性，即系统的复杂性，这一特征会随生态系统的次生演替而发生变化和作用。具体指标包括生态系统中 r－对策种与 k－对策种的比率、短命种与长命种的比率、外来种与乡土种的比率、共生程度、乡土种的消亡等。在生态系统演替和进化过程中，在没有胁迫的情况下，生态系统的物质和能量运转量会增加，但其基本反馈结构会保持稳定，在胁迫下，一个组分的活力增加或减少会引起其他组分的活力增加或减少，并通过各种循环最终影响到它自己。在组织的测度方面，Ukabowicz（1986）根据这些特征及网络分析方法建立了组织测度及预测方程。

（4）生态系统服务功能的维持。生态系统服务功能的维持是评价生态系统健康的一条重要标准，体现了生态系统健康的社会性和人类价值取向的特征。一般是对人类有益的方面，如消解有毒化学物质、净化水、减少水土流失等，不健康的生态系统的上述服务功能的质和量均会减少。由于生态系统对胁迫的响应规律非常复杂，不可能在完全理解其内在变化机制的基础上进行健康评价，但通过不同管理措施下生态系统服务功能的损益分析，可以对水陆生态系统健康实现整体性评价。这样，指标体系中需要对生态系统功能及其社会价值的修复过程进行考虑，这种方法在 Laurent Ian Lower Great Lakes 生态系统和加拿大东部超采森林生态系统的变化过程研究中得到了应用。结果显示，人为对这两类生态系统的影响导致了具有很高价值的生态系统服务的损失，虽然这些损失通过采用新技术在剩余的低价值资源的商业利用中得到部分补偿，但是这个过程本身还是破坏了生态系统健康，加剧了生态系统退化过程。

（5）管理选择。健康生态系统可用于收获可更新资源、旅游、保护水源等各种用途和管理，退化的或不健康的生态系统不再具有多种用途和管理选择，而仅能发挥某一方面功能。

（6）外部输入减少。除了管理选择的减少外，不健康的生态系统将需要外界的管理投入进行恢复。健康的生态系统一般会需要较少的外部输入（如肥料、农药等）或者根本不需要，但所有被管理的生态系统都会依赖于外部的能量、物质（人力、物力和财力）输入。

（7）对邻近系统的破坏。健康的生态系统在运行过程中对邻近的系统的破坏为零，而不健康的系统会对相邻的系统产生破坏作用，如污染的河流会对受其灌溉的农田产生巨大的破坏作用。

（8）对人类健康的影响。生态系统的变化可通过多种途径影响人类健康，人类作为生态系统中的一员，其健康本身可作为生态系统健康的综合反映。一般认为，与人类相关又对人类影响小或没有影响的生态系统为健康的系统。

二、生态系统健康诊断的方法

目前生态系统健康诊断主要采用指示物种法和指标体系法。诊断指标可以分为生态指标、物理化学指标、人类健康与社会经济指标三大类；也可以分为生态系统内部指标、生态系统外部指标以及其他指标，如景观格局、土地利用变化等。由于生态系统的多样性（如森林、草原、农田、水体、农村、城市等），评估人员及其目的不同，尤其是评估者感兴趣的时空尺度不一致，评估结果的差异性非常明显。

（一）指示物种法

指示物种法是指采用指示物种的生物指标反映生态系统健康状态的评价方法。通常也称为生物指标法。一般而言，指示物种法包括单物种法和指示类群（多物种）法。单物种法主要是选择对生态系统健康最为敏感的指示物种，这一物种是生态系统所特有并对环境因子特别敏感的物种。当生态系统的某一项或几项环境因子发生微小变化时，就会对这一物种的生长特征（生物量、活性、形态等）产生影响，同时这一物种的多少也可以指示这一特定生态系统受胁迫的程度，也能反映生态系统对这一胁迫影响的反馈程度及特定生态系统的恢复程度。如对森林生态系统的评价，对极端环境下自然生态系统的评价，对严重污染的湖泊、河流等水生生态系统的评价等，均可采用。指示类群法主要是指在生态系统内，选定指示生态系统结构和功能不同特征的指示生物类群（如植物、动物或微生物等），建立多物种健康评价体系，这一体系内不同的指示物种指示了生态系统不同特征（结构、功能等）的健康程度，反映了生态系统不同特征的负荷能力和恢复能力，这是评价自然生态系统的较好的方法。如对森林生态系统、草地生态系统、湿地生态系统、荒漠生态系统、水生生态系统等健康评价，均可采用。

另外，随着对指示物种认识的深入，人们将一系列在生态系统水平上某一特定的生化过程具有相似影响的物种组定义为功能群（functional group）。功能群也是一类特定的指示类群。近年来，功能群也常被用于评价生态系统健康，主要用于小尺度生态系统健康评价。这种方法弥补了一些方法忽略物种在生态系统中功能作用的不足。该评价方法的应用很大程度上依赖于人们对生态系统中各种功能群重要性的了解。因此，确定有助于描述生态系统中物质和能量流动的主要部分的功能群是这一评价方法的关键。

虽然采用生物类群指示生态系统健康的研究取得了很大进展，成为生态系统健康研究的常用的基本方法，但是仍然存在着一些问题。比如，指示物种的筛选标准不明确。在生态系统健康研究中，指示物种和指标的选择应该谨慎，要综合考虑到它们的敏感性和可靠性，即要明确它们对生态系统健康指示作用的强弱。

（二）指标体系法

指标体系法是采用若干能反映生态系统特征的、相对独立又相互联系的指标评估生态系统健康状态的方法，其实质是应用由生物、环境、经济、社会等指标构建的指标体系综合评价生态系统健康状况。该方法可针对自然生态系统和“自然-经济-社会”复合生态系统，是目前国内外最常用的方法。指标体系法通常可分为单一指标法和综合指标体系法。单一指标法是选定最能显示生态系统（单一生态系统或复合生态系统）健康特征（活力、组织结构、恢复力、扩散力等）的指标，这一指标可以是自然指标，也可以是社会指标或经济指标，同时也可以是综合单一指标，如GDP就是评价区域生态系统综合能力（复合生态系统自然能力、社会经济能力、可持续发展能力等）的单一综合指标。单一指标评价法可用于仅需粗略掌握区域生态系统状况的评价，或某一特定生态系统的健康程度、胁迫程度的评价。

综合指标法可以是纯自然的指标构成的指标体系，也可以是由自然、社会、经济等多项指标构成的复合指标体系。用这一方法评价生态系统健康，对全面了解生态系统结构及功能的各个方面的健康程度具有优势。如流域生态系统健康、区域生态系统健康、全球生态系统健康等均可采用这一方法。

一般来说，指标体系法评价生态系统健康的步骤是：首先，选用能够表征生态系统主要特征的参数；其次，对这些特征进行归类区分，分析各个特征对生态健康的意义，确定评价指标；再次，对这些诊断指标进行度量，确定每个诊断指标在生态系统健康中的权重系数；最后，确定生态系统健康指数计算方法，建立生态系统健康的诊断体系。针对不同区域范围的生态系统、不同类型的生态系统，其指标体系、指标权重是不一样的，它依据生态系统的组织结构、演变规律、服务目标、经营目的不同而不同。指标体系的确立应该尽可能满足如下要求：首先，必须能尽量客观和全面地反映生态系统的健康实质；其次，要为定期的政府决策、科研及公众要求等提供生态系统健康现状、变化及趋势的统计总结和解释报告。生态系统健康的指标筛选需要基于生态系统结构的维持能力、生态系统功能过程及生态系统胁迫下的恢复能力等，一般可以遵循这样一些原则：整体性、空间尺度、简明性和可操作性以及规范化等。总之，以生态学和生物学为基础，结合社会、经济和文化，综合运用不同尺度信息的指标体系应该是未来生态系统健康诊断的发展方向。当然，在具体实践中，应针对研究对象的特点选择适宜的诊断方法。

三、河流生态系统健康诊断

（一）主要步骤

目前，国内外关于河流生态系统健康的研究主要集中在河流健康概念、河流健康评价两个方面。其中河流健康评价方面的成果较为丰富，评价技术较为成熟。这类评价仅仅是对河流健康现状的评价和分析，从总体上把握了河流健康存在的问题。但是这种评价对产生问题的原因没有做定量分析。而河流健康问题的解决不仅要了解健康现状，掌握健康问题，还要深入分析河流生态系统内、外因作用方式和影响机制，深入诊断河流生态系统健康问题的主要成因及影响程度，针对主要原因提出相应的治理措施，以维护和恢复河流生态系统的健康生命。因此，全面的河流生态系统健康诊断是根据河流生态系统的作用机制与河流生态系统健康的内涵和要求，定量诊断河流生态系统的健康现状，发现存在的问题，查找引起问题的主要原因，提出科学的治理措施。所以，河流生态系统健康诊断不仅包括健康现状评价（病症诊断），还包括致病原因分析（病因诊断）以及健康治理措施分析（康复措施），在此基础上，为提高治理措施的有效性，可利用病症诊断评价康复措施的治理效果，以便进一步优化或调整康复措施（这一过程称为反馈调控）。具体诊断思想如图7.2所示。

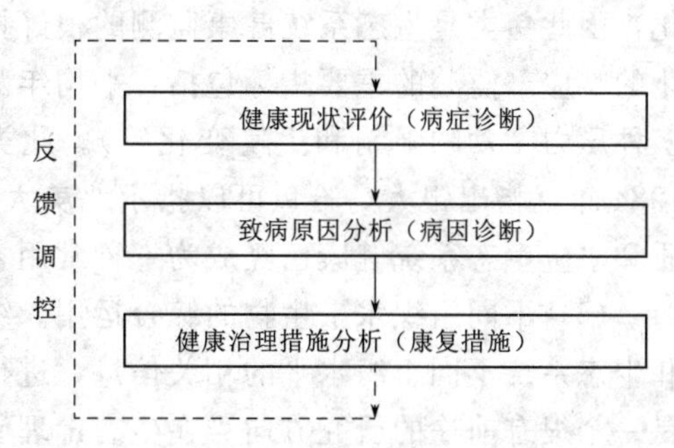

图7.2 河流生态系统健康诊断的思路与步骤

（二）主要方法

对河流生态系统可以采用指示物种法（如浮游生物、底栖无脊椎动物、最高营养顶级的生物、最敏感生物等）和指标体系方法（如生态毒理学方法、流行病学方法、兽医学方法、生物药物学方法、完整水生态系统测试实验方法、社会经济学指标和生态指标相结合的方法等）进行健康诊断。

1. 指示物种法

鉴于生态系统的复杂性，经常需要采用一些指示类群来监测生态系统健康。河流生态系统健康的常用的指示类群包括：

（1）浮游生物。浮游生物是指水表层的小生物群落，包括病毒、细菌、自养浮游生物等是水生生态系统的重要组分，可以用于监测水生生态系统健康。

（2）纤毛原生生物。纤毛原生生物也可以用作水体生态系统健康的指示物。具体方法有两个：群落评价和毒理实验。群落评价一般通过取样种群特征和占居率，与原始系统进行比较。因为纤毛原生生物的丰富度、多样性和生物量与生态系统营养状况相关。毒理实验的设计采用了一系列生态系统健康指标，包括呼吸率、生长率和趋药性反应。微生物环是一个敏感、快速和可以早期预警人类压力的生物指标，是湖泊生态系统健康评价和恢复中非常缺乏的生态技术。采用这些小尺度、敏感、实用、廉价和自动化的生物技术监测生态系统健康已经取得了明显进展，但是比较适宜的指示生物是接合体、胚胎和其他生命的初级阶段。

（3）底栖无脊椎动物。生态系统观点是理解和探究自然系统中干扰效应的基础，确定底栖群落的结构和动态是理解河流生态系统状态和演变过程的关键。Reice和Wohlenberg（1993）探讨了采用底栖大型无脊椎动物进行生态系统健康评价的优点。从采用底栖无脊椎动物指示生态系统健康的研究中可以总结出三个普适性的方法：①有机污染程度方法：需要详细了解生物种类对污水排放的影响；②多样性指标：虽然不需要详细了解物种，但可能会忽略重要物种的信息；③生物指标：以上两者相结合。但是，采用底栖无脊椎动物的功能特征进行生态系统健康测定还处于初级阶段。将来，应该在评价过程中加强应用生态系统健康的功能测定（比如长期的毒理和胁迫效应）。

（4）营养顶级的鱼类。营养顶级的鱼类反映了整个水生生态系统的环境状况。鱼类对化学污染比其他种群更加敏感，而且它们又处于食物链顶端，能综合反映其他生物的变化，因此鱼类是生态系统健康监测的很好指示种。最简便的方法是跟踪鱼类种群对环境退化的响应。监测的重要指标包括：平均年龄、产卵能力和条件因素（即捕捞、补充失败、多种压力、食物限制和生境变化等）。此类研究由来已久，Sonstegard 和 Leatherland 在 1984 年就指出银大马哈鱼可以指示北美大湖区的生态系统健康。目前，采用鱼类监测水质和水生生态系统健康已经成为一种常用方法。

（5）不同组织水平生物的综合运用。综合运用亚细胞、细胞、生物个体、种群、群落和生态系统不同组织水平的相关信息，进行河流生态系统健康诊断是比较全面的方法，也是一个很有前途的研究方向。在生态毒理研究中，生物化学反应与种群和群落变化的相关性还不清楚，需要研究化学污染物与个体、种群、生态系统响应的关系，应该对生物个体对化学污染的初级和次级响应进行测定。通过底泥毒性化学分析、组织化学分析、病理分析和群落结构的综合研究，可以提供亚细胞、细胞、生物个体、种群、群落和生态系统等不同生物组织水平的相关信息，再通过与对照地点比较，并结合经验判断可得到毒理效应的临界值，最后对生态系统健康作出客观而全面的评价。

2. 综合指标体系法

综合指标体系法已在多个国家使用。美国环保署（Environmental Protection Agency，EPA）流域评价与保护分部于 1989 年提出了快速生物评价协议（rapid bioassessment protocols，RBPs），为美国水质管理提供基本水生生物数据并于 1999 年进行了修订。澳大利亚政府于 1992 年开展了国家河流健康计划（national river health program，NRHP），其中 AusRivAS 是评价澳大利亚河流健康状况的主要工具。英国也建立了以 RIVPACS 为基础的河流生物监测系统。南非的水事务及森林部于 1994 年发起了“河流健康计划（river health programme，RHP）”，该计划选用河流无脊椎动物、鱼类、河岸植被带及河流生境状况作为河流健康的评价指标。我国自 2003 年提出健康黄河概念以来，先后在多地实施了河流健康研究与实践，如浙江省提出了全省河流健康诊断技术，并开发建立了基于 GIS 的河流健康诊断系统（ZHR－GIS）。2020 年水利部发布了《河湖健康评估技术导则》（SL/T 793—2020），为河流及流域管理提供基础数据和决策依据。

河流生态系统诊断由病症诊断、病因诊断组成，河流生态系统健康诊断的指标体系由病症诊断指标和病因诊断指标构成。病症诊断指标是河流生态系统的状态变量，描述的是河流生态系统的内在本质，反映了河流生态系统的结构和功能状况。因此，病症诊断指标的建立应从河流生态系统自身出发，依据河流生态系统健康的内涵，综合分析出能准确描述河流生态系统的结构和功能的特征变量，通过这些特征变量来反映河流生态系统的健康状况。河流生态系统健康病症诊断涉及内容丰富，不可能也没必要对所有的河流健康表征要素都完全考虑。因此，按照科学、独立、客观、可操作的基本原则，并参照相关研究成果，分别筛选适当的指标来量化各子系统的表征因素，见表 7.1。

需要特别指出的是，河流建设和管理的重要目标是维护河流健康，为社会提供良好的服务功能。如果河流生态系统不能满足社会合理需求，则河流生态系统就不完全健康。所以，判断河流生态系统健康状况应该考虑具体河流的功能要求，对于有特定社会服务功能的河流，其健康评价在很大程度上应遵循木桶原理，即某些指标变量达不到要求，河流生态

表 7.1　　病症诊断指标（韩玉玲等，2012）

目标层	准则层	指标层
河流生态系统健康状况 A	自然结构健康 B1	径流变化率 C1
		河流连通性指数 C2
		河道综合稳定系数 C3
	生物组分健康 B2	生物多样性指标 C4
		植被覆盖率 C5
		河岸带宽度指数 C6
		湿地保留率 C7
	社会服务健康 B3	景观适宜性指数 C8
		水功能区水质达标率 C9
		生态流量保障率 C10
		防洪安全指数 C11
		灌溉保证率 C12
		通航保证率 C13

系统就明显处于不健康状态。只有当这类指标处于良好状态时，再综合考虑其他指标，综合评判河流生态系统的健康状况才更合理。对于有特殊功能的河流生态系统而言，其功能好坏直接决定了河流的健康状况，因此，这类河流生态系统的特殊功能指标就是河流健康的决定性指标，该指标的良莠直接决定河流健康与否。例如，对于饮用水源的河流（河段），水质是河流生态系统健康的最重要指标，如果水质不达标，那么该河流（河段）的饮用水水源功能就无法实现，该河流在此功能条件下显然就谈不上健康。可见，这类指标对河流生态系统健康起着主要约束作用，将这类指标定义为控制性指标。除了控制性指标以外，其他指标对河流生态系统健康也起着一定的约束作用，这类指标可以判断河流其他方面的状况，还可以协助控制性指标诊断河流健康状况，称为协作性指标。对于没有特殊功能的河流（河段），所有的诊断指标均看作协作性指标。因此，病症诊断指标采用控制性指标与协作性指标相结合的双层约束指标结构体系。各类特殊功能河流生态系统的控制性指标见表 7.2。

表 7.2　各类特殊功能河流生态系统的控制性指标（韩玉玲等，2012）

特殊功能河道类型	控制性指标
防洪排涝为主的河道	防洪安全达标率
供水水源为主的河道	水源区水质达标率
水电资源开发为主的河道	生态流量保证率
灌溉为主的河道	灌溉保证率
航运为主的河道	通航保证率
景观为主的河道	景观适宜性指数

病因指标体系由因变量和自变量组成，因变量是系统的状态变量，包括自然结构健康指数、生物组成健康指数、社会服务健康指数等，自变量是影响因变量的主要外部因子，主要包括自然因子、污染因子、水资源利用因子、河道侵占因子、水利工程因子、社会因子、管理因子等分类因子，每类因子又由具体指标（即自变量）组成，自然因子由年降雨量、年最大降雨强度、洪涝灾害次数、水土流失量/土壤侵蚀模数等指标组成；污染因子由工业污染排放量、农业污染排放量、生活污染排放量、水产养殖污染量、畜禽养殖污染排放量等指标组成；水资源利用因子由工业用水量、农业用水量、生活用水量、上游拦蓄水量等指标组成；河道侵占因子由水域面积变化率、河岸侵占变化率等指标组成；水利工程因子由调洪能力、硬质化比等指标组成；社会因子由人口、GDP、城镇化率等指标组成；管理因子由管理投入力度、违规事件查处力度等指标组成。病因诊断指标见表 7.3。

表 7.3 病因诊断指标（韩玉玲等，2012）

分类因子	具体指标（自变量）	含义或计算方法
自然因子	年降雨量	年降雨总量
	年最大降雨强度	年内最大降雨强度
	洪涝灾害次数	年内发生 5 年一遇洪水次数
	水土流失量/土壤侵蚀模数	区段内的水土流失量
污染因子	工业污染排放量	区段内的年工业污染排放量
	农业污染排放量	区段内的年农业污染排放量
	生活污染排放量	区段内的年生活污染排放量
	水产养殖污染量	区段内的年水产养殖污染量
	畜禽养殖污染排放量	区段内的年畜禽养殖污染量
水资源利用因子	工业用水量	区段内的年工业用水量
	农业用水量	区段内的年农业用水量
	生活用水量	区段内的年生活用水量
	上游拦蓄水量	区段上游年拦蓄水量
河道侵占因子	水域面积变化率	当年水域面积与上年水域面积的差值与上年水域面积的比值
	河岸侵占变化率	河岸侵占变化率是当年河岸侵占率与上年河岸侵占率的差值与上年河岸带侵占率的比值；河岸侵占率是指河岸被用于农民耕作、商业区、住宅区等占用河岸的总长度占河岸总长度的百分比
水利工程因子	调洪能力	总库容/地表多年平均径流量
	硬质化比	硬质化河岸长度/河岸总长度
社会因子	人口	河道沿线总人口
	GDP	河道沿线社会总产值
	城镇化率	城镇人口占总人口的比例
管理因子	管理投入力度	河道管理费用占河道总投入经费的比例
	违规事件查处力度	年内查处违规事件数占违规事件总数的百分比

四、农业生态系统健康诊断

（一）诊断思想与步骤

虽然提出了农业生态系统健康的概念、内涵和对其进行评价的整体思想，但基于农业生态系统的特殊性、复杂性、难预测性，农业生态系统健康主要是借助医学、生态学、经济学、农学、社会学等多学科方法进行诊断分析和评价，建立可供计量的农业生态系统健康指标评估方法，对实现区域或当地食物安全、人类健康和农业可持续发展意义重大。目前评估农业生态系统健康尚无可靠统一的标准，常用方法主要有生态系统“失调综合征”

诊断、生态系统弹性和持续性评估以及生态风险评估等。通常，评价诊断农业生态系统健康的标准分为 4 类，即结构标准、功能标准、组织标准和动态标准。其中，结构标准可用资源可利用性、资源易获性、多样性、均衡性和公平性标准描述；功能标准可用生产力、效率、有效性表示；组织标准可用整体性、自组织、自主性和自维持性标准描述；动态标准可用稳定性、弹性和产生响应的能力标准描述。

农业生态系统健康诊断可借鉴和采用生系统健康评价的方法（可选择一种方法或几种方法结合使用）。通常，农业生态系统健康诊断的步骤如下。

（1）农业生态系统基础信息的调查统计与实验观测，相关的区域社会经济资料收集。

（2）农业生态系统健康诊断，包括动植物长势、营养与生产力综合诊断、土壤结构-土壤养分-土壤微生物综合诊断、病-虫-草害诊断、环境胁迫诊断、环境（大气、土壤、水等要素）污染诊断、农产品品质与营养学诊断。

（3）农业生态系统健康诊断指标体系、标准与评价方法的建立。

（4）农业生态系统健康的综合评价、预警预测、维护与保障措施。

（二）主要方法

现阶段，相关学者在进行农业生态系统健康诊断研究时，运用最多是指示物种法和指标体系法，而多数学者选择综合指标体系法，该方法相较于其他研究手段，考虑因素更全面，数据获得更易实现，技术手段相对较易完成，亦具备一定的推广潜力。虽然在农业生态系统健康诊断中，综合指标体系法为更多的人所接受与使用，但是在指标体系的构建、指标权重的确定和阈值的确定方法等方面，不同学者存在较大差异，目前，运用较多的主要有德尔菲法、客观赋值变异系数法、主成分分析法和层次分析法等。另外，在数据获取和表现形式等方面，有些研究还结合了 GIS、RS 等一系列先进的技术手段，如李晶等（2008）运用 GIS、RS 对长江中下游平原地区稻田生态系统健康进行了研究。

当前，国内外已经有许多学者按照侧重点不同、从不同方面尝试构建了农业生态系统健康诊断的多种指标体系。大部分学者运用“生态系统健康”的概念及定量评价的方法，从活力、组织能力、恢复力 3 个方面构建农业生态系统健康诊断指标体系，具体构成见表 7.4。

（1）活力反映的是生态系统的发展潜力，农业生态系统的活力主要包括生态生产力（C1）和经济生产力（C2）2 个指标。C1 和 C2 分别表示一定单位的土地可固定的化学能总量和其所能产出的价值、创造的经济收入。

表 7.4　农业生态系统健康诊断指标体系（江雪等，2019）

<table>
<tr><th>目标层（A）</th><th>准则层（B）</th><th>因素层（C）</th><th>指标层（D）</th></tr>
<tr><td rowspan="6">农业生态系统健康综合状况（A）</td><td rowspan="4">活力（B1）</td><td rowspan="2">生态生产力（C1）</td><td>耕地面积变化率（D1）</td></tr>
<tr><td>植被净初级生产力（D2）</td></tr>
<tr><td rowspan="2">经济生产力（C2）</td><td>人均农业总产值（D3）</td></tr>
<tr><td>单位面积农业净产值（D4）</td></tr>
<tr><td rowspan="2">组织能力（B2）</td><td rowspan="2">土地资源指数（C3）</td><td>人均耕地面积（D5）</td></tr>
<tr><td>土地人口承载力（D6）</td></tr>
</table>

续表

目标层（A）	准则层（B）	因素层（C）	指 标 层（D）
农业生态系统健康综合状况（A）	组织能力（B2）	气候资源指数（C4）	光合有效辐射（D7）
			年平均降水量（D8）
			年平均蒸发量（D9）
		社会结构指数（C5）	人口生理密度（D10）
			养殖业占农业比重（D11）
		经济规模指数（C6）	人均 GDP（D12）
			农民人均纯收入（D13）
			农业生产总值占比（D14）
	恢复力（B3）	物能投入指数（C7）	农业机械化率（D15）
			有效灌溉面积占比（D16）
			单位播种面积化肥施用量（D17）
			单位播种面积农药使用量（D18）
		生态水平指数（C8）	受灾率（D19）
			森林覆盖率（D20）
			水土流失率（D21）
			土地沙化率（D22）
			单位面积作物产量（D23）
		经济转化效率指数（C9）	GDP 增长率（D24）
			农业总产值增长率（D25）

（2）组织能力是将生态的环境因子与经济、社会等方面综合起来，反映生态系统结构和服务能力，农业生态系统的组织能力主要包括土地资源指数（C3）、气候资源指数（C4）、社会结构指数（C5）和经济规模指数（C6）4 个指标。C3 和 C4 是生态系统自身结构的环境因子，环境因子的好坏对生态系统是否健康起着至关重要的作用。C5 和 C6 从社会和经济两个侧面来考量生态系统服务功能的优劣。

（3）恢复力反映的是系统应对灾害和干扰后复原的能力。农业生态系统的恢复力主要包含物能投入指数（C7）、生态水平指数（C8）和经济转化效率指数（C9）3 个指标。C7 的高低能基本反映人类对农业生态系统的干扰，物能投入越高则表示人类投入的机械、化学产品越多，则对农业生态系统的影响越大。C8 则反映生态系统的自身抗逆能力，如水土流失率、土地沙化率高，则生态水平低。C9 反映农业生态系统服务功能，高的经济转化效率代表农业生态系统服务功能高。

另外，也有一些学者按照农业生态系统属性要素，从生物学、环境学、生态经济学几个层面构建诊断指标体系（表 7.5）。生物学指标反映农业生态系统的生物健康状况，主要包括生物生产力水平、农业生物多样性指数、生物的病情-虫情指数、有害生物入侵（包括转基因生物和外来有害生物）的生态风险指数，用以反映农业生态系统的生物健康状况，环境学指标反映农业环境健康状况，主要包括土壤肥力的维持水平、土壤生物

（微生物和动物）的功能多样性指数、环境污染综合指数、农业废弃物的无害化处理与资源化利用程度等几个指标，用以反映农业环境健康状况；生态经济学指标反映农业生态系统的生态经济状况，主要包括自然资源综合利用效率、农业生态系统的产投比、农产品质量水平等。在这个指标体系易直观理解，因而被很多管理人员所采用。

表 7.5　农业生态系统健康诊断指标体系（章家恩和骆世明，2004）

指标类型	具　体　指　标
生物学指标	生物生产力水平
	农业生物多样性指数
	生物的病情-虫情指数
	有害生物入侵
环境学指标	土壤肥力的维持水平
	土壤生物（微生物和动物）的功能多样性指数
	环境污染综合指数
	农业废弃物的无害化处理与资源化利用程度
生态经济学指标	自然资源综合利用效率
	农业生态系统的产投比
	农产品质量水平

（三）健康等级

运用指标体系法进行农业生态系统健康诊断时，各学者从不同角度和认识出发，在评价对象是否健康的标准界定上观点各异，至今尚无统一、明确的标准。例如，有些学者采用通用方法和国家标准进行分级，将农业生态系统健康分为疾病、一般病态、较健康、健康和很健康 5 个等级，而有些学者则将农业生态系统健康标准划分为理想健康、较健康、亚健康、不健康和恶化 5 个等级，也有部分学者划分为 3 个或 4 个等级。实际应用时，可根据实际情况采用适宜的等级标准。

第五节　生态系统管理

一、生态系统管理的内涵

生态系统管理的概念是在生态科学的发展过程中逐渐形成和发展的。在探索人类与自然和谐发展的道路上，生态系统的可持续性已成为生态系统管理的首要目标。生态系统管理是保障生态系统健康存在和人类社会可持续发展的重要手段和途径。1988 年 Agee 和 Johnson 的《公园和野生地的生态系统管理》（*Ecosystem Management for Parks and Wilderness*）一书的出版，标志着生态系统管理学的诞生。20 世纪 90 年代以来，生态系统和自然资源管理的概念越来越受到科学界和社会公众的关注。1995 年，美国生态学会生态系统管理特别委员会系统地阐述了生态系统管理的概念，认为生态系统管理是指具有明确且可持续目标驱动的管理活动，指出生态系统管理需建立在全面认识生态系统结构、功能以及生态过程的基础上，以不断改进管理的适合性为目标，由政策、协议和实践活动来保证实施。

自生态系统管理的概念提出以来，其定义和理论框架尚处在争议之中。综合不同的定义，生态系统管理可理解为，在充分认识生态系统整体性与复杂性的前提下，以生态系统健康、维护生态系统服务功能和可持续发展为目标，运用生态学、管理学、社会学及其他学科原理，依据对关键生态过程和重要生态因子长期监测的结果，对生态系统内外环境进行调控的管理活动。

生态系统管理并不是一般意义上对生态系统的管理活动，它促使人类必须重新审视自己的管理行为。由于可持续发展主要依赖于可再生资源特别是生物资源的合理利用，因而正确的生态系统管理显得更为重要，它是实现可持续发展战略的必由之路。生态系统管理是一种涉及生态、经济、社会等多个领域的管理活动，是对具体生态系统的管理策略、管理方式和管理过程，它体现了新的管理理念和行动方式。生态系统管理的目标是保持和维护生态系统结构、功能的可持续性，保证生态系统健康，能为我们及我们的后代提供产品和服务，实现人类社会的可持续发展。

二、生态系统健康与生态系统管理的关系

生态系统健康与生态系统管理的关系非常紧密：生态系统健康是生态系统的状态，而生态系统管理则是维持这些状态的重要手段；在胁迫条件下，生态系统可能会不健康，就需要相应的管理让生态系统回到健康与可持续方向上来。只有健康的生态系统才能正常发挥功能，能实现生态系统的最佳服务。生态系统健康与生态系统管理的关系可体现在五个方面。

（1）生态系统健康是生态系统管理的基础。进行生态系统健康研究首先要了解生态系统的演变（或演替规律），了解生态系统的结构功能状况，分析生态系统的直接功能和潜在功能及功能发挥状况，知道如何度量生态系统健康，用哪些指标进行定性和定量的度量，如何评价生态系统的健康程度。在特定的区域环境中，这些问题同样也是生态系统管理必须进行的工作。生态系统管理强调各个子系统间的和谐性、互促互利性，追求最佳的综合效益（生态效益、经济效益、社会效益有机耦合），追求生态资源、生态效益的可持续性。可见，持续健康的生态系统是生态系统管理的基础。

（2）生态系统健康是生态系统管理的目标。生态系统持续健康要求自然生态系统为人类生态系统和社会经济生态系统提供最大限度的持续稳定的服务；人类生态系统和社会经济生态系统为自然生态系统的演变（或演替）及结构和多样性的维持提供最适宜的技术和生境的保障。生态系统健康与人类健康的关系、环境变化与人类健康的关系是生态系统健康研究的核心内容，生态系统管理的目标是实现生态系统可持续发展，实现自然与人类的和谐，资源和社会经济的可持续发展。

（3）生态系统健康学的理论为生态系统管理提供新的思路、理念、途径、技术支撑和管理方式等。生态系统功能的正常发挥是人们普遍关心的问题，是实现可持续发展的基础条件。一个健康的生态系统，在时间上能够维持它的组织结构和系统自治。生态系统健康的实现是可持续发展的硬技术（生态工程技术、环境工程技术、生物工程技术、生态系统保护和恢复技术等）和软科学（区域内各类型生态系统的科学管理、政策法规、全民环境教育等）交叉、耦合的结果，可以说它是生态系统管理的技术支撑和管理措施。

（4）生态系统健康程度是区域生态系统管理中的主要生态问题。生态系统健康，主要体现在生态系统的结构、功能、活力、恢复力、扩散力等特征上。功能紊乱、结构退化的生态系统必定造成恢复力减弱、负荷能力降低。例如，衡量土地生态系统不健康的特征有：侵蚀量大、肥力丧失、水文反常、某些物种非经常性的数量暴发或莫名其妙的局域性灭绝、农林产品产量减少和质量退化等。这些特征均反映出土地生态系统功能的紊乱，也称生态系统危困综合征。这同样也是生态系统管理所面临的主要问题，它直接制约着区域

的可持续发展。

(5) 优化的生态系统管理是生态系统健康的社会保障。优化的生态系统管理和生态系统健康是分不开的，二者缺一均不能实现，优化的生态系统管理为生态系统健康发展创造了良好的生境，提供了社会保障。生态系统健康是优化生态系统管理的目的。二者作用于区域复合生态系统，促使区域复合生态系统良性循环，健康发展。生态系统健康是探讨区域生态系统和环境因子的作用机制、探讨区域生态系统内部因子间的作用规律的科学，生态系统管理是保障生态系统健康发展的先决条件（图 7.3)。

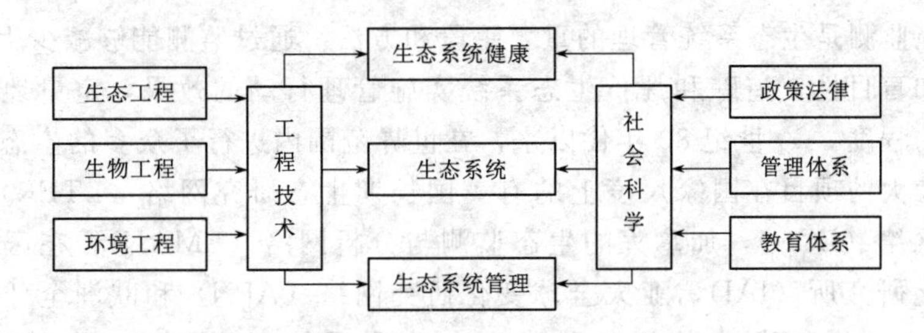

图 7.3 生态系统健康与生态系统管理的关系示意图（王庆礼等，2007）

三、生态系统管理基础信息的获取与处理

生态系统的有效管理和成功管理，依赖于管理前及管理过程中数据信息的采集、处理、存储和取舍。由于生态系统的复杂性和层次性，在搜集数据时应注意不同层次和尺度，包括个体与种群、群落与生态系统、景观生态系统、生物圈与地球生态系统等不同的空间尺度（表 7.6)。

表 7.6 不同尺度的生态系统管理所需的数据类型和生态学模型（于贵瑞，2001）

生态系统的层次与尺度	主要生态学模型	数据/知识	时间尺度
个体及种群	动植物的生理生态模型； 个体或种群生长模型； 种群竞争模型； 土壤-植物-大气系统的物质能量交换模型	气候与群落微气象、生物气象； 地形与微地形、土壤的理化特性； 动植物的遗传、生理、生态特性； 植物营养和水分吸收、种群动态； 种群与环境的物质能量交换	秒、分、小时、天、月、年
群落与生态系统	生态系统生产力模型； 生物化学循环模型； 食物链（网）模型； 物种迁移与演替模型； 物种分布格局模型	气候与微气候变化； 地形地貌及其空间分异； 土壤的理化特性与空间环境适应性； 物种组成与多样性； 消费者的层次结构、物种互作关系	年或几年
景观生态系统	区域经济模型； 社会发展模型； 土地利用模型； 资源文化模型； 生态系统景观格局模型	气候、地形条件； 土壤理化特性的空间分布； 群落与生态系统类型； 生态系统的空间格局； 人文和社会条件	几年或几十年

续表

生态系统的层次与尺度	主要生态学模型	数据/知识	时间尺度
生物圈与地球生态系统	地球化学循环模型； 生物圈水循环模型； 中层大气循环模型； 生物圈植被演替模型； 生物圈生产力演化模型； 全球变化模型	气候变化与植被类型演替； 地形、地貌与地质变化； 人类活动与资源利用； 人口和社会经济； 科技进步； 文化教育	几十年、几百年以上

生态系统监测是生态系统管理的重要手段和方法。通过监测能够减少生态系统管理的不确定性和盲目性，追踪和评价生态系统实施管理行动的效果，定量地评价管理的成功或失败的程度。20 世纪 80 年代以来，在世界范围内进行了众多的生态与环境长期监测项目。较大的项目在国家尺度上的有美国长期生态研究网络（LTER），英国的环境变化监测网络（ECN），加拿大的生态监测与分析网络（EMAN）；在区域尺度上有泛美全球变化研究所（IAI）、亚太全球变化研究网络（APN）和欧洲全球变化研究网络（ENRICH）；在全球尺度上有全球生态监测系统（GEMS）、全球陆地观测系统（GTOS）、全球气候观测系统（GCOS）和全球海洋观测系统（GOOS）等。中国科学院自 1988 年开始组建的中国生态系统研究网络（CERN）是覆盖全国的生态、环境监测网络。

生态系统模型是当前生态学研究和生态系统管理常用的方法，包括分室图示模型、数学模型、计算机模型等。在生态系统管理中，生态系统模型应用于分析生态系统复杂的行为和功能、评价和优化管理方法、降低系统的不确定性等以提高管理决策水平。不同尺度上的生态系统管理所需的数据类型和生态学模型见表 7.6。

四、生态系统管理的运行机制与步骤

（一）运行机制

生态系统管理是自然资源管理的一种新的综合途径，其运行机制包括生态机制、参与机制、市场机制和法律机制，如图 7.4 所示。

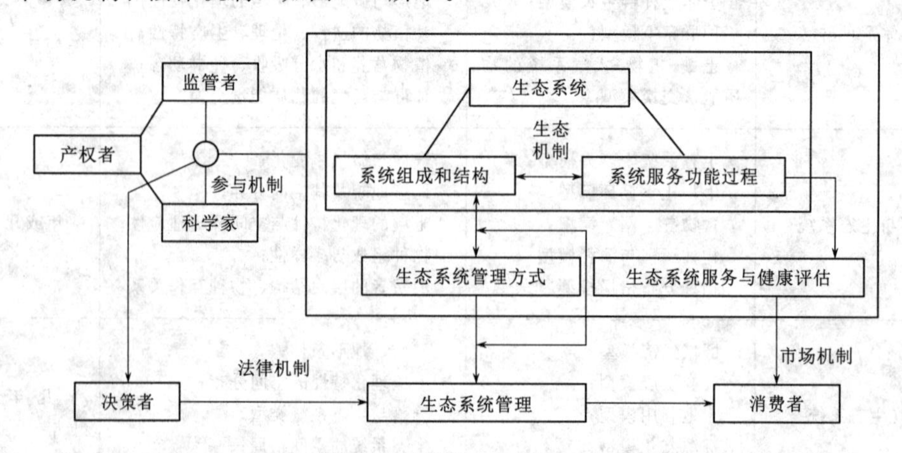

图 7.4　生态系统管理的机制与过程（王庆礼等，2007）

（1）生态机制。生态系统管理是一个庞大的系统工程，它的核心是对特定生态系统组成的结构及生态过程充分了解，它涉及自然地理学、气候与气象学、水文与水利学、植物与动物学、农学、草原学、沙漠学等众多自然科学，同时也涉及政治学、经济学、社会学、人口学、教育学和法律学等社会科学。

（2）参与机制。生态系统要求自然科学家、社会科学家、政治家和生态系统“资产”拥有者之间的有效合作。对公众进行生态文化、环境意识的教育，使他们能够支持和参与生态系统管理计划，发挥他们的监督作用。生态系统管理的实施体制由科学家、政策制定者、经营管理者和公众组成，其主要任务是通过数据收集、系统监测和综合性的科学研究等方式，回答生态系统管理中的众多科学问题，制定相应的管理目标和管理策略，担当起生态管理实施的组织任务，保障生态系统管理的有效实施。

（3）市场机制。生态系统服务功能及其价值评估是生态系统管理过程中至关重要的环节，也是实施生态系统管理的桥梁，市场参与评估和引导消费者行为规范是市场机制的核心内容。

（4）法律机制。国外的经验表明，法律机制是确保生态系统管理策略得到实施的重要屏障。法律的作用是建立与生态系统有关的决策程序，而不是推行绝对标准。

（二）管理框架的主要内容

Boyce等（1997）认为，生态系统保护、恢复和重建是生态系统管理的核心。生态系统管理框架的主要内容包括生态系统结构分析、生态系统过程分析、生态系统服务及健康评估、生态系统管理方式研究。

（1）生态系统结构分析。生态系统结构分析主要是对生态系统的生命和非生命组成进行分析。在现有监测资料或详细的现场调研基础上，结合历史资料，系统分析其生态系统现状及未来演变趋势，并找到生态敏感因子。

（2）生态系统过程分析。生态系统过程分析包括能量流动过程、物质循环过程及生态系统演化过程的分析。生态系统管理的效果在很大程度上取决于对生态系统有机整体及各层次间相互作用的科学机制的理解程度。

（3）生态系统服务及健康评估。生态系统服务及健康评估是将生态系统结构和过程所产生的产品和服务货币化，量度生态系统对人类生产的服务价值，反映生态系统的现状，其结果可作为采取何种管理方式的数据依据，同时可作为生态系统管理中维持生态系统产品与环境服务的最佳组合和长期可持续性的依据。

（4）生态系统管理方式研究。通过生态系统结构、过程和服务功能的分析，得出所研究取样生态系统的现状，决定对其采取的相应保护、恢复或重建等管理方式。

（三）基本步骤

生态系统管理一般包括如下步骤和行动：①确定可持续的、明确的和可操作的管理目标。②明确被管理生态系统的空间尺度和时间尺度，尤其是确定系统等级结构，以核心层次为主，适当考虑相邻层次内容。③收集适当的数据，理解生态系统的复杂性和相互作用，提出合理的生态模型。④监测并识别生态系统内部的动态特征，确定生态学限制因子。⑤分析和综合生态系统的生态、经济和社会信息，制定合理的生态系统管理政策、法规和法律。⑥选择和利用生态系统管理的工具和技术。如全球定位系统（GPS）、地理信息系统（GIS）、遥感（RS）和环境管理信息系统（EMIS）等技术在生态系统管理中发挥着重要作用。⑦履行生态系统的适应性管理和责任分工，注意协调管理部门与生态系统管理者、公众的合作关系。⑧及时对生态系统管理的效果进行评价，提出生态系统管理的修正意见，完善生态系统的适应性管理计划。

生态系统管理倡导采用适应性管理方式，以生态系统事件发生的不确定性和突发性为依据，管理依赖于对生态系统临时的和不完整的理解来进行，允许管理者对不确定过程的管理保持灵活性和适应性。经过广泛的民主讨论和科学分析提出适应性管理计划，增强政策制定者、经营者和公众对问题的了解和相互之间的协作，促使公众参与到适应性管理行动中。

思考题

1. 简述生态系统健康的概念、特征和关键问题。
2. 简述生态系统健康的标准、诊断的方法。
3. 简述河流生态系统健康的内涵和特征。
4. 简述河流生态系统健康诊断的指标体系。
5. 简述河流生态系统健康诊断的步骤和方法。
6. 简述农业生态系统健康的内涵和特征。
7. 简述农业生态系统健康诊断的指标体系与诊断方法。
8. 简述生态系统管理的内涵、机制与步骤。

相关文献

王庆礼，陈高，代力民. 生态系统健康学：理论与实践［M］. 沈阳：辽宁科学技术出版社，2007.

韩玉玲，夏继红，陈永明，等. 河道生态建设——河流健康诊断技术［M］. 北京：中国水利水电出版社，2012.

Boyce M S，Harvey A. Ecosystem Management：Application for sustainable forest and wild life resources［M］. New Haven：Yale University Press，1997.

第八章　生态文明与乡村振兴

【教学要点】

小　节	知 识 要 点	掌 握 程 度
生物多样性与生态危机	生物多样性，生态危机	掌握生物多样性的概念； 掌握生态危机的概念； 熟悉生物多样性减退的原因； 熟悉生态危机的表现
生态文明	可持续发展，生态文明，水生态文明	掌握可持续发展的含义； 掌握生态文明的内涵和特征； 熟悉我国生态文明战略的原则和目标； 熟悉水生态文明建设的原则和内容
乡村振兴	乡村振兴战略的目标任务、生态要求和生态问题	掌握我国乡村振兴战略的目标任务和原则； 掌握乡村振兴的生态要求； 掌握乡村振兴中的生态问题
长江经济带发展的生态要求	长江经济带发展的要求与定位	掌握长江经济带发展的生态要求； 熟悉长江经济带发展的总体要求； 熟悉长江经济带发展的战略定位
黄河流域生态保护和高质量发展的生态要求	黄河流域生态保护和高质量发展战略的要求与定位	掌握黄河流域生态保护和高质量发展的生态要求； 熟悉黄河流域生态保护和高质量发展的总体要求； 熟悉黄河流域生态保护和高质量发展的战略定位

第一节　生物多样性与生态危机

一、生物多样性的概念

生物多样性是生物及其与环境形成的生态复合体以及与此相关的各种生态过程的总和。它包括数以百万计的动物、植物、微生物和它们所拥有的基因，以及它们与生存环境形成的复杂的生态系统。简言之，生物多样性是地球上经过几十亿年发展进化的生命总和，是生物圈不可缺少的组成部分，支撑着人类社会的生存和发展。生物多样性也是人类赖以生存的物质基础，支撑着人类社会的生存和发展，是自然科学、社会科学、旅游观赏、文化历史等多门学科教育和研究的重要材料。每一种生物都是大自然的杰出创造和人类的宝贵财富，失去则不可复得。因此，生物多样性是一个内涵十分广泛的重要概念，包括多个层次或水平。其中，研究较多、意义重大的主要有遗传多样性、物种多样性、生态系统多样性三个层次。

1. 遗传多样性

遗传多样性是指种内基因的变化，包括种内显著不同的群体间和同一群体内的遗传变异，也称为基因多样性。遗传多样性是物种各水平多样性的最重要来源。遗传变异、生活史特点、种群动态及其遗传结构等决定或影响着一个物种与其他物种及其环境相互作用的方式。

所有的遗传多样性都发生在分子水平，并且都与核酸的理化性质紧密相关。新的变异是突变的结果。自然界中存在的变异源于突变的积累，这些突变都经受过自然选择。一些中性突变通过随机过程整合到基因组中。上述过程形成了丰富的遗传多样性。

遗传多样性的测度是比较复杂的，主要包括三个方面，即染色体多样性、蛋白质多样性和 DNA 多样性三个方面。染色体多样性主要从染色体数目、组型及其减数分裂时的行为等方面进行研究。蛋白质多样性一般通过两种途径分析：一种是氨基酸序列分析，另一种是同工酶或等位酶电泳分析，后者应用较为广泛。DNA 多样性主要通过 RFLP（限制片段长度多态性）、DNA 指纹（DNA fingerprinting）、RAPD（随机扩增多态 DNA）和 PCR（聚合酶链反应）等技术进行分析。此外，还可应用数量遗传学方法对某一物种的遗传多样性进行研究。虽然这种方法依据表现型性状进行统计分析，其结论没有分子生物学方法精确，但也能很好地反映遗传变异程度，而且实践意义大，特别对于理解物种的适应机制更为直接。

2. 物种多样性

物种多样性是指物种水平的生物多样性，是从分类学、系统学和生物地理学角度研究一定区域内物种的状况。物种多样性的现状（包括受威胁现状）、物种多样性的形成、演化及维持机制等是物种多样性的主要研究内容。物种水平的生物多样性编目是一项艰巨而又亟待加强的课题，是了解物种多样性现状（包括受威胁现状）的最有效的途径。目前，地球上的物种估计其变化幅度为 500 万～3000 万种，也有人估计变幅为 200 万～1 亿种。目前已定名或描述的物种数目尚不十分清楚，一种说法为 140 万种，另一种说法为 170 万种。此外，物种的濒危状况、灭绝速率及原因、生物区系的特有性、物种进行有效保护与持续利用等都是物种多样性研究的内容。

在阐述一个国家或地区生物多样性丰富程度时，最常用的指标是区域物种多样性。区域物种多样性的测量有以下三个指标：①物种总数，即特定区域内所拥有的特定类群的物种数目。②物种密度，指单位面积内的特定类群的物种数目。③特有种比例，指在一定区域内某个特定类群特有种占该地区物种总数的比例。

3. 生态系统多样性

生态系统多样性是指生物圈内生境、生物群落和生态过程的多样化以及生态系统内生境差异、生态过程变化的多样性。此处的生境主要是指无机环境，如地貌、气候、土壤、水文等。生境的多样性是生物群落多样性甚至是整个生物多样性形成的基本条件。生物群落的多样性主要指群落的组成、结构和动态（包括演替和波动）方面的多样化。群落的多样性与物种的丰富度及物种的均匀度密切相关，群落内组成物种越丰富，物种均匀性越大，则多样性越大。

近年来，有些学者还提出了景观多样性作为生物多样性的第 4 个层次。景观是一种大尺度的空间，是由一些相互作用的景观要素组成的具有高度空间异质性的区域。景观要素是组成景观的基本单元，相当于一个生态系统。景观多样性是指由不同类型的景观要素或生态系统构成的景观在空间结构、功能机制和时间动态方面的多样化程度。

二、生物多样性减退的原因

物种的产生、进化和消亡本是个缓慢的协调过程，但随着人类对自然干扰的加剧，在过去30年间，物种的减少和灭绝已成为主要的生态环境问题。根据化石记录估计，哺乳动物和鸟类的背景灭绝速率为每500～1000年中灭绝一个种。而目前物种的灭绝速率高于其“背景”速率的100～1000倍。如此异乎寻常的不同层次的生物多样性丧失，主要是由于人类活动造成生物栖息地的破坏及生境片段化、资源的过度开发、生物入侵、环境污染和气候变化等所致，其中生物栖息地的破坏和生境片段化（habitat fragmentation）对生物多样性的丧失“贡献”最大。

1. 生物栖息地的破坏和生境片段化

由于围湖造田、森林破坏、城市扩大、工程建设、环境污染等生产活动的影响，生物的栖息地急剧减少，导致许多生物的濒危，甚至灭绝。森林是世界上生物多样性最丰富的生物栖居场所。据统计，仅拉丁美洲的亚马孙河的热带雨林就聚集了地球生物总量的1/5。公元前700年，地球约有2/3的表面为森林所覆盖，而目前地球表面森林覆盖率不到1/3，热带雨林的减少尤为严重。Wilson（1989，1992）估计，若按保守数字每年1%的热带雨林消失率保守数字计算，则每年有0.2%～0.3%的物种灭绝。

如果生物栖息地面积缩小，则能够供养的生物种数自然也会减少。但与之相比，由于生物栖息地的破坏和生境片段化所形成的生境岛屿对生物多样性减少的影响程度更大，而且这种影响甚至会导致生物的灭绝。比如森林的不合理砍伐，导致森林的不连续性斑块状分布，即所谓的生境岛屿。生境岛屿的出现，一方面使残留的森林的边缘效应扩大，原有的生境条件变得恶劣；另一方面改变了生物之间的生态关系，如生物被捕食、被寄生的概率增大。这两方面都间接地加速了物种的灭绝。

2. 资源的过度开发

农、林、牧、渔及其他领域的不合理的开发活动直接或间接地导致了生物多样性的减少。自20世纪50年代，“绿色革命”中出现了多种在产量或品质方面具有独特优势的品种，并迅速推广传播，这些品种很快排挤了本地品种，造成了很多品种的消失。例如，印度尼西亚1500个当地水稻品种在过去15年内消失。这种遗传多样性丧失造成农业生态系统抵抗力下降。例如，1991年巴西橘子树遗传相似性导致了历史上最大的柑橘溃烂，1972年苏联小麦大面积损失，1984年佛罗里达柑橘溃烂的大暴发，这些问题皆起因于遗传多样性的减少。而且随着作物种类的减少，当地固氮菌、捕食者、传粉者、种子传播者以及其他一些传统农业生态系统中通过几个世纪共同进化的物种消失了。在林区，快速和全面地转向单优势种群的经济作物的快速发展，正演绎着同样的故事。在经济利益的驱动下，水域中的过度捕捞、牧区的超载放牧等掠夺式利用方式，使生物物种难以正常繁衍。

3. 生物入侵

人类有意或无意地引入一些外来物种，破坏景观的自然性和完整性，由于缺乏物种之间的相互制约，导致另一些物种的灭绝，影响遗传多样性，使农业、林业、渔业或其他方面的经济遭受损失。在全世界濒危植物名录中，有35%～46%是部分或完全由外来物种入侵引起的。如澳大利亚袋狼灭绝的原因除了人为捕杀外，还有家犬的引入产生了野犬，种间竞争导致袋狼数量下降。

4. 环境污染

环境污染对生物多样性的影响除了恶化生物的栖息环境，还直接威胁着生物的正常生长发育。农药、重金属等在食物链中的逐级浓缩传递严重危害着食物链上端的生物。据统计，由于环境污染，全球已有 2/3 的鸟类生殖力下降，每年至少有 10 万只水鸟死于石油污染。

三、生态危机的含义

人类文明发展到现当代，已经创造了古代社会难以想象的辉煌成就，但同时也带来了只有现代社会才会出现的许多问题。由于人类的活动导致局部地区甚至整个生态系统结构和功能的严重破坏，从而威胁人类的生存和发展。一个世纪以来，由于世界人口的增长，工农业生产的发展，加上战争和社会动乱，人类干预自然界的规模和强度不断地扩大和深化，全球多处出现森林覆盖面积缩小、草原退化、水土流失、沙漠扩大、水源枯竭、环境污染、环境质量恶化、气候异常、生态平衡失调等现象。例如，20 世纪 30 年代美国西部由于滥垦滥牧，植被遭到破坏，导致三次“黑色风暴”的发生。1934 年 5 月 9—11 日的“黑色风暴”以每小时 100 多 km 的速度，从美国西海岸一直刮到东海岸，带走 3 亿多 t 表土，毁坏数千万亩农田；20 世纪 50 年代，苏联盲目开荒，先后出现过几次“黑色风暴”，使 3 亿亩农田受害。非洲撒哈拉大沙漠在 1968—1974 年期间，每年向南延伸 50km，使萨赫勒地区生态平衡遭到严重破坏，直接威胁当地人民的生活和发展。2007 年 5—10 月我国太湖沙渚水源的蓝藻水华暴发呈两峰三段型特征，即出现两个最高峰和三次规模性暴发（图 8.1）。其中，最高值出现在 7 月 17 日，达 6340 万个/L；其次是 5 月 28 日为 5570 万个/L；三次规模性暴发的时间范围是 5 月 14 日—6 月 3 日、7 月 16—27 日和 8 月 14—28 日，这期间藻类生物量高于 3000 万个/L 以上的天数达 10 天左右。此外，在连续 144 天的监测数据中，藻类生物量大于 2000 万个/L 以上的天数约 20 天，占 14%。藻类生物量大于 1000 万个 L 以上的天数约 51 天，仅占 36%。由于人类盲目地生产和生活活动而导致的局部甚至整个生物圈结构和功能的失调导致严重的生态平衡失调，威胁着人类的生存时，称为生态危机（ecological crisis）。生态平衡失调起初往往不易被人们觉察，如果一旦出现生态危机就很难在短期内恢复平衡。

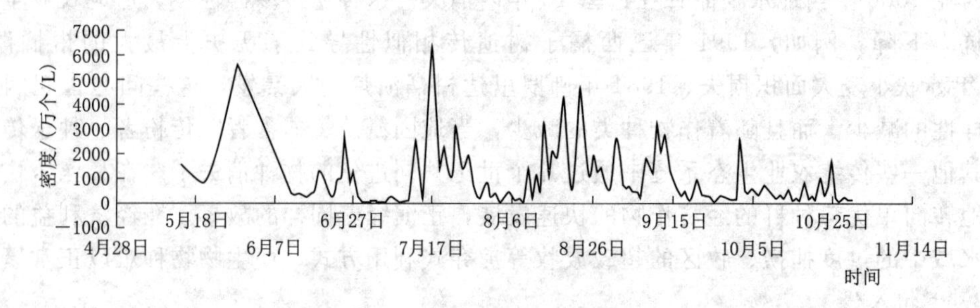

图 8.1　2007 年 5—10 月太湖沙渚水源的蓝藻水华暴发情况

可见，生态危机并不是指一般意义上的自然灾害问题，是指由于人类活动所引起的环境质量下降、生态秩序紊乱、生命维持系统瓦解，从而危害人的利益、威胁人类生存和发展的现象，它是生态系统的一种失衡状态。生态系统是一个经过平衡—失衡—再平衡的动态发展循环过程，它在不断完成新陈代谢的基础上进步或进化，所以生态系统的失衡与平衡是相对的、动态的。失衡的生态系统可以在一定时间内经过系统的内部调节重新达到平衡，结构和功能再次处于相对稳定状态，物质和能量的输入输出再次大致相等；生态平衡也是相对的、动态的平衡。当生态系统内部要素出现某种变化，就有可能打破生态的平衡状态。所以，生态系统的调节能力是有限的。当外界的作用超过此限度，原有的调节机制就不再起作用。现代人工和技术的兴起已把生态系统的某种涨落放大到了失衡的临界点，现代人类对自然的控制和支配已超过自然可以承受的极限，因而生态失衡所引发的生态危机预示着一场生态灾难。

当代生态危机有着新的特点和形式。首先它具有整体性或全面性。从空间上看，生态危机不是局部的生态问题，而是带有全球性的特征；从生态系统的内部构成要素来看，生态系统处于生物多样性锐减的状态。其次，它具有持续性和快捷性。生态危机已造成世世代代的生态遗传隐患，对物种的进化产生重大的负面影响。再次，它具有不可逆性。生态危机造成的破坏已超过了生态系统的自净能力阈限，使得生态系统难以重新恢复到平衡状态。

四、生态危机的表现

生态危机主要是由于人类的活动导致的局部地区甚至整个生态系统结构和功能的严重破坏，从而威胁人类的生存和发展。生态危机的主要表现如下。

（1）温室效应。温室效应是指由于现代化工业社会过多燃烧煤炭、石油和天然气，释放出的大量的二氧化碳气体使太阳辐射到地球上的热量无法向外层空间发散，从而使地球表面温度的升高的现象。目前，全球每年向大气中排放的 CO_2 大约为 230 亿 t，比 20 世纪初增加 20%，至今仍以每年 0.5%的速度递增，这必将导致全球气温变暖、生态系统破坏以及海平面的上升。据统计预测，到 2030 年全球海平面上升约 20cm，到 21 世纪末将上升 65cm，严重威胁着低洼的岛屿和沿海地带。

（2）臭氧层破坏。臭氧层是高空大气中臭氧浓度较高的气层，它能阻碍过多的太阳紫外线照射到地球表面，有效保护地面一切生物的正常生长。臭氧层的破坏主要是由现代工业大量使用的化学物质氟利昂进入平流层，在紫外线作用下分解产生的原子氯通过连锁反应而造成的。最近研究表明，南极上空 15～20km 间的低平流层中臭氧含量已减少了 40%～50%，在某些高度，臭氧的损失可能高达 95%。北极的平流层中也发生了臭氧损耗。臭氧层的破坏将会增加紫外线 β 波的辐射强度。据统计，臭氧浓度每降低 1%，皮肤癌发生率增加 4%，白内障发生率增加 0.6%。到 21 世纪初，地球中部上空的臭氧层已减少了 10%，这使得全球皮肤癌患者人数增加了 26%。

（3）土地退化和沙漠化。土地退化和沙漠化是指由于人们过度的放牧、耕作、滥垦滥伐等人为因素和一系列自然因素的共同作用，使土地质量下降并逐步沙漠化的过程。全球土地面积的 15%已因人类活动而遭到不同程度的退化。土地退化中，水侵蚀占 55.7%，风侵蚀占 28%，盐化、液化、污染等占 12.1%，水涝、沉陷等占 4.2%。在最为严重的非洲和南美洲部分地区，70%的农用干旱地和半干旱地已经沙漠化。在过去的 20 年里，因土地退化和沙漠化加剧，使全世界饥饿难民由 4.6 亿人增加到 5.5 亿人。

（4）森林面积减少。因发达国家广泛进口和发展中国家大量开荒、采伐、放牧等，使得森林面积大幅度减少，木材贸易特别是大量非法采伐和非法贸易对全球森林资源造成了严重破坏。巴西亚马孙热带雨林中蕴藏着全球一半以上的动植物种类，可如今已经有1亿 hm^2 森林被砍伐殆尽。近10年印度尼西亚热带森林的消失速度增加了10倍，每年有200多万 hm^2 热带雨林遭到毁灭。据世界绿色和平组织估计，100年来，全世界的原始森林有80%遭到破坏。另据联合国粮农组织最新报告显示，如果用陆地总面积来算，地球的森林覆盖率仅为26.6%，整个森林生态系统濒临崩溃。森林减少继而会导致土壤流失、水灾频繁和物种锐减等严重后果。

（5）生物多样性减少。目前，人类对水、空气和土地的需求，已经消耗了地球近1/3的可再生资源，但是自然生态系统却不能及时补给恢复。随着生态环境的恶化、森林面积的减少，对资源的过分开发和引入外来物种等原因，使野生动植物的栖息地遭到了破坏，再加上人类的滥捕滥杀，野生动植物种群急剧减少。目前全球共有3956个物种濒临灭绝，3647个物种为濒危物种，7240个物种为稀有物种。多数专家认为，地球上生活的1/4的生物可能面临在未来50年内处于灭绝的危险。生物多样性对生态保护、生物进化和维护生命系统具有不可替代的作用。

（6）水资源枯竭。水是生命之源，地球上水似乎无所不在，然而饮用水短缺却已经开始威胁着人类的生存。目前，世界的年耗水量已达7万亿 m^3，加之工业废水的排放，化学肥料的滥用，垃圾的任意倾倒，生活污水的剧增，滥垦滥伐造成大量水分蒸发和流失，这些都在使饮用水总量持续减少。水荒已经向人类敲响了警钟。据全球环境监测系统水质监测项目研究表明，全球大约有10%的监测河流受到污染，生化需氧量值超过6.5mg/L，水中氮和磷污染，污染河流含磷量均值为未受污染河流平均值的2.5倍。另据联合国统计，目前全世界已有100多个国家和地区生活用水告急，其中43个国家为严重缺水，危及20亿人口的生存，其主要分布在非洲和中东地区。预计到2025年，全球处于水危机中的人口将由现在的5亿增加到28亿。现在地球上每年排放污水5000亿kg，其中90%未得到处理，致使每年至少有1000万人因饮用被污染的水而致病死亡。

第二节　生　态　文　明

一、可持续发展

（一）可持续发展的含义

可持续发展（sustainable development）一词最早出现在1980年由世界自然保护联盟（IUCN）、联合国环境规划署（UNEP）、野生动物基金会（WWF）共同发表的《世界自然保护大纲》中。1987年以布伦特兰夫人为首的世界环境与发展委员会（WCED）发布了《我们共同的未来》。这份报告中正式使用了可持续发展的概念，并对它的含义做出了较为系统的阐述，这一概念对后来的发展也产生了非常大的影响。有关可持续发展的定义有很多种，但被广泛接受且影响最大的仍是世界环境与发展委员会在《我们共同的未来》中的定义。该报告中将可持续发展定义为：能满足当代人的需要，又不对后代人满足其需要的能力构成危害的发展。1992年6月，联合国在里约热内卢召开的“环境与发展大会”，这次大会通过了以可持续发展为核心的《里约环境与发展宣言》《21世纪议程》

等文件。随后，我国编制了《中国21世纪人口、环境与发展白皮书》，首次把可持续发展战略纳入我国经济和社会发展的长远规划。1997年，党的十五大把可持续发展战略确定为我国“现代化建设中必须实施”的战略。

总之，可持续发展就是建立在社会、经济、人口、资源、环境相互协调和共同发展的基础上的一种发展，其宗旨是既能相对满足当代人的需求，又不能对后代人的发展构成危害。可持续发展主要包括社会可持续发展、生态可持续发展、经济可持续发展。

（二）可持续发展的原则

1. 公平性原则

可持续发展是一种机会、利益均等的发展。它既包括同代内区际间的均衡发展，即一个地区的发展不应以损害其他地区的发展为代价；也包括代际间的均衡发展，即既满足当代人的需要，又不损害后代的发展能力。该原则认为人类各代都处在同一生存空间，他们对这一空间中的自然资源和社会财富拥有同等享用权，他们应该拥有同等的生存权。因此，可持续发展把消除贫困作为重要问题提了出来，要予以优先解决，要给各国、各地区的人、世世代代的人以平等的发展权。

2. 持续性原则

人类经济和社会的发展不能超越资源和环境的承载能力。即在满足需要的同时必须有限制因素，在“发展”的概念中还包含着制约因素，因此，在满足人类需要的过程中，必然有限制因素的存在。主要限制因素有人口数量、环境、资源，以及技术状况和社会组织对环境满足眼前和将来需要能力施加的限制。最主要的限制因素是人类赖以生存的物质基础——自然资源与环境。因此，持续性原则的核心是人类的经济和社会发展不能超越资源与环境的承载能力，从而真正将人类的当前利益与长远利益有机结合。

3. 共同性原则

各国可持续发展的模式虽然不同，但公平性和持续性原则是共同的。地球的整体性和相互依存性决定全球必须联合起来，认知我们的家园。

可持续发展是超越文化与历史的障碍来看待全球问题的。它所讨论的问题是关系全人类的问题，所要达到的目标是全人类的共同目标。虽然国情不同，实现可持续发展的具体模式不可能是唯一的，但是无论富国还是贫国，公平性原则、协调性原则、持续性原则是共同的，各个国家要实现可持续发展都需要适当调整其国内和国际政策。只有全人类共同努力，才能实现可持续发展的总目标，从而将人类的局部利益与整体利益结合起来。

二、生态文明的内涵

生态文明自20世纪90年代初提出以来，人们就对这一概念的理论内涵进行了广泛探讨，并且形成了不同的理论认识。从字面上看，生态文明是由“生态”和“文明”这两个概念组成的复合概念。在这里的“生态”也不是传统意义上狭义的生态概念，即人类的生存和发展的自然环境，而是指人、生物和自然物共同的生存和发展空间。目前人们对生态环境的理解也不应该只局限于对自然环境的理解，还应该包括政治环境、经济环境、文化环境、制度环境等。人类作为整个生态系统的一部分，自身也只是自然界长期进化和发展的产物。

“文明”一词，在中国最早见于《周易·乾卦》中：“见龙在田，天下文明。”具有文采光明和文德辉耀的意思。1961年法国出版的《法国大拉罗斯百科全书》解释“文明”一词为两层意思：一是教化；二是一个地区或一个社会所具有的精神、艺术、道德和物质生活的总称。1974年英国出版的《大英百科全书》解释“文明”一词为：一种先进民族在生活或某一历史阶段中显示出来的特征之总和。1978年苏联出版的《苏联大百科全书》认为，“文明”是指社会发展、物质文明和精神文明的水平程度，继野蛮时代之后社会发展的程度。1979年原联邦德国出版的《大百科词典》认为“文明”是指社会脱离了人类群居的原始生活之后，通过知识和技术形成起来的物质和社会状态。总之，文明是人类社会处在不同发展阶段的一系列综合进步的总和。

目前学术界对生态文明概念虽然还没有通过某种形式把它固定下来，但是就其基本内容已经达成了共识。从人与自然的关系角度讲，“生态文明是指人类在改造客观世界的同时，又主动保护客观世界，积极改善和优化人与自然的关系，建设良好的生态环境所取得的物质与精神成果的总和。”①这一概念表明了生态文明是相对于物质文明、精神文明和政治文明的一种文明形态，它所强调的是人们在改造客观物质世界的同时要不断克服其负面影响，建设有序的生态运行机制和良好的生态环境，着重强调人类在处理与自然关系时所达到的文明程度。从人与社会的关系的角度讲，生态文明是指人类遵循人、自然、社会和谐发展这一客观规律而取得的物质与精神成果的总和，是指以人与自然、人与人、人与社会和谐共生、良性循环、全面发展、持续繁荣为基本宗旨的文化伦理形态。②这一概念是在超越了人与自然关系的基础之上，强调优化人与人之间的伦理关系，这虽然只是一种理想化的模式，但也表明了生态文明构建的关键所在，说到底人类社会发展的自身问题还要人类自己来解决。

三、生态文明的特征

（一）人与自然协调发展的合理性

生态环境的良好状况从根本上取决于人与自然之间的协调。人类源于自然，生存于自然。自然孕育、哺育了人类，使人类得以产生和延续。人类与大自然的关系本应该是一种和谐的关系，而不应该把人类的利益与自然的利益对立起来。皮之不存，毛将焉附？传统的价值观念认为大自然是富有的，是取之不尽用之不竭的，认为对自然资源利用得越充分就越能促进经济社会的发展。正是在这种错误价值观念的指导下，人们片面地追求经济的高增长，肆意开发资源，从而造成重重的生态危机和人与自然关系异化的现象。可以说每一次重大的自然灾害都是大自然对人类的报复，都会使人类的生存环境变得更加恶化。因此，与自然的协调发展的模式，不仅是人类繁荣和发展的最佳方式，也是人类社会发展和繁荣的真正力量。确立生态文明的新理念，把生态的合理开发和积极保护统一起来，把人的行为准则和道德规范从人类社会关系领域扩展到人与自然的生态关系领域，从而确立新的道德准则和规范，这是我们全人类共同的责任和义务。因此，充分协调人与自然的关系是人类文明转型的必然选择。

（二）人与人和谐发展的公平性

人与人的和谐发展的内涵应从三个维度去思考：一是全人类的和谐与发展；二是国家层面上各民族和种族的和谐与发展；三是具体到个体层面的和谐与发展。一方面，个人要有公平地享受社会发展成果的权利；另一方面，个人要有为社会发展做出自我贡献的责任，要科学地认知自我、完善自我、提高自我。由于人与自然、主体与客体之间存在实践关系和认识关系，因此，生态环境改善的程度标志着人类全面发展的程度；反之，人类全面发展到什么程度，生态环境的改善和良性发展就应到什么程度，人与自然关系的协调性也就达到什么程度。生态文明要求人类之间的平等从另一个层面去看，包括体现全球共同利益的代内公平和体现社会未来利益的代际公平两个方面。代内公平是指代内所有人，不论其国籍、种族、性别、经济发展水平和文化等方面的差别，对于利用自然资源和享受清洁、良好的环境均有平等的权利。代内公平的道德原则，要求任何国家和地区及个人在生态资源分配和消费方面，不能以“自我”为中心。因为全人类共同生活在同一个地球上，而地球资源的有限性要求人类应该同舟共济，建立“全球伙伴关系”。代际公平的道德原则要求当代人的发展不但要满足自己的需要，还要考虑下一代以及他们子孙后代的需求，当代人的发展不能以损害后代人的发展为代价，而要顾及人类发展的长远利益。生态文明的公平性特征不仅要求节约资源、净化污染、控制人口增长，而且要求人与人之间化战争为和平，最终造就一个真情至上、和平博爱、物质生活适度且精神世界充盈、洋溢着真善美的和谐世界。

（三）生态、经济、社会的协调发展的可持续性

随着全球经济一体化进程的不断发展，很多国家都越来越清楚地意识到，以污染环境和破坏生态为代价来换取经济暂时繁荣的背后，会使社会矛盾变得更加尖锐。生态环境问题的产生实质上是经济、社会、政治因素等多方面综合作用而成的。生态文明摒弃了只注重经济效益而不顾人类自身生存需求和自然界进化的传统工业化发展模式，强调社会、经济、自然之间的协调发展，目的在于实现人与自然协同进化的一种可持续的发展模式。总之，要从过去片面地、单一地追求经济效益的发展观，转变为实现“环境—经济—社会—人”整体系统的可持续的健康发展观。可持续发展作为一种既满足当代人的需要，又不对后代人的生存发展构成威胁的发展模式，充分反映了生态文明伦理观念的内在要求。在经济全球化的今天，任何一个国家都不可能单独解决人类社会所面临的生态问题，所以在构建生态文明的同时，世界各国应在更深的层次和更广的范围内采取协调行动，积极改善和优化人、自然环境、社会发展的关系，共同应对全球生态危机问题的挑战。因此，可以说生态文明的实质就是实现生态、经济、社会的协调可持续发展，我们也坚信生态文明必将成为人类21世纪的主导文明。

四、我国的生态文明战略

生态文明建设是中国特色社会主义事业的重要内容，关系人民福祉，关乎民族未来，事关“两个一百年”奋斗目标和中华民族伟大复兴中国梦的实现。党中央、国务院高度重视生态文明建设，先后出台了一系列重大决策部署，推动生态文明建设取得了重大进展和积极成效。但总体上看我国生态文明建设水平仍滞后于经济社会发展，资源约束趋紧，环境污染严重，生态系统退化，发展与人口资源环境之间的矛盾日益突出，已成为经济社会可持续发展的重大瓶颈制约。

加快推进生态文明建设是加快转变经济发展方式、提高发展质量和效益的内在要求，是坚持以人为本、促进社会和谐的必然选择，是全面建成小康社会、实现中华民族伟大复兴中国梦的时代抉择，是积极应对气候变化、维护全球生态安全的重大举措。要充分认识加快推进生态文明建设的极端重要性和紧迫性，切实增强责任感和使命感，牢固树立尊重自然、顺应自然、保护自然的理念，坚持绿水青山就是金山银山，动员全党、全社会积极行动、深入持久地推进生态文明建设，加快形成人与自然和谐发展的现代化建设新格局，开创社会主义生态文明新时代。

（一）指导思想

以邓小平理论、“三个代表”重要思想、科学发展观为指导，全面贯彻党的历次代表大会和全会精神，深入贯彻习近平新时代中国特色社会主义思想以及习近平总书记系列重要讲话精神，认真落实党中央、国务院的决策部署，坚持以人为本、依法推进，坚持节约资源和保护环境的基本国策，把生态文明建设放在突出的战略位置，融入经济建设、政治建设、文化建设、社会建设各方面和全过程，协同推进新型工业化、信息化、城镇化、农业现代化和绿色化，以健全生态文明制度体系为重点，优化国土空间开发格局，全面促进资源节约利用，加大自然生态系统和环境保护力度，大力推进绿色发展、循环发展、低碳发展，弘扬生态文化，倡导绿色生活，加快建设美丽中国，使蓝天常在、青山常在、绿水常在，实现中华民族永续发展。

（二）基本原则

（1）坚持把节约优先、保护优先、自然恢复为主作为基本方针。在资源开发与节约中，把节约放在优先位置，以最少的资源消耗支撑经济社会持续发展；在环境保护与发展中，把保护放在优先位置，在发展中保护、在保护中发展；在生态建设与修复中，以自然恢复为主，与人工修复相结合。

（2）坚持把绿色发展、循环发展、低碳发展作为基本途径。经济社会发展必须建立在资源得到高效循环利用、生态环境受到严格保护的基础上，与生态文明建设相协调，形成节约资源和保护环境的空间格局、产业结构、生产方式。

（3）坚持把深化改革和创新驱动作为基本动力。充分发挥市场配置资源的决定性作用和更好发挥政府作用，不断深化制度改革和科技创新，建立系统完整的生态文明制度体系，强化科技创新引领作用，为生态文明建设注入强大动力。

（4）坚持把培育生态文化作为重要支撑。将生态文明纳入社会主义核心价值体系，加强生态文化的宣传教育，倡导勤俭节约、绿色低碳、文明健康的生活方式和消费模式，提高全社会生态文明意识。

（5）坚持把重点突破和整体推进作为工作方式。既立足当前，着力解决对经济社会可持续发展制约性强、群众反映强烈的突出问题，打好生态文明建设攻坚战；又着眼长远，加强顶层设计与鼓励基层探索相结合，持之以恒全面推进生态文明建设。

（三）主要目标

资源节约型和环境友好型社会建设取得重大进展，主体功能区布局基本形成，经济发展质量和效益显著提高，生态文明主流价值观在全社会得到推行，生态文明建设水平与全面建成小康社会目标相适应。

（1）国土空间开发格局进一步优化。经济、人口布局向均衡方向发展，陆海空间开发强度、城市空间规模得到有效控制，城乡结构和空间布局明显优化。

(2) 资源利用更加高效。单位国内生产总值二氧化碳排放强度比2005年下降40%～45%，能源消耗强度持续下降，资源产出率大幅提高，用水总量力争控制在6700亿m^3以内，万元工业增加值用水量降低到65m^3以下，农田灌溉水有效利用系数提高到0.55以上，非化石能源占一次能源消费比重达到15%左右。

(3) 生态环境质量总体改善。主要污染物排放总量继续减少，大气环境质量、重点流域和近岸海域水环境质量得到改善，重要江河湖泊水功能区水质达标率提高到80%以上，饮用水安全保障水平持续提升，土壤环境质量总体保持稳定，环境风险得到有效控制。森林覆盖率达到23%以上，草原综合植被覆盖度达到56%，湿地面积不低于8亿亩，50%以上可治理沙化土地得到治理，自然岸线保有率不低于35%，生物多样性丧失速度得到基本控制，全国生态系统稳定性明显增强。

(4) 生态文明重大制度基本确立。基本形成源头预防、过程控制、损害赔偿、责任追究的生态文明制度体系，自然资源资产产权和用途管制、生态保护红线、生态保护补偿、生态环境保护管理体制等关键制度建设取得决定性成果。

五、水生态文明建设

水是生命之源、生产之要、生态之基，水生态文明是生态文明的重要组成和基础保障。长期以来，我国经济社会发展付出的水资源、水环境代价过大，导致一些地方出现水资源短缺、水污染严重、水生态退化等问题。加快推进水生态文明建设，从源头上扭转水生态环境恶化趋势，是在更深层次、更广范围、更高水平上推动民生水利新发展的重要任务，是促进人水和谐、推动生态文明建设的重要实践，是实现“四化同步发展”、建设美丽中国的重要基础和支撑，也是各级水行政主管部门的重要职责。

(一) 指导思想

全面贯彻党的关于生态文明建设战略部署，把生态文明理念融入水资源开发、利用、治理、配置、节约、保护的各方面和水利规划、建设、管理的各环节，坚持节约优先、保护优先和自然恢复为主的方针，以落实最严格水资源管理制度为核心，通过优化水资源配置、加强水资源节约保护、实施水生态综合治理、加强制度建设等措施，大力推进水生态文明建设，完善水生态保护格局，实现水资源可持续利用，提高生态文明水平。

(二) 基本原则

(1) 坚持人水和谐，科学发展。牢固树立人与自然和谐相处理念，尊重自然规律和经济社会发展规律，充分发挥生态系统的自我修复能力，以水定需、量水而行、因水制宜，推动经济社会发展与水资源和水环境承载力相协调。

(2) 坚持保护为主，防治结合。规范各类涉水生产建设活动，落实各项监管措施，着力实现从事后治理向事前保护转变。在维护河湖生态系统的自然属性、满足居民基本水资源需求基础上，突出重点，推进生态脆弱河流和地区水生态修复，适度建设水景观，避免借生态建设名义浪费和破坏水资源。

(3) 坚持统筹兼顾，合理安排。科学谋划水生态文明建设布局，统筹考虑水的资源功能、环境功能、生态功能，合理安排生活、生产和生态用水，协调好上下游、左右岸、干支流、地表水和地下水关系，实现水资源的优化配置和高效利用。

(4) 坚持因地制宜，以点带面。根据各地水资源禀赋、水环境条件和经济社会发展状况，形成各具特色的水生态文明建设模式。选择条件相对成熟、积极性较高的城市或区域，开展试点和创建工作，探索水生态文明建设经验，辐射带动流域、区域水生态的改善和提升。

水生态文明建设的目标是：最严格水资源管理制度有效落实，"三条红线"和"四项制度"全面建立；节水型社会基本建成，用水总量得到有效控制，用水效率和效益显著提高；科学合理的水资源配置格局基本形成，防洪保安能力、供水保障能力、水资源承载能力显著增强；水资源保护与河湖健康保障体系基本建成，水功能区水质明显改善，城镇供水水源地水质全面达标，生态脆弱河流和地区水生态得到有效修复；水资源管理与保护体制基本理顺，水生态文明理念深入人心。

（三）建设内容

我国的水生态文明主要从最严格水资源管理制度、水资源配置、节约用水管理、水资源保护、水生态系统保护与修复、水利建设中的生态保护、保障和支撑能力、宣传教育等方面开展建设。

1. 落实最严格水资源管理制度

把落实最严格水资源管理制度作为水生态文明建设工作的核心，抓紧确立水资源开发利用控制、用水效率控制、水功能区限制纳污"三条红线"，建立和完善覆盖流域和省、市、县三级行政区域的水资源管理控制指标，纳入各地经济社会发展综合评价体系。全面落实取水许可和水资源有偿使用、水资源论证等管理制度；加快制定区域、行业和用水产品的用水效率指标体系，加强用水定额和计划用水管理，实施建设项目节水设施与主体工程"三同时"制度；充分发挥水功能区的基础性和约束性作用，建立和完善水功能区分类管理制度，严格入河湖排污口设置审批，进一步完善饮用水水源地核准和安全评估制度；健全水资源管理责任与考核制度，建立目标考核、干部问责和监督检查机制。充分发挥"三条红线"的约束作用，加快促进经济发展方式转变。

2. 优化水资源配置

严格实行用水总量控制，制定主要江河流域水量分配和调度方案，强化水资源统一调度。着力构建我国"四横三纵、南北调配、东西互济、区域互补"的水资源宏观配置格局。在保护生态前提下，建设一批骨干水源工程和河湖水系连通工程，加快形成布局合理、生态良好，引排得当、循环通畅，蓄泄兼筹、丰枯调剂，多源互补、调控自如的江河湖库水系连通体系，提高防洪保安能力、供水保障能力、水资源与水环境承载能力。大力推进污水处理回用，鼓励和积极发展海水淡化和直接利用，高度重视雨水和微咸水利用，将非常规水源纳入水资源统一配置。

3. 强化节约用水管理

建设节水型社会，把节约用水贯穿于经济社会发展和群众生产生活全过程，进一步优化用水结构，切实转变用水方式。大力推进农业节水，加快大中型灌区节水改造，推广管道输水、喷灌和微灌等高效节水灌溉技术。严格控制水资源短缺和生态脆弱地区高用水、高污染行业发展规模。加快企业节水改造，重点抓好高用水行业节水减排技改以及重复用水工程建设，提高工业用水的循环利用率。加大城市生活节水工作力度，逐步淘汰不符合节水标准的用水设备和产品，大力推广生活节水器具，降低供水管网漏损率。建立用水单位重点监控名录，强化用水监控管理。

4. 严格水资源保护

编制水资源保护规划，做好水资源保护顶层设计。全面落实《全国重要江河湖泊水功能区划》，严格监督管理，建立水功能区水质达标评价体系，加强水功能区动态监测和科学管理。从严核定水域纳污容量，制定限制排污总量意见，把限制排污总量作为水污染防治和污染减排工作的重要依据。加强水资源保护和水污染防治力度，严格入河湖排污口监督管理和入河排污总量控制，对排污量超出水功能区限排总量的地区，限制审批新增取水和入河湖排污口，改善重点流域水环境质量。严格饮用水水源地保护，划定饮用水水源保护区，按照“水量保证、水质合格、监控完备、制度健全”要求，大力开展重要饮用水水源地安全保障达标建设，进一步强化饮用水水源应急管理。

5. 推进水生态系统保护与修复

确定并维持河流合理流量和湖泊、水库以及地下水的合理水位，保障生态用水基本需求，定期开展河湖健康评估。加强对重要生态保护区、水源涵养区、江河源头区和湿地的保护，综合运用调水引流、截污治污、河湖清淤、生物控制等措施，推进生态脆弱河湖和地区的水生态修复。加快生态河道建设和农村沟塘综合整治，改善水生态环境。严格控制地下水开采，尽快建立地下水监测网络，划定限采区和禁采区范围，加强地下水超采区和海水入侵区治理。深入推进水土保持生态建设，加大重点区域水土流失治理力度，加快坡耕地综合整治步伐，积极开展生态清洁小流域建设，禁止破坏水源涵养林。合理开发农村水电，促进可再生能源应用。建设亲水景观，促进生活空间宜居适度。

6. 加强水利建设中的生态保护

在水利工程前期工作、建设实施、运行调度等各个环节，都要高度重视对生态环境的保护，着力维护河湖健康。在河湖整治中，要处理好防洪除涝与生态保护的关系，科学编制河湖治理、岸线利用与保护规划，按照规划治导线实施，积极采用生物技术护岸护坡，防止过度“硬化、白化、渠化”，注重加强江河湖库水系连通，促进水体流动和水量交换。同时要防止以城市建设、河湖治理等名义盲目裁弯取直、围垦水面和侵占河道滩地；要严格涉河湖建设项目管理，坚决查处未批先建和不按批准建设方案实施的行为。在水库建设中，要优化工程建设方案，科学制定调度方案，合理配置河道生态基流，最大限度地降低工程对水生态环境的不利影响。

7. 提高保障和支撑能力

充分发挥政府在水生态文明建设中的领导作用，建立部门间联动工作机制，形成工作合力。进一步强化水资源统一管理，推进城乡水务一体化。建立政府引导、市场推动、多元投入、社会参与的投入机制，鼓励和引导社会资金参与水生态文明建设。完善水价形成机制和节奖超罚的节水财税政策，鼓励开展水权交易，运用经济手段促进水资源的节约与保护，探索建立以重点功能区为核心的水生态共建与利益共享的水生态补偿长效机制。注重科技创新，加强水生态保护与修复技术的研究、开发和推广应用。制定水生态文明建设工作评价标准和评估体系，完善有利于水生态文明建设的法制、体制及机制，逐步实现水生态文明建设工作的规范化、制治化、法治化。

8. 广泛开展宣传教育

开展水生态文明宣传教育，提升公众对于水生态文明建设的认知和认可，倡导先进的水生态伦理价值观和适应水生态文明要求的生产生活方式。建立公众对于水生态环境意见和建议的反映渠道，通过典型示范、专题活动、展览展示、岗位创建、合理化建议等方式，鼓励社会公众广泛参与，提高珍惜水资源、保护水生态的自觉性。大力加强水文化建设，采取人民群众喜闻乐见、容易接受的形式，传播水文化，加强节水、爱水、护水、亲水等方面的水文化教育，建设一批水生态文明示范教育基地，创作一批水生态文化作品。

第三节　乡　村　振　兴

一、我国的乡村振兴战略

实施乡村振兴战略，是党的十九大作出的重大决策部署，是决胜全面建成小康社会、全面建设社会主义现代化国家的重大历史任务，是新时代"三农"工作的总抓手。"十四五"时期，是乘势而上开启全面建设社会主义现代化国家新征程、向第二个百年奋斗目标进军的第一个五年。民族要复兴，乡村必振兴。全面建设社会主义现代化国家，实现中华民族伟大复兴，最艰巨最繁重的任务依然在农村，最广泛最深厚的基础依然在农村。解决好发展不平衡不充分问题，重点难点在"三农"，迫切需要补齐农业农村短板弱项，推动城乡协调发展；构建新发展格局，潜力后劲在"三农"，迫切需要扩大农村需求，畅通城乡经济循环；应对国内外各种风险挑战，基础支撑在"三农"，迫切需要稳住农业基本盘，守好"三农"基础。党中央认为，新发展阶段"三农"工作依然极端重要，须臾不可放松，务必抓紧抓实。要坚持把解决好"三农"问题作为全党工作重中之重，把全面推进乡村振兴作为实现中华民族伟大复兴的一项重大任务，举全党全社会之力加快农业农村现代化，让广大农民过上更加美好的生活。

（一）指导思想

全面贯彻党的十九大、二十大精神，以习近平新时代中国特色社会主义思想为指导，加强党对"三农"工作的领导，坚持稳中求进工作总基调，牢固树立新发展理念，落实高质量发展的要求，紧紧围绕统筹推进"五位一体"总体布局和协调推进"四个全面"战略布局，坚持把解决好"三农"问题作为全党工作重中之重，坚持农业农村优先发展，按照产业兴旺、生态宜居、乡风文明、治理有效、生活富裕的总要求，建立健全城乡融合发展体制机制和政策体系，统筹推进农村经济建设、政治建设、文化建设、社会建设、生态文明建设和党的建设，加快推进乡村治理体系和治理能力现代化，加快推进农业农村现代化，走中国特色社会主义乡村振兴道路，让农业成为有奔头的产业，让农民成为有吸引力的职业，让农村成为安居乐业的美丽家园。

（二）目标任务

按照党的十九大提出的决胜全面建成小康社会、分两个阶段实现第二个百年奋斗目标的战略安排，实施乡村振兴战略的目标任务是：到2035年，乡村振兴取得决定性进展，农业农村现代化基本实现。农业结构得到根本性改善，农民就业质量显著提高，相对贫困进一步缓解，共同富裕迈出坚实步伐；城乡基本公共服务均等化基本实现，城乡融合发展体制机制更加完善；乡风文明达到新高度，乡村治理体系更加完善；农村生态环境根本好转，美丽宜居乡村基本实现。到2050年，乡村全面振兴，农业强、农村美、农民富全面实现。

（三）基本原则

（1）坚持党管农村工作。毫不动摇地坚持和加强党对农村工作的领导，健全党管农村工作领导体制机制和党内法规，确保党在农村工作中始终总揽全局、协调各方，为乡村振兴提供坚强有力的政治保障。

（2）坚持农业农村优先发展。把实现乡村振兴作为全党的共同意志、共同行动，做到认识统一、步调一致，在干部配备上优先考虑，在要素配置上优先满足，在资金投入上优先保障，在公共服务上优先安排，加快补齐农业农村短板。

（3）坚持农民主体地位。充分尊重农民意愿，切实发挥农民在乡村振兴中的主体作用，调动亿万农民的积极性、主动性、创造性，把维护农民群众根本利益、促进农民共同富裕作为出发点和落脚点，促进农民持续增收，不断提升农民的获得感、幸福感、安全感。

（4）坚持乡村全面振兴。准确把握乡村振兴的科学内涵，挖掘乡村多种功能和价值，统筹谋划农村经济建设、政治建设、文化建设、社会建设、生态文明建设和党的建设，注重协同性、关联性，整体部署，协调推进。

（5）坚持城乡融合发展。坚决破除体制机制弊端，使市场在资源配置中起决定性作用，更好发挥政府作用，推动城乡要素自由流动、平等交换，推动新型工业化、信息化、城镇化、农业现代化同步发展，加快形成工农互促、城乡互补、全面融合、共同繁荣的新型工农城乡关系。

（6）坚持人与自然和谐共生。牢固树立和践行绿水青山就是金山银山的理念，落实节约优先、保护优先、自然恢复为主的方针，统筹山水林田湖草系统治理，严守生态保护红线，以绿色发展引领乡村振兴。

（7）坚持因地制宜、循序渐进。科学把握乡村的差异性和发展走势分化特征，做好顶层设计，注重规划先行、突出重点、分类施策、典型引路。既尽力而为，又量力而行，不搞层层加码，不搞一刀切，不搞形式主义，久久为功，扎实推进。

二、乡村振兴的生态要求

乡村振兴包括乡村产业振兴、乡村人才振兴、乡村文化振兴、乡村生态振兴、乡村组织振兴这五方面的振兴。产业兴旺、生态宜居、乡风文明、治理有效、生活富裕是乡村振兴的总体要求。其中，乡村振兴，生态宜居是关键。良好的生态环境是农村最大的优势和宝贵财富。必须尊重自然、顺应自然、保护自然，推动乡村自然资本加快增值，实现百姓富、生态美的统一。推进乡村绿色发展，打造人与自然和谐共生发展新格局。

（1）统筹山水林田湖草系统治理。把山水林田湖草作为一个生命共同体，进行统一保护、统一修复。实施重要生态系统保护和修复工程。健全耕地草原森林河流湖泊休养生息制度，分类有序退出超载的边际产能。扩大耕地轮作休耕制度试点。科学划定江河湖海限捕、禁捕区域，健全水生生态保护修复制度。实行水资源消耗总量和强度双控行动。开展河湖水系连通和农村河塘清淤整治，全面推行河长制、湖长制。加大农业水价综合改革工作力度。开展国土绿化行动，推进荒漠化、石漠化、水土流失综合治理。强化湿地保护和恢复，继续开展退耕还湿。完善天然林保护制度，把所有天然林都纳入保护范围。扩大退耕还林还草、退牧还草，建立成果巩固长效机制。继续实施“三北”防护林体系建设等林业重点工程，实施森林质量精准提升工程。继续实施草原生态保护补助奖励政策。实施生物多样性保护重大工程，有效防范外来生物入侵。

(2) 加强农村突出环境问题综合治理。加强农业面源污染防治，开展农业绿色发展行动，实现投入品减量化、生产清洁化、废弃物资源化、产业模式生态化。推进有机肥替代化肥、畜禽粪污处理、农作物秸秆综合利用、废弃农膜回收、病虫害绿色防控。加强农村水环境治理和农村饮用水水源保护，实施农村生态清洁小流域建设。扩大华北地下水超采区综合治理范围。推进重金属污染耕地防控和修复，开展土壤污染治理与修复技术应用试点，加大东北黑土地保护力度。实施流域环境和近岸海域综合治理。严禁工业和城镇污染向农业农村转移。加强农村环境监管能力建设，落实县乡两级农村环境保护主体责任。

(3) 建立市场化多元化生态补偿机制。落实农业功能区制度，加大重点生态功能区转移支付力度，完善生态保护成效与资金分配挂钩的激励约束机制。鼓励地方在重点生态区位推行商品林赎买制度。健全地区间、流域上下游之间横向生态保护补偿机制，探索建立生态产品购买、森林碳汇等市场化补偿制度。建立长江流域重点水域禁捕补偿制度。推行生态建设和保护以工代赈做法，提供更多生态公益岗位。

(4) 增加农业生态产品和服务供给。正确处理开发与保护的关系，运用现代科技和管理手段，将乡村生态优势转化为发展生态经济的优势，提供更多更好的绿色生态产品和服务，促进生态和经济良性循环。加快发展森林草原旅游、河湖湿地观光、冰雪海上运动、野生动物驯养观赏等产业，积极开发观光农业、游憩休闲、健康养生、生态教育等服务。创建一批特色生态旅游示范村镇和精品线路，打造绿色生态环保的乡村生态旅游产业链。

三、乡村振兴中的生态问题

(一) 生态技术的广泛应用

科学是人对自然界一般规律的客观认识和总结。科学技术被人们应用到开发自然、改造自然之中，这就使我们研究人与自然的关系时不能放弃科学技术的介入。而且，人类也认为当代自然生态环境受到的破坏与人类滥用科技和科技异化有关。科技的使用让人类改造自然的水平大幅提升，但科技的滥用也提升了自然灾害和生态灾难暴发的频率。必须辩证地看到，科技对于生态环境的影响是双面性的，不仅可以有效改善提升环境质量，也可以扰乱甚至破坏生态系统的平衡性。因此，如何使用科学技术是人类探索人与自然和谐发展之路的一个关键问题。

实施乡村振兴战略需要认真审视对待技术问题，更加理性地选择使用科学技术，支持鼓励农业技术创新，积极发展推广农业生态化技术。所谓生态化的技术，就是既考虑到人对自然的依赖性，又能关注人对自然的责任与义务的技术。生态化的技术不是把科学技术简单地生态化，也不是将生态学简单地同科学技术画等号，而是在技术的创新发展中融入生态化的思维和意识，赋予技术生态与环保的理念和属性。农业生态化的技术把生态保护的理念融入农业技术的具体发展中，从技术开始被使用就以维护大多数人的社会利益以及推动生态环境可持续发展为准则。同时，将技术使用的评价标准与目标结果从“人-社会”的二维视角转向“人-社会-自然”的三维视角，让农业科学技术既服务于人类社会的经济发展，又服务于自然生态环境的保护与建设。

（二）确立生态系统整体性循环思维

新时代我们建设生态文明，振兴我们的乡村，必须用新的思维方式。正如恩格斯所指出的：“只有那种最充分地适应自己的时代、最充分适应21世纪全世界的科学概念的哲学，才能称之为真正的哲学。”线性思维和非循环的发展理念是以人类中心主义价值观为主导的，为工业文明时代各领域的高速发展注入了强大动力。迈向生态文明时代，人类的发展思维方式应该是超越分析性线性思维的生态系统整体性循环思维。由于人类认识世界的能力限制着人类改变世界的能力，所以当人类认为某种物质没有价值的时候，可能只是受制于科学技术水平或是其他认知水平没能达到更高的阶段，而使这种物质的价值被忽略。可是人类必须面对自然资源的稀缺性以及不可再生性的现实，尽可能做到物尽其用，珍惜自然资源和生态资源，最大限度避免经济社会发展过程中所造成的环境价值损失。因此，在乡村振兴的生态伦理实践中我们应该确立生态系统整体性循环思维，将自然界视为一个整体，人同自然界其他物质一样，只是自然界的一部分，人类应平等对待自然界中的每一个生命，珍惜自然界中的每一种物质。最终在农业发展和农村建设中构建资源利用与废弃物产出之间的良性合理关系，实现人与自然界各物质间的良性互动，让自然界各物质间实现平等相处、和谐相处，让自然资源在农业发展、农村建设中发挥出最大的价值，全面提升乡村的生态环境质量。

（三）促进乡村生产方式和生活方式绿色化转变

《中共中央　国务院关于实施乡村振兴战略的意见》提出要“牢固树立和践行绿水青山就是金山银山的理念”。这必将推动我国农业农村发展观的绿色化变革。当前，农业资源环境问题日益突出，人民群众对优美环境和优质农产品的需求大大增加，应该积极推动开展乡村生产方式和生活方式绿色化转变的生态伦理实践活动。

第四节　长江经济带发展的生态要求

一、总体要求

长江经济带覆盖上海、江苏、浙江、安徽、江西、湖北、湖南、重庆、四川、云南、贵州等11省（直辖市），面积约205万 km^2，占全国的21%，人口和经济总量均超过全国的40%，生态地位重要、综合实力较强、发展潜力巨大。目前，长江经济带发展面临诸多亟待解决的困难和问题，主要是生态环境状况形势严峻、长江水道存在瓶颈制约、区域发展不平衡问题突出、产业转型升级任务艰巨、区域合作机制尚不健全等。推动长江经济带发展，有利于走出一条生态优先、绿色发展之路，让中华民族母亲河永葆生机活力，真正使黄金水道产生黄金效益；有利于挖掘中上游广阔腹地蕴含的巨大内需潜力，促进经济增长空间从沿海向沿江内陆拓展，形成上中下游优势互补、协作互动格局，缩小东中西部发展差距；有利于打破行政分割和市场壁垒，推动经济要素有序自由流动、资源高效配置、市场统一融合，促进区域经济协同发展；有利于优化沿江产业结构和城镇化布局，建设陆海双向对外开放新走廊，培育国际经济合作竞争新优势，促进经济提质增效升级，对于实现“两个一百年”奋斗目标和中华民族伟大复兴的中国梦，具有重大现实意义和深远历史意义。2016年，党中央国务院制定了《长江经济带发展规划纲要》。

（一）指导思想

推动长江经济带发展的指导思想是，按照“五位一体”总体布局和“四个全面”战略布局，牢固树立和贯彻落实创新、协调、绿色、开放、共享的发展理念，坚持生态优先、绿色发展，坚持一盘棋思想，理顺体制机制，加强统筹协调，处理好政府与市场、地区与地区、产业转移与生态保护的关系，加快推进供给侧结构性改革，更好发挥长江黄金水道综合效益，着力建设沿江绿色生态廊道，着力构建高质量综合立体交通走廊，着力优化沿江城镇和产业布局，着力推动长江上中下游协调发展，不断提高人民群众生活水平，共抓大保护，不搞大开发，努力形成生态更优美、交通更顺畅、经济更协调、市场更统一、机制更科学的黄金经济带，为全国统筹发展提供新的支撑。

（二）基本原则

（1）江湖和谐、生态文明。建立健全最严格的生态环境保护和水资源管理制度，强化长江全流域生态修复，尊重自然规律及河流演变规律，协调处理好江河湖泊、上中下游、干流支流等关系，保护和改善流域生态服务功能。在保护生态的条件下推进发展，实现经济发展与资源环境相适应，走出一条绿色低碳循环发展的道路。

（2）改革引领、创新驱动。坚持制度创新、科技创新，推动重点领域和关键环节改革先行先试。健全技术创新市场导向机制，增强市场主体创新能力，促进创新资源综合集成。建设统一开放、竞争有序的现代市场体系，不搞“政策洼地”，不搞“拉郎配”。

（3）通道支撑、协同发展。充分发挥各地区比较优势，以沿江综合立体交通走廊为支撑，推动各类要素跨区域有序自由流动和优化配置。建立区域联动合作机制，促进产业分工协作和有序转移，防止低水平重复建设。

（4）陆海统筹、双向开放。深化向东开放，加快向西开放，统筹沿海内陆开放，扩大沿边开放。更好推动“引进来”和“走出去”相结合，更好利用国际国内两个市场、两种资源，构建开放型经济新体制，形成全方位开放新格局。

（5）统筹规划、整体联动。着眼长远发展，做好顶层设计，加强规划引导，既要有“快思维”、也要有“慢思维”，既要做加法、也要做减法，统筹推进各地区各领域改革和发展。统筹好、引导好、发挥好沿江各地积极性，形成统分结合、整体联动的工作机制。

二、战略定位

战略定位是科学有序推动长江经济带发展的重要前提和基本遵循。长江经济带横跨我国地理三大阶梯，资源、环境、交通、产业基础等发展条件差异较大，地区间发展差距明显。我们围绕生态优先、绿色发展的理念，依托长江黄金水道的独特作用，发挥上中下游地区的比较优势，用好海陆东西双向开放的区位资源，统筹江河湖泊丰富多样的生态要素，提出长江经济带发展的四大战略定位：生态文明建设的先行示范带、引领全国转型发展的创新驱动带、具有全球影响力的内河经济带、东中西互动合作的协调发展带。

三、生态要求

推动长江经济带发展，必须坚持生态优先、绿色发展，把生态环境保护摆上优先地位。长江拥有独特的生态系统，是我国重要的生态宝库。目前，沿江工业发展各自为政，沿岸重化工业高密度布局，环境污染隐患日趋增多。长江流域生态环境保护和经济发展的矛盾日益严重，发展的可持续性面临严峻挑战，再按照老路走下去必然是“山穷水尽”。习近平总书记对长江经济带发展多次明确指出，推动长江经济带发展，要从中华民族长远利益考虑，牢固树立和贯彻新发展理念，把修复长江生态环境摆在压倒性位置，在保护的前提下发展，实现经济发展与资源环境相适应。长江经济带发展的基本思路就是生态优先、绿色发展，而不是又鼓励新一轮的“大干快上”。这是长江经济带战略区别于其他战略的最重要的要求，是制定规划的出发点和立足点。

把保护和修复长江生态环境摆在首要位置，共抓大保护，不搞大开发，全面落实主体功能区规划，明确生态功能分区，划定生态保护红线、水资源开发利用红线和水功能区限制纳污红线，强化水质跨界断面考核，推动协同治理，严格保护一江清水，努力建成上中下游相协调、人与自然相和谐的绿色生态廊道。重点要做好四方面工作：一是保护和改善水环境，重点是严格治理工业污染、严格处置城镇污水垃圾、严格控制农业面源污染、严格防控船舶污染。二是保护和修复水生态，重点是妥善处理江河湖泊关系、强化水生生物多样性保护、加强沿江森林保护和生态修复。三是有效保护和合理利用水资源，重点是加强水源地特别是饮用水源地保护、优化水资源配置、建设节水型社会、建立健全防洪减灾体系。四是有序利用长江岸线资源，重点是合理划分岸线功能、有序利用岸线资源。

长江生态环境保护是一项系统工程，涉及面广，必须打破行政区划界限和壁垒，有效利用市场机制，更好发挥政府作用，加强环境污染联防联控，推动建立地区间、上下游生态补偿机制，加快形成生态环境联防联治、流域管理统筹协调的区域协调发展新机制。一是建立负面清单管理制度。按照全国主体功能区规划要求，建立生态环境硬约束机制，明确各地区环境容量，制定负面清单，强化日常监测和监管，严格落实党政领导干部生态环境损害责任追究问责制度。对不符合要求占用的岸线、河段、土地和布局的产业，必须无条件退出。二是加强环境污染联防联控。完善长江环境污染联防联控机制和预警应急体系，推行环境信息共享，建立健全跨部门、跨区域、跨流域突发环境事件应急响应机制。建立环评会商、联合执法、信息共享、预警应急的区域联动机制，研究建立生态修复、环境保护、绿色发展的指标体系。三是建立长江生态保护补偿机制。通过生态补偿机制等方式，激发沿江省市保护生态环境的内在动力。依托重点生态功能区开展生态补偿示范区建设，实行分类分级的补偿政策。按照“谁受益谁补偿”的原则，探索上中下游开发地区、受益地区与生态保护地区进行横向生态补偿。四是开展生态文明先行示范区建设。全面贯彻大力推进生态文明建设要求，以制度建设为核心任务、以可复制可推广为基本要求，全面推动资源节约、环境保护和生态治理工作，探索人与自然和谐发展有效模式。

第五节　黄河流域生态保护和高质量发展的生态要求

一、总体要求

黄河是中华民族的母亲河，孕育了古老而伟大的中华文明，保护黄河是事关中华民族伟大复兴的千秋大计。黄河一直“体弱多病”，生态本底差，水资源十分短缺，水土流失严重，资源环境承载能力弱，沿黄各省区发展不平衡不充分问题尤为突出。2021 年，中共中央国务院发布《黄河流域生态保护和高质量发展规划纲要》。推动黄河流域生态保护和高质量发展，具有深远历史意义和重大战略意义。保护好黄河流域生态环境，促进沿黄地区经济高质量发展，是协调黄河水沙关系、缓解水资源供需矛盾、保障黄河安澜的迫切需要；是践行“绿水青山就是金山银山”理念、防范和化解生态安全风险、建设美丽中国的现实需要；是强化全流域协同合作、缩小南北方发展差距、促进民生改善的战略需要；是解放思想观念、充分发挥市场机制作用、激发市场主体活力和创造力的内在需要；是大力保护传承弘扬黄河文化、彰显中华文明、增进民族团结、增强文化自信的时代需要。

（一）指导思想

以习近平新时代中国特色社会主义思想为指导，全面贯彻党历次代表大会和全会精神，增强“四个意识”、坚定“四个自信”、做到“两个维护”，坚持以人民为中心的发展思想，坚持稳中求进工作总基调，坚持新发展理念，构建新发展格局，坚持以供给侧结构性改革为主线，准确把握重在保护、要在治理的战略要求，将黄河流域生态保护和高质量发展作为事关中华民族伟大复兴的千秋大计，统筹推进山水林田湖草沙综合治理、系统治理、源头治理，着力保障黄河长治久安，着力改善黄河流域生态环境，着力优化水资源配置，着力促进全流域高质量发展，着力改善人民群众生活，着力保护传承弘扬黄河文化，让黄河成为造福人民的幸福河。

（二）主要原则

（1）坚持生态优先、绿色发展。牢固树立绿水青山就是金山银山的理念，顺应自然、尊重规律，从过度干预、过度利用向自然修复、休养生息转变，改变黄河流域生态脆弱现状；优化国土空间开发格局，生态功能区重点保护好生态环境，不盲目追求经济总量；调整区域产业布局，把经济活动限定在资源环境可承受范围内；发展新兴产业，推动清洁生产，坚定走绿色、可持续的高质量发展之路。

（2）坚持量水而行、节水优先。把水资源作为最大的刚性约束，坚持以水定城、以水定地、以水定人、以水定产，合理规划人口、城市和产业发展；统筹优化生产生活生态用水结构，深化用水制度改革，用市场手段倒逼水资源节约集约利用，推动用水方式由粗放低效向节约集约转变。

（3）坚持因地制宜、分类施策。黄河流域上中下游不同地区自然条件千差万别，生态建设重点各有不同，要提高政策和工程措施的针对性、有效性，分区分类推进保护和治理；从各地实际出发，宜粮则粮、宜农则农、宜工则工、宜商则商，做强粮食和能源基地，因地施策促进特色产业发展，培育经济增长极，打造开放通道枢纽，带动全流域高质量发展。

（4）坚持统筹谋划、协同推进。立足于全流域和生态系统的整体性，坚持共同抓好大保护，协同推进大治理，统筹谋划上中下游、干流支流、左右两岸的保护和治理，统筹推进堤防建设、河道整治、滩区治理、生态修复等重大工程，统筹水资源分配利用与产业布局、城市建设等。建立健全统分结合、协同联动的工作机制，上下齐心、沿黄各省区协力推进黄河保护和治理，守好改善生态环境生命线。

二、战略定位

实施黄河流域生态保护和高质量发展战略，让黄河流域成为大江大河治理的重要标杆、国家生态安全的重要屏障、高质量发展的重要实验区、中华文化保护传承弘扬的重要承载区。

（1）大江大河治理的重要标杆。深刻分析黄河长期复杂难治的问题根源，准确把握黄河流域气候变化演变趋势以及洪涝等灾害规律，克服就水论水的片面性，突出黄河治理的全局性、整体性和协同性，推动由黄河源头至入海口的全域统筹和科学调控，深化流域治理体制和市场化改革，综合运用现代科学技术、硬性工程措施和柔性调蓄手段，着力防范水之害、破除水之弊、大兴水之利、彰显水之善，为重点流域治理提供经验和借鉴，开创大江大河治理新局面。

（2）国家生态安全的重要屏障。充分发挥黄河流域兼有青藏高原、黄土高原、北方防沙带、黄河口海岸带等生态屏障的综合优势，以促进黄河生态系统良性永续循环、增强生态屏障质量效能为出发点，遵循自然生态原理，运用系统工程方法，综合提升上游“中华水塔”水源涵养能力、中游水土保持水平和下游湿地等生态系统稳定性，加快构建坚实稳固、支撑有力的国家生态安全屏障，为欠发达和生态脆弱地区生态文明建设提供示范。

（3）高质量发展的重要实验区。紧密结合黄河流域比较优势和发展阶段，以生态保护为前提优化调整区域经济和生产力布局，促进上中下游各地区合理分工。通过加强生态建设和环境保护，夯实流域高质量发展基础；通过巩固粮食和能源安全，突出流域高质量发展特色；通过培育经济重要增长极，增强流域高质量发展动力；通过内陆沿海双向开放，提升流域高质量发展活力，为流域经济、欠发达地区新旧动能转换提供路径，为促进全国经济高质量发展提供支撑。

（4）中华文化保护传承弘扬的重要承载区。依托黄河流域文化遗产资源富集、传统文化根基深厚的优势，从战略高度保护传承弘扬黄河文化，深入挖掘蕴含其中的哲学思想、人文精神、价值理念、道德规范。通过对黄河文化的创造性转化和创新性发展，充分展现中华优秀传统文化的独特魅力、革命文化的丰富内涵、社会主义先进文化的时代价值，增强黄河流域文化软实力和影响力，建设厚植家国情怀、传承道德观念、各民族同根共有的精神家园。

三、生态要求

（一）加强上游水源涵养能力建设

遵循自然规律、聚焦重点区域，通过自然恢复和实施重大生态保护修复工程，加快遏制生态退化趋势，恢复重要生态系统，强化水源涵养功能。

1. 筑牢“中华水塔”

上游三江源地区是名副其实的“中华水塔”，要从系统工程和全局角度，整体施策、多措并举，全面保护三江源地区山水林田湖草沙生态要素，恢复生物多样性，实现生态良性循环发展。强化禁牧封育等措施，根据草原类型和退化原因，科学分类推进补播改良、鼠虫害、毒杂草等治理防治，实施黑土滩等退化草原综合治理，有效保护修复高寒草甸、草原等重要生态系统。加大对扎陵湖、鄂陵湖、约古宗列曲、玛多河湖泊群等河湖保护力度，维持天然状态，严格管控流经城镇的河段岸线，全面禁止河湖周边采矿、采砂、渔猎等活动，科学确定旅游规模。系统梳理高原湿地分布状况，对中度及以上退化区域实施封禁保护，恢复退化湿地生态功能和周边植被，遏制沼泽湿地萎缩趋势。持续开展气候变化对冰川和高原冻土影响的研究评估，建立生态系统趋势性变化监测和风险预警体系。完善野生动植物保护和监测网络，扩大并改善物种栖息地，实施珍稀濒危野生动物保护繁育行动，强化濒危鱼类增殖放流，建立高原生物种质资源库，建立健全生物多样性观测网络，维护高寒高原地区生物多样性。建设好三江源国家公园。

2. 保护重要水源补给地

上游青海玉树和果洛、四川阿坝和甘孜、甘肃甘南等地区河湖湿地资源丰富，是黄河水源主要补给地。严格保护国际重要湿地和国家重要湿地、国家级湿地自然保护区等重要湿地生态空间，加大甘南、若尔盖等主要湿地治理和修复力度，在提高现有森林资源质量基础上，统筹推进封育造林和天然植被恢复，扩大森林植被有效覆盖率。对上游地区草原开展资源环境承载能力综合评价，推动以草定畜、定牧、定耕，加大退耕还林还草、退牧还草、草原有害生物防控等工程实施力度，积极开展草种改良，科学治理玛曲、碌曲、红原、若尔盖等地区退化草原。实施渭河等重点支流河源区生态修复工程，在湟水河、洮河等流域开展轮作休耕和草田轮作，大力发展有机农业，对已垦草原实施退耕还草。推动建设跨川甘两省的若尔盖国家公园，打造全球高海拔地带重要的湿地生态系统和生物栖息地。

3. 加强重点区域荒漠化治理

坚持依靠群众、动员群众，推广库布齐、毛乌素、八步沙林场等治沙经验，开展规模化防沙治沙，创新沙漠治理模式，筑牢北方防沙带。在适宜地区设立沙化土地封育保护区，科学固沙治沙防沙。持续推进沙漠防护林体系建设，深入实施退耕还林、退牧还草、“三北”防护林、盐碱地治理等重大工程，开展光伏治沙试点，因地制宜建设乔灌草相结合的防护林体系。发挥黄河干流生态屏障和祁连山、六盘山、贺兰山、阴山等山系阻沙作用，实施锁边防风固沙工程，强化主要沙地边缘地区生态屏障建设，大力治理流动沙丘。推动上游黄土高原水蚀风蚀交错、农牧交错地带水土流失综合治理。积极发展治沙先进技术和产业，扩大荒漠化防治国际交流合作。

4. 降低人为活动过度影响

正确处理生产生活和生态环境的关系，着力减少过度放牧、过度资源开发利用、过度旅游等人为活动对生态系统的影响和破坏。将具有重要生态功能的高山草甸、草原、湿地、森林生态系统纳入生态保护红线管控范围，强化保护和用途管制措施。采取设置生态管护公益岗位、开展新型技能培训等方式，引导保护地内的居民转产就业。在超载过牧地区开展减畜行动，研究制定高原牧区减畜补助政策。加强人工饲草地建设，控制散养放牧规模，加大对舍饲圈养的扶持力度，减轻草地利用强度。巩固游牧民定居工程成果，通过禁牧休牧、划区轮牧以及发展生态、休闲、观光牧业等手段，引导牧民调整生产生活方式。

（二）加强中游水土保持

突出抓好黄土高原水土保持，全面保护天然林，持续巩固退耕还林还草、退牧还草成果，加大水土流失综合治理力度，稳步提升城镇化水平，改善中游地区生态面貌。

1. 大力实施林草保护

遵循黄土高原地区植被地带分布规律，密切关注气候暖湿化等趋势及其影响，合理采取生态保护和修复措施。森林植被带以营造乔木林、乔灌草混交林为主，森林草原植被带以营造灌木林为主，草原植被带以种草、草原改良为主。加强水分平衡论证，因地制宜采取封山育林、人工造林、飞播造林等多种措施推进森林植被建设。在河套平原区、汾渭平原区、黄土高原土地沙化区、内蒙古高原湖泊萎缩退化区等重点区域实施山水林田湖草沙生态保护修复工程。加大对水源涵养林建设区的封山禁牧、轮封轮牧和封育保护力度，促进自然恢复。结合地貌、土壤、气候和技术条件，科学选育人工造林树种，提高成活率、改善林相结构，提高林分质量。对深山远山区、风沙区和支流发源地，在适宜区域实施飞播造林。适度发展经济林和林下经济，提高生态效益和农民收益。加强秦岭生态环境保护和修复，强化大熊猫、金丝猴、朱鹮等珍稀濒危物种栖息地保护和恢复，积极推进生态廊道建设，扩大野生动植物生存空间。

2. 增强水土保持能力

以减少入河入库泥沙为重点，积极推进黄土高原塬面保护、小流域综合治理、淤地坝建设、坡耕地综合整治等水土保持重点工程。在晋陕蒙丘陵沟壑区积极推动建设粗泥沙拦沙减沙设施。以陇东董志塬、晋西太德塬、陕北洛川塬、关中渭北台塬等塬区为重点，实施黄土高原固沟保塬项目。以陕甘晋宁青山地丘陵沟壑区等为重点，开展旱作梯田建设，加强雨水集蓄利用，推进小流域综合治理。加强对淤地坝建设的规范指导，推广新标准新技术新工艺，在重力侵蚀严重、水土流失剧烈区域大力建设高标准淤地坝。排查现有淤地坝风险隐患，加强病险淤地坝除险加固和老旧淤地坝提升改造，提高管护能力。建立跨区域淤地坝信息监测机制，实现对重要淤地坝的动态监控和安全风险预警。

3. 发展高效旱作农业

以改变传统农牧业生产方式、提升农业基础设施、普及蓄水保水技术等为重点，统筹水土保持与高效旱作农业发展。优化发展草食畜牧业、草产业和高附加值种植业，积极推广应用旱作农业新技术新模式。支持舍饲半舍饲养殖，合理开展人工种草，在条件适宜地区建设人工饲草料基地。优选旱作良种，因地制宜调整旱作种植结构。坚持用地养地结合，持续推进耕地轮作休耕制度，合理轮作倒茬。积极开展耕地田间整治和土壤有机培肥改良，加强田间集雨设施建设。在适宜地区实施坡耕地整治、老旧梯田改造和新建一批旱作梯田。大力推广农业蓄水保水技术，推动技术装备集成示范，进一步加大对旱作农业示范基地建设支持力度。

（三）推进下游湿地保护和生态治理

建设黄河下游绿色生态走廊，加大黄河三角洲湿地生态系统保护修复力度，促进黄河下游河道生态功能提升和入海口生态环境改善，开展滩区生态环境综合整治，促进生态保护与人口经济协调发展。

1. 保护修复黄河三角洲湿地

研究编制黄河三角洲湿地保护修复规划，谋划建设黄河口国家公园。保障河口湿地生态流量，创造条件稳步推进退塘还河、退耕还湿、退田还滩，实施清水沟、刁口河流路生态补水等工程，连通河口水系，扩大自然湿地面积。加强沿海防潮体系建设，防止土壤盐渍化和咸潮入侵，恢复黄河三角洲岸线自然延伸趋势。加强盐沼、滩涂和河口浅海湿地生物物种资源保护，探索利用非常规水源补给鸟类栖息地，支持黄河三角洲湿地与重要鸟类栖息地、湿地联合申遗。减少油田开采、围垦养殖、港口航运等经济活动对湿地生态系统的影响。

2. 建设黄河下游绿色生态走廊

以稳定下游河势、规范黄河流路、保证滩区行洪能力为前提，统筹河道水域、岸线和滩区生态建设，保护河道自然岸线，完善河道两岸湿地生态系统，建设集防洪护岸、水源涵养、生物栖息等功能于一体的黄河下游绿色生态走廊。加强黄河干流水量统一调度，保障河道基本生态流量和入海水量，确保河道不断流。加强下游黄河干流两岸生态防护林建设，在河海交汇适宜区域建设防护林带，因地制宜建设沿黄城市森林公园，发挥水土保持、防风固沙、宽河固堤等功能。统筹生态保护、自然景观和城市风貌建设，塑造以绿色为本底的沿黄城市风貌，建设人、河、城和谐统一的沿黄生态廊道。加大大汶河、东平湖等下游主要河湖生态保护修复力度。

3. 推进滩区生态综合整治

合理划分滩区类型，因滩施策、综合治理下游滩区，统筹做好高滩区防洪安全和土地利用。实施黄河下游贯孟堤扩建工程，推进温孟滩防护堤加固工程建设。实施好滩区居民迁建工程，积极引导社会资本参与滩区居民迁建。加强滩区水源和优质土地保护修复，依法合理利用滩区土地资源，实施滩区国土空间差别化用途管制，严格限制自发修建生产堤等无序活动，依法打击非法采土、盗挖河砂、私搭乱建等行为。对与永久基本农田、重大基础设施和重要生态空间等相冲突的用地空间进行适度调整，在不影响河道行洪前提下，加强滩区湿地生态保护修复，构建滩河林田草综合生态空间，加强滩区水生态空间管控，发挥滞洪沉沙功能，筑牢下游滩区生态屏障。

思　考　题

1. 简述生物多样性的概念类型。
2. 简述生物多样性减退的原因。
3. 简述生态危机的概念和主要表现。
4. 简述可持续发展的含义和原则。
5. 简述生态文明的内涵和特征。

6. 简述我国生态文明战略的原则和目标。

7. 简述水生态文明建设的原则和主要内容。

8. 简述乡村振兴的目标任务、生态要求和生态问题。

9. 简述长江经济带发展的总体要求、战略定位和生态要求。

10. 简述黄河流域生态保护和高质量发展的总体要求、战略定位和生态要求。

相　关　文　献

潘家华．生态文明建设的理论构建与实践探索［M］．北京：中国社会科学出版社，2019.

王宇飞，刘昌新．生态文明与绿色发展实践［M］．上海：上海科学技术文献出版社，2021.

叶冬娜．中国特色社会主义生态文明建设研究［M］．北京：人民出版社，2022.

参 考 文 献

白晓慧，施春红，2017. 生态工程——原理及应用 [M]. 2 版 . 北京：高等教育出版社 .

蔡晓明 . 生态系统生态学 [M]. 北京：科学出版社，2000.

蔡燕，王会肖，2007. 生态系统健康及其评价研究进展 [J]. 中国生态农业学报，15 (2)：184 - 187.

常剑波，曹文宣，1999. 中华鲟物种保护的历史与前景 [J]. 水生生物学报，(6)：712 - 720.

曹凑贵，2002. 生态学概论 [M]. 北京：高等教育出版社 .

陈凯麒，常仲农，曹晓红，等，2012. 我国鱼道的建设现状与展望 [J]. 水利学报，43 (2)：182 - 188.

崔凤军，1995. 论环境质量与环境承载力 [J]. 山东农业大学学报，(1)：71 - 77.

崔国韬，左其亭，2011. 生态调度研究现状与展望 [J]. 南水北调与水利科技，9 (6)：90 - 97.

邓景耀，1995. 我国渔业资源增殖业的发展和问题 [J]. 海洋科学，(4)：21 - 24.

丁圆，2010. 滨水景观设计 [M]. 北京：高等教育出版社 .

董哲仁，孙东亚，2007. 生态水利工程原理与技术 [M]. 北京：中国水利水电出版社 .

范志平，曾德慧，余新晓，2006. 生态工程理论与构建技术 [M]. 北京：化学工业出版社 .

傅伯杰，陈利顶，马克明，等，2001. 景观生态学原理及应用 [M]. 北京：科学出版社 .

韩德举，胡菊香，高少波，等，2005. 三峡水库 135m 蓄水过程坝前水域浮游生物变化的研究 [J]. 水利渔业，25 (5)：55 - 58.

韩玉玲，岳春雷，叶碎高，2009. 河道生态建设——植物措施应用技术 [M]. 北京：中国水利水电出版社 .

韩玉玲，夏继红，陈永明，等，2012. 河道生态建设——河流健康诊断技术 [M]. 北京：中国水利水电出版社 .

何强，井文涌，王翊亭，1994. 环境学导论 [M]. 2 版 . 北京：清华大学出版社 .

蒋固政，余秋梅，1999. 水库工程对水生生物的影响及评价方法 [J]. 水利渔业，19 (2)：39 - 41.

江雪，向平安，肖景峰，等，2019. 张掖市农业生态系统健康评价 [J]. 湖南农业科学，(6)：55 - 59.

李晶，覃志豪，高懋芳，等，2008. 应用遥感、GIS 对稻田生态系统健康程度的检测评价研究——以长江下游平原为例 [J]. 生态环境，17 (2)：777 - 784.

李洪远，鞠美庭，2005. 生态恢复的原理与实践 [M]. 北京：化学工业出版社 .

李文华，闵庆文，2005. 生态农业的技术与模式 [M]. 北京：化学工业出版社 .

李博，2000. 生态学 [M]. 北京：高等教育出版社 .

李振基，陈圣宾，2011. 群落生态学 [M]. 北京：气象出版社 .

李振基，陈小麟，郑海雷，2014. 生态学 [M]. 4 版 . 北京：科学出版社 .

梁文举，武志杰，闻大中，2002. 21 世纪初农业生态系统健康研究方向 [J]. 应用生态学报，13 (8)：1022 - 1026.

林育真，2003. 生态学 [M]. 北京：科学出版社 .

林俊强，彭期冬，2019. 河流栖息地保护与修复 [M]. 北京：中国水利水电出版社 .

林文雄，2013. 生态学［M］. 2 版．北京：科学出版社．
刘冬梅，高大文，2020. 生态修复理论与技术［M］. 哈尔滨：哈尔滨工业大学出版社．
刘康，2011. 生态规划——理论、方法与应用［M］. 2 版．北京：化学工业出版社．
刘明典，杨青瑞，李志华，等，2007. 沅水浮游植物群落结构特征［J］. 淡水渔业，(3)：70 - 75.
骆世明，严斧，陆聿华，等，1987. 农业生态学［M］. 长沙：湖南科学技术出版社．
骆世明，2017. 农业生态学［M］. 3 版．北京：中国农业出版社．
骆世明，2005. 普通生态学［M］. 北京：中国农业出版社．
骆世明，2008. 生态农业的景观规划、循环设计及生物关系重建［J］. 中国生态农业学报，16 (4)：805 - 809.
马克明，孔红梅，关文彬，等，2001. 生态系统健康评价：方法与方向［J］. 生态学报，21 (12)：2106 - 2116.
马世骏，1991. 中国生态学发展战略研究［M］. 北京：中国经济出版社．
牛翠娟，娄安如，孙儒泳，等，2015. 基础生态学［M］. 3 版．北京：高等教育出版社．
欧阳志云，王如松，1995. 生态规划的回顾与展望［J］. 自然资源学报，10 (3)：203 - 215.
欧阳志云，王如松，2005. 区域生态规划理论与方法［M］. 北京：化学工业出版社．
潘家华，2019. 生态文明建设的理论构建与实践探索［M］. 北京：中国社会科学出版社．
乔晔，廖鸿志，蔡玉鹏，等，2014. 大型水库生态调度实践及展望［J］. 人民长江，45 (15)：23 - 24.
任海，彭少麟，2002. 恢复生态学导论［M］. 北京：科学出版社．
芮建良，施家月，2013. 河流生态修复技术在水利水电工程鱼类保护中的应用——以基独河生态修复为例［C］. 水利水电工程生态保护（河流连通性恢复）国际研讨会：24 - 36.
单婕，顾洪宾，薛联芳，2016. 鱼类增殖放流站运行管理若干问题探讨［J］. 水力发电，42 (12)：10 - 12.
尚玉昌，蔡晓明，1992. 普通生态学（上）［M］. 北京：北京大学出版社．
尚玉昌，2002. 普通生态学［M］. 2 版．北京：北京大学出版社．
沈国英，施并章，1996. 海洋生态学［M］. 厦门：厦门大学出版社．
宋永昌，由文辉，王祥荣，2000. 城市生态学［M］. 上海：华东师范大学出版社．
孙鸿烈，2005. 中国生态系统［M］. 北京：科学出版社．
孙儒泳，1992. 动物生态学原理［M］. 北京：北京师范大学出版社．
孙儒泳，李博，诸葛阳，等，1993. 普通生态学［M］. 北京：高等教育出版社．
孙儒泳，李庆芬，牛翠娟，等，2002. 生态学［M］. 北京：科学出版社．
孙儒泳，李庆芬，牛翠娟，等，2002. 基础生态学［M］. 北京：高等教育出版社．
王庆礼，陈高，代力民，2007. 生态系统健康学：理论与实践［M］. 沈阳：辽宁科学技术出版社．
王伟，2015. 金沙江观音岩水库增殖放流效果监测技术与评价体系研究［D］. 武汉：华中农业大学．
王如松，1998. 从物质文明到生态文明——人类社会可持续发展的生态学［J］. 世界科技研究与发展，20 (2)：87 - 98.
王如松，周启星，胡聃，2000. 城市生态调控方法［M］. 北京：中国气象科学出版社．
王小艺，沈佐锐，2001. 农业生态系统健康评估方法研究概况［J］. 中国农业大学学报，6 (1)：84 - 90.
王兴勇，郭军，2005. 国内外鱼道研究与建设［J］. 中国水利水电科学研究院学报，3 (3)：7.
王宇飞，刘昌新，2021. 生态文明与绿色发展实践［M］. 上海：上海科学技术文献出版社．
危起伟，2005. 葛洲坝截流 24 年来中华鲟产卵群体结构的变化［J］. 中国水产科学，12 (4)：452 - 457.
乌云娜，王晓光，2021. 环境生态学［M］. 北京：科学出版社．
邬建国，2007. 景观生态学：格局、过程、尺度与等级［M］. 2 版．北京：高等教育出版社．

夏继红，陈永明，周子晔，等，2017. 河流水系连通性机制及计算方法综述［J］. 水科学进展，28（5）：780－787.

夏继红，窦传彬，蔡旺炜，等，2020. 河岸带蜿蜒性与植被密度对潜流驻留时间的复合效应［J］. 水科学进展，31（3）：433－440.

夏继红，鞠蕾，林俊强，等，2013. 河岸带适宜宽度要求与确定方法［J］. 河海大学学报（自然科学版），41（3）：229－234.

夏继红，林俊强，蔡旺炜，等，2020. 河岸带潜流交换理论［M］. 北京：科学出版社.

夏继红，严忠民，2009. 生态河岸带综合评价理论与修复技术［M］. 北京：中国水利水电出版社.

夏继红，严忠民，2003. 浅论城市河道的生态护坡［J］. 中国水土保持，（3）：9－11.

夏继红，严忠民，2004. 国内外城市河道生态型护岸研究现状及发展趋势［J］. 中国水土保持，（3）：20－21.

夏继红，周子晔，汪颖俊，等，2017. 河长制中的河流岸线规划与管理［J］. 水资源保护，33（5）：38－41.

夏军，高扬，左其亭，等，2012. 河湖水系连通特征及其利弊［J］. 地理科学进展，31（1）：26－31.

谢平，陈隽，刘佳睿，2023. 非经典生物操纵驱动从水华向非水华的稳态转化——来自武汉东湖的全湖验证实验［J］. 湖泊科学，35（1）：1－11.

徐海龙，2015. 渔业增殖放流及开发策略优化［D］. 上海：上海海洋大学.

徐杨，常福宣，陈进，等，2008. 水库生态调度研究综述［J］. 长江科学院院报，25（6）：33－37.

徐曙光，2004. 澳大利亚的生态系统管理概况［J］. 国土资源情报，10：40－44.

熊聪，2013. 黄河中下游地区农业生态系统健康评价［D］. 开封：河南大学.

严力蛟，章戈，王宏燕，2013. 生态规划学［M］. 北京：中国环境出版社.

杨持，2008. 生态学［M］. 2版. 北京：高等教育出版社.

杨海军，李永祥，2005. 河流生态修复的理论与技术［M］. 长春：吉林科学技术出版社.

杨小波，吴庆书，邹伟，等，2002. 城市生态学［M］. 北京：科学出版社.

杨意明，黄树江，1999. 松江引水工程坝下脱水段的工程影响评价与处理［J］. 水力发电，5：34－35.

叶冬娜，2022. 中国特色社会主义生态文明建设研究［M］. 北京：人民出版社.

伊紫函，夏继红，汪颖俊，等，2016. 基于形态指数的山丘区中小河流滩地分类方法及演变分析［J］. 中国水土保持科学，14（4）：128－133.

余志堂，邓中粦，许蕴轩，等，1981. 丹江口水利枢纽兴建后的汉江鱼类资源［C］//中国水产学会鱼类学论文集（第一辑）. 北京：科学出版社：77－96.

张金屯，李素清，等，2003. 应用生态学［M］. 北京：科学出版社.

张武昌，2000. 浮游动物的昼夜垂直迁移［J］. 海洋科学，24（11）：18－21.

章家恩，2009. 生态规划学［M］. 北京：化学工业出版社.

章家恩，骆世明，2004. 农业生态系统健康的基本内涵及其评价指标［J］. 应用生态学报，15（8）：1473－1476.

宗浩，2011. 应用生态学［M］. 北京：科学出版社.

周春生，梁秩燊，黄鹤年，1980. 兴修水利枢纽后汉江产漂性卵鱼类的繁殖生态［J］. 水生生物学集刊，7（2）：175－187.

周广杰，况琪军，胡征宇，等，2006. 香溪河库湾浮游藻类种类演替及水华发生趋势分析［J］. 水生生物学报，30（1）：42－46.

周纪纶，郑师章，杨持，1993. 植物种群生态学［M］. 北京：高等教育出版社.

祝廷成，董厚德，1983. 生态系统浅说 [M]. 北京：科学出版社.

祝廷成，钟章成，李建华，1988. 植物生态学 [M]. 北京：高等教育出版社.

祝文烽，2011. 福建省农业生态系统服务与健康评估及其管理学模型研究 [D]. 福州：福建农林大学.

卓正大，张宏建，1991. 生态系统 [M]. 广州：广东高等教育出版社.

AGEE J K，JOHNSON D R，1988. Ecosystem management for parks and wilderness [M]. Seattle：University of Washington Press.

ALTIERI M A，1995. Agroecology：The science of sustainable agriculture [M]. Boulder：Westview Press.

ALTIERI M A，NICHOLLS C I，2003. Ecologically based pest management：A key pathway to achieving agroecosystem health [M]. Boca Raton：CRC Press LLC L.

BARNES R S K，HUGHES R N，1980. 海洋生态学 [M]. 王珍如，杨湘宁，译. 北京：地质出版社.

BEGON M，TOWNSEND C R，HARPER J L，2005. Ecology：Individuals to ecosystems [M]. Houston：Blackwell Publishing.

BORMANN B T，BROOKES M H，FORD E D，et al.，1993. A broad strategic framework for sustainable-ecosystem management [R]. Eastside Forest Ecosystem Health Assessment，Volume V. U. S. Department of Agriculture Forest Service.

BOYCE M S，HARVEY A，1997. Ecosystem Management：Application for sustainable forest and wild life resources [M]. New Haven：Yale University Press.

COSTANZA R，NORTON B G，HASKELL B D，1992. Ecosystem Health：New goal for environmental management [M]. Washington：Island Press.

COSTANZA R，1992. Toward an operational definition of ecosystem health [C]. In：Costanza R，Norton B G，Haskell B D. Ecosystem Health：New goals for environmental management. Washington：Island Press，239 - 256.

COSTANZA R，MAGEAU M，1999. What is a healthy ecosystem [J]. Aquatic Ecology，33 (1)：105 - 115.

COTGREAVE P，Forset I. 2002，Introductory ecology [M]. Oxford：Blackwell Science.

DAVIES K F，MARGULES C R，1998. Effects of habitat fragmentation on carabid beetles：experimental evidence [J]. Journal of Animal Ecology，67 (3)：460 - 471.

DAVIGNEAUD P，1987. 生态学概论 [M]. 李耶波，译. 北京：科学出版社.

DEBINSKI D M，HOLT R D，2000. A survey and overview of habitat fragmentation experiments [J]. Conservation Biology，14 (2)：342 - 355.

DOU C，XIA J，WANG Y，et al.，2020. Spatial variations of soil phosphorus in bars of a mountainous river [J]. Science of the Total Environment，741：140478.

EMBERLIN J C，1983. Introduction to Ecology [M]. Plymouth：Macdonald and Evans Ltd.

FAHRIG L，2003. Effects of habitat fragmentation on biodiversity [J]. Annual review of ecology，evolution，and systematic，34 (1)：487 - 515.

HARPER J L，1977. Population ecology of plants [M]. New York：Academic Press.

HOBBS R J，NORTON D A，1996. Towards a conceptual framework for restoration ecology [J]. Restoration Ecology，4：324 - 337.

HOWORTH L，BRUNK C，JENNEX D，et al.，1997. A dual-perspective model of agroecosystem health：system function and system goals [J]. Journal of Agricultural and Environmental Ethics，10 (2)：127 - 152.

JORDAN III W R，GILPIN M E，ABER J D，1993. Restoration ecology [M]. Cambridge：Cambridge University Press.

KING A J，WARD K A，O'CONNOR P，et al.，2010. Adaptive management of an environmental watering event to enhance native fish spawning and recruitment [J]. Freshwater Biology，55 (1)：17 - 31.

KORMONDY E J，1976. Concept of ecology [M]. 2nd ed. New Jersey：Prentice-Hall Inc.

KREBS C J，1992. Ecology：The Experimental Analysis of Distribution and Abundance [M]. New York：Harper & Row Publishers，Inc..

KRISHNA P V，JOHN C，FRED H，et al.，2008. Case study of an integrated framework for quantifying agroecosystem health [J]. Ecosystems，11：283 - 306.

LARCHER W，1985. 植物生理生态学 [M]. 李博，译 . 北京：科学出版社 .

LIAO I，SU M S，LEAñO E M，2003. Status of research in stock enhancement and sea ranching [J]. Reviews in Fish Biology & Fisheries，13 (2)：151 - 163.

LINDEMAN R L，1942. The trophic dynamic aspect of ecology [J]. Ecology，23：399 - 418.

MACKENZIE A，BALL A S，VIRDEE S R，1999. Instant Notes in Ecology（影印版）[M]. 北京：科学出版社 .

MALTBY E，HOLDGATE M，ACREMAN M，et al.，2003. 生态系统管理：科学与社会问题 [M]. 康乐，韩兴国，译 . 北京：科学出版社 .

McHarg I，1969. Design with nature [M]. New York：Natural History Press.

MCKENZIE A，BALL A S，VIRDEE S R，2004. 生态学 [M]. 孙儒泳，译 . 2 版 . 北京：科学出版社 .

NIENHUIS P H，LEUVEN R S E W，1998. Ecological concepts for the sustainable management of river basins：a review [C]. In：Nienhuis P H，Leuven R S E W，Ragas A M J. New Concepts for Sustainable Management of River Basins. Leiden：Backhuys Publishers：7 - 33.

ODUM E P，1971. Fundamentals of ecology [M]. Philadelphia：W. B. Saunders.

ODUM E P，1997. Ecology：A bridge between science and society [M]. Sunderland：Sinauer Associates.

ODUM E P，1981. 生态学基础 [M]. 孙儒泳，钱国桢，林浩然，等，译 . 北京：高等教育出版社 .

ODUM E P，BARRETT G W，2009. 生态学基础 [M]. 陆健健，王伟，王天慧，译 . 北京：高等教育出版社 .

ODUM H T，1957. Trophic structure and productivity of Silver Springs，Florida [J]. Ecological Monographs，27 (1)：55 - 112.

ODUM H T，BURKHOLDER P R，RIVERO J，1959. Measurements of productivity of turtle grass flats，reeds，and the Bahia Fosforescente of southern Puerto Rico [J]. Publ. Inst. Mar. Sci.，6：159 - 171.

OKEY W B，1996. Systems approaches and properties，and agroecosystem health [J]. Journal of Environmental Management，48 (2)：187 - 199.

PORCHER J P，TRAVADE F，1992. Les dispositifs de franchissement：bases biologiques，limites etrappels reglemetaires [J]. Bulletin Francais de Peche et Pisciculture，326 - 327：5 - 14.

PUTMAN R J，WRATTEN S D，1984. Principle of ecology [M]. London and Canberra：Croom Helm Ltd.

RANTA E，2006. Ecology of populations [M]. Princeton：Princeton University Press.

RAPPORT D J，1989. What constitutes ecosystem health? [J]. Perspectives in Biology and Medicine，33：120 - 132.

RAPPORT D J，1998. Ecosystem health [M]. Oxford：Blackwell Science.

REICE S R，WOHLENBERG M，1993. Monitoring freshwater benthic macroinvertebrates and benthic processes：measures for assessment of ecosystem health [C] //Rosenberg D M，Resh V H. Freshwater Biomonitoring and Benthic Macroinvertebrates . New York：Chapman and Hall，New York：287 - 305.

RICHKLEFS R E，2004. 生态学 [M]. 孙儒泳，尚玉昌，李庆芬，等，译 . 北京：高等教育出版社 .

RICKLEFS R E，1990. Ecology [M]. 3th ed. New York：W. H. Freeman.

RICKLEFS R E，MILLER G L，2000. Ecology [M]. 4th ed. New York：W. H. Freeman and Company.

SHAPIRO J，LAMARRA V，LYNCH M，1975. Biomanipulation：an ecosystem approach to lake restoration [C] //Brezonik P L，Fox J L. Proceedings of a Symposium on Water Quality Management Through Biological Control. Cainesville：Uniuersity of Florida：85 - 96.

SILVERTOW J W，1982. Introduction to plant population ecology [M]. New York：Longman Inc.

SMITH R L，1980. Ecology and field biology [M]. 3rd ed. New York：Harper & Row.

SONSTEGARD R A，1984，Leatherland J F. Great lakes coho salmon as an indicator organism for ecosystem health [J]. Marine Environmental Research，14 (1—4)：480 - 480.

SOULE J D，PIPER J K，1992. Farming in nature & apos；s Image：An ecological approach to agriculture [M]. Washington：Island Press.

STEELE J H，1983. 海洋生态系统结构 [M]. 石小媛，译 . 北京：科学出版社 .

STILING P D，1992. Introductory ecology [M]. Englewood Cliffs：Prentice-Hall Inc.

TAKEUCHI K，NAMIKI Y，TANAKA H，1998. Designing eco-villages for revitalizing Japanese rural areas [J]. Ecological Engineering，11：177 - 297.

VANNOTE R L，MINSHALL G W，CUMMINS K W，et al. ，1980. The river continuum concept [J]. Canadian Journal of Fisheries and Aquatic Sciences，37 (1)：130 - 137.

VESTER F，VON HESLER A，1980. Ecology and Planing in Metropolitan Areas Sensitivity Model [M]. Berlin：Federal Environmental Agency.

VOGT K A，GORDON J C，WARGO J P，et al，1997. Ecosystems [M]. New York：Springer-Verlag.

ULANOWICZ R E，1986. Growth and development：Ecosystems phenomenology [M]. New York：Springer-Verlag.

WARD J V，1989. The four-dimensional nature of lotic ecosystems [J]. Journal of the North American Benthological Society，8：2 - 8.

WEBB B E，WALLING D E，1996. Long-term variability in the thermal impact of river impoundment and regulation [J]. Applied Geography，16 (3)：211 - 223.

WHITTAKER R H，1970. 群落与生态系统 [M]. 姚璧君，译 . 北京：科学出版社 .

WHITTAKER R H，1975. Communities and ecosystem [M]. 2nd ed. New York：Macmillan.

WILSON E O，1989 . Threats to biodiversity [J]. Scientific American，261 (3)：206 - 207.

WILSON E O，1992. The diversity of life [M]. Cambridge：Harvard University Press.

XU W，MAGE J A，2001. A Review of concepts and criteria for assessing agroecosystem health including a preliminary case study of southern ontario [J]. Agriculture Ecosystems & Environment，83：215 - 233.